"十四五"职业教育河南省规划教材

高职高专土建专业"互联网＋"创新规划教材

建筑装饰材料

第四版

主　编 ◎ 崔东方　焦　涛
参　编 ◎ 于　娜　郭　爽
　　　　　焦　皓

北京大学出版社
PEKING UNIVERSITY PRESS

内 容 简 介

本书通过引例提出建筑装饰工程中材料应用的常见问题，在此基础上分析了常用建筑装饰材料的基本组成、技术性能指标、工程应用等基本理论及应用技术。本书共分为 10 章，内容包括绪论、建筑胶凝材料与胶粘剂、建筑装饰石材、建筑装饰陶瓷、建筑装饰玻璃、建筑塑料装饰材料、建筑装饰涂料、建筑装饰木材、金属装饰材料和其他建筑装饰材料。

本书采用最新技术规范及标准，主要介绍建筑装饰材料的种类、性能和应用，以常用建筑装饰材料的最新技术规范及标准、建筑装饰材料的选购为重点，结合应用案例与实用技术要点进行编写，实用性强、适用面宽。

本书可作为高职高专建筑装饰工程类专业的教学用书，也可作为环境艺术设计、室内设计、装饰艺术等专业的教学用书，还可供从事建筑设计、室内装潢设计及建筑装饰工程施工的工程技术人员参考。

图书在版编目（CIP）数据

建筑装饰材料/崔东方，焦涛主编. —4 版. —北京：北京大学出版社，2023.9
高职高专土建专业"互联网+"创新规划教材
ISBN 978-7-301-34044-8

Ⅰ. ①建… Ⅱ. ①崔…②焦… Ⅲ. ①建筑材料—装饰材料—高等职业教育—教材 Ⅳ. ①TU56

中国国家版本馆CIP数据核字(2023)第098231号

书　　　名	建筑装饰材料（第四版）
	JIANZHU ZHUANGSHI CAILIAO（DI-SI BAN）
著作责任者	崔东方　焦　涛　主编
策 划 编 辑	杨星璐
责 任 编 辑	于成成
数 字 编 辑	蒙俞材
标 准 书 号	ISBN 978-7-301-34044-8
出 版 发 行	北京大学出版社
地　　　址	北京市海淀区成府路 205 号　100871
网　　　址	http://www.pup.cn　新浪微博：@北京大学出版社
电 子 邮 箱	编辑部 pup6@pup.cn　总编室 zpup@pup.cn
电　　　话	邮购部 010-62752015　发行部 010-62750672　编辑部 010-62750667
印 刷 者	天津中印联印务有限公司
经 销 者	新华书店
	787 毫米×1092 毫米　16 开本　15.50 印张　368 千字
	2009 年 5 月第 1 版　2013 年 5 月第 2 版
	2020 年 5 月第 3 版　2023 年 9 月第 4 版
	2024 年 10 月第 2 次印刷（总第 14 次印刷）
定　　　价	45.00 元

未经许可，不得以任何方式复制或抄袭本书之部分或全部内容。
版权所有，侵权必究
举报电话：010-62752024　电子邮箱：fd@pup.cn
图书如有印装质量问题，请与出版部联系，电话：010-62756370

第四版前言

本教材根据高职高专建筑装饰工程技术专业的职业技能要求，结合编者多年的教学经验及装饰工程体验编写而成，以建筑装饰工程实际应用为切入点，突出新材料、新技术、新标准的应用，力求简单实用、易教易学。

《建筑装饰材料》自发行以来，广大使用者给出了一致好评，也提出了一些中肯的意见和建议。为此，我们收集了这些宝贵的意见和建议，对本教材进行了以下修订。

（1）对旧版教材中存在的问题进行了处理，并对旧版教材中的一些烦琐且实用性不强的内容进行了大量删减，力求使教材内容更加准确易懂。

（2）修订教材结合工程实践，积极践行党的二十大报告中提出的推进教育数字化，建设全民终身学习的学习型社会、学习型大国的倡议，增加了大量二维码数字资源（含材料插图及实例图片、PPT、视频资源等），以增强学生对建筑装饰材料的感性认识，方便教师更好地组织教学，也更便于学生自学。

（3）修订教材均引用现行技术规范及标准。

本次修订尽量联系实际工程，突出建筑装饰材料的应用环节，以达到实用性强、适用面宽的目的。

本教材建议安排64学时，各院校也可根据不同专业要求灵活安排，各章授课及实践学时建议如下。

序号	章节名称	学时
1	绪论	6
2	建筑胶凝材料与胶粘剂	4
3	建筑装饰石材	8
4	建筑装饰陶瓷	8
5	建筑装饰玻璃	6
6	建筑塑料装饰材料	8
7	建筑装饰涂料	6
8	建筑装饰木材	8
9	建筑金属装饰材料	6
10	其他建筑装饰材料	4

本教材由河南建筑职业技术学院崔东方和焦涛任主编，河南工学院于娜和郭爽、河南省建筑科学研究院有限公司焦皓参编。本教材具体编写分工如下：焦涛编写第1章、第2章，崔东方编写第3章、第5章，于娜编写第4章、第6章，郭爽编写第7章、第10章，焦皓编

写第 8 章、第 9 章。

  由于建筑装饰材料发展迅速，新材料、新技术层出不穷，行业标准不断更新，且编者水平有限，书中难免存在不妥和疏漏之处，恳请广大读者批评指正，以便我们进一步改进完善，不胜感激！

编 者

2023 年 8 月

目录

第1章　绪论 1
1.1　建筑装饰材料的功能及发展趋势 2
1.2　建筑装饰材料的分类 4
1.3　建筑装饰材料的基本性质 6
1.4　建筑装饰材料的基本性能 13
1.5　建筑装饰材料的选择 16
本章小结 18
实训指导书 18

第2章　建筑胶凝材料与胶粘剂 19
2.1　水泥 20
2.2　普通混凝土与装饰混凝土 25
2.3　砂浆 29
2.4　建筑石膏及其制品 34
2.5　建筑胶粘剂 39
本章小结 43
实训指导书 43

第3章　建筑装饰石材 45
3.1　石材的基本知识 46
3.2　天然大理石 49
3.3　天然花岗石 55
3.4　其他天然石材 63
3.5　人造石材 68
本章小结 75
实训指导书 75

第4章　建筑装饰陶瓷 76
4.1　陶瓷的基本知识 77
4.2　陶瓷墙地砖 80
4.3　釉面砖（内墙砖） 83
4.4　新型墙地砖 85
4.5　其他陶瓷装饰材料 88

4.6　陶瓷砖质量检测 90
本章小结 94
实训指导书 94

第5章　建筑装饰玻璃 96
5.1　玻璃的基本知识 97
5.2　平板玻璃 99
5.3　安全玻璃 100
5.4　节能玻璃 107
5.5　装饰玻璃 112
本章小结 118
实训指导书 119

第6章　建筑塑料装饰材料 120
6.1　概述 121
6.2　塑料板材 123
6.3　塑料管材 129
6.4　塑料卷材 133
6.5　塑料门窗 136
本章小结 138
实训指导书 138

第7章　建筑装饰涂料 140
7.1　涂料的基本知识 141
7.2　外墙涂料 143
7.3　内墙涂料 146
7.4　地面涂料 149
7.5　木器漆 151
7.6　特种涂料 152
7.7　涂料的主要技术性能 154
7.8　建筑装饰涂料的选用原则 157
本章小结 159
实训指导书 159

第 8 章　建筑装饰木材 161

- 8.1　木材的基本知识 162
- 8.2　人造板材 166
- 8.3　常用木质装饰制品 174
- 8.4　木材的防腐与防火 188
- 本章小结 189
- 实训指导书 189

第 9 章　建筑金属装饰材料 191

- 9.1　金属装饰材料的种类与用途 192
- 9.2　铝及铝合金材料 193
- 9.3　铜及铜合金材料 201
- 9.4　装饰钢材 203
- 本章小结 214
- 实训指导书 214

第 10 章　其他建筑装饰材料 216

- 10.1　装饰织物 217
- 10.2　灯具 224
- 10.3　绝热材料 228
- 10.4　吸声与隔声材料 231
- 本章小结 237
- 实训指导书 238

参考文献 239

第1章 绪 论

教学目标

了解建筑装饰材料的功能、分类与发展趋势,掌握建筑装饰材料的基本性能指标;能够合理地选择建筑装饰材料。

教学要求

能力目标	相关试验或实训	重 点
熟悉建筑装饰材料的分类		
掌握建筑装饰材料的基本性质、基本性能指标	建筑装饰材料认知	
能够合理地进行建筑装饰材料的选择		★

引例

建筑装饰材料可选用木地板、复合木地板、地毯、地砖、石材，以及乳胶漆、壁纸及纸面石膏板等常用材料。现各有一套采暖地区和非采暖地区的住宅装修方案，那么在选用建筑装饰材料时，根据住宅所在区域应分别考虑哪些因素？如何合理选用呢？

1.1 建筑装饰材料的功能及发展趋势

建筑装饰材料又称建筑饰面材料，是指铺设或涂装在建筑物表面起装饰和美化环境作用的材料，是集物理功能和艺术感知于一体的界面表现介质，也是建筑装饰工程的重要物质基础。建筑装饰空间的整体效果和建筑装饰功能的实现，在很大程度上受到建筑装饰材料的制约，尤其受到建筑装饰材料的强度、规格、质感、色彩、肌理及纹样等特性的影响，因此，只有充分熟悉各种建筑装饰材料的性能、特点，按照建筑物及使用环境条件来合理选用，才能充分发挥建筑装饰材料的特性，更好地表达设计意图，并与室内其他配套设施共同体现建筑对象的空间个性。

1.1.1 建筑装饰材料的功能

建筑装饰材料的主要功能是：铺装在建筑空间表面，以美化建筑及其环境，调节人们的心情，并起到保护建筑物的作用，具有一定的实用功能。

现代建筑要求建筑装饰遵循美学的原则，创造出符合人们生理及心理需求的优良空间环境，使人的身心得到平衡，情绪得到调节，智慧得到更好的发挥。在实现以上目的的过程中，建筑装饰材料起着极其重要的作用。

一般情况下，建筑装饰材料是作为建筑的饰面材料来使用的，因此，建筑装饰材料还具有保护建筑物、延长建筑物使用寿命等作用。一些新型建筑装饰材料，除了具有上述装饰和保护作用外，还具有一些特殊功能，如现代建筑中大量采用的吸热或热反射玻璃幕墙，可以对室内产生"冷房效应"，中空玻璃可以起到绝热、隔声及防结露等作用，铝板作为外墙装饰材料可以起到耐腐蚀等作用。

建筑室内外使用环境不同，所选用的建筑装饰材料不同，其起到的作用也不相同。

1. 室外建筑装饰材料的功能

室外建筑装饰材料的功能主要是保护和美化建筑，营造环境。

外墙装饰材料不仅可以提高建筑物对大自然风吹、日晒、雨淋、冰冻等侵袭的抵抗能力，还可以防止腐蚀性气体及微生物的侵蚀作用。选用合理的外墙装饰材料，可以有效提高建筑物的耐久性，降低建筑物在使用过程中的维修、保养费用。为此外墙装饰材料要选用能耐大气侵蚀、不易褪色、不易弄脏、不产生霜花的材料，有时还要兼具保温、绝热、防护等功能。

根据建筑物的功能、环境等综合因素，可以通过选用性质不同的建筑装饰材料，或对同一种建筑装饰材料采用不同的施工工艺来完成设计意图。

2. 室内建筑装饰材料的功能

室内装修主要包括吊顶、墙面及地面等界面要素。室内建筑装饰材料的主要功能是美化并保护室内界面，创造一个舒适、美观的生活或工作环境。

地面装饰材料应具备安全性、耐久性、舒适性、装饰性。内墙装饰材料应兼顾装饰室内空间、满足使用要求和保护结构等多种功能要求。不同功能的建筑和建筑空间对吊顶材料的要求也不相同。

室内墙体如采用内墙防火涂料，既可保护墙壁不受有害物的侵蚀，又能在一定程度上防止火灾的发生。公共建筑空间的大厅地面上铺设花岗石板材，可显得美观、庄重；居住的卧室地面上铺设地毯或木地板，既具有一定的隔热、保温和吸声性能，又具有一定的弹性和舒适感。室内如果配以色彩适宜、光线柔和、造型典雅的吊灯和壁灯，点缀花草、盆景及精美的壁画，会给人以清静、温馨之感；在影剧院、歌舞厅的顶棚和内墙壁上铺装隔热吸声板，可取得良好的音质效果，使音效清晰优美。在狭小的居室内墙面上安装镜面玻璃，则会给人一种空间扩大的感觉。

室内装饰效果是由质感、线条和色彩三个因素构成的。其与室外装饰不同之处是，人们同饰面的距离要比外墙面近得多，因此，质感要求更加细腻逼真，线条可细致也可粗犷，色彩则可根据个人的爱好及房间的性质决定。

1.1.2 建筑装饰材料的发展趋势

随着建筑行业的快速发展，人们对建筑空间的物质和精神需求持续跟进，这也促进了现代建筑装饰材料的飞速进步。目前我国已成为全球最大的建筑装饰材料生产和消费基地。近年来，国内外建筑装饰材料总的发展趋势是：品种越来越多，门类更加齐全和配套，并向着"健康、环保、安全、实用、美观"的方向发展。随着科学技术的进步，我国的建筑装饰材料将从品种、规格、档次上进入到新的阶段，将朝着功能化、复合化、系列化、部品化及智能化的方向全面发展，其中的主要趋势如下。

（1）绿色环保。绿色环保、创造人性化空间，是当今及未来一段时间内人们对装饰装修的主要诉求，加上相关法规的推行和广大建材企业的不断努力，绿色环保装饰材料已成为人们在装饰装修过程中的首要选择。

绿色环保装饰材料主要分为以下三大类。

① 无毒无害型装饰材料。无毒无害型装饰材料是指天然的、没有或含极少有毒有害物质，未经化学处理只进行了简单加工的装饰材料，如石膏制品、木材制品及某些天然石材等。

② 低排放型装饰材料。低排放型装饰材料是指经过加工合成等技术手段来控制有毒有害物质的积聚和缓慢释放，其毒性轻微，对人体健康不构成危害的装饰材料，如达到国家标准的胶合板、纤维板、大芯板等。

③ 目前材料技术和检测手段无法完全准确地评定其毒害物质影响的装饰材料。如某

些环保型油漆、环保型乳胶漆等化学合成材料。但随着科学技术的进步，其安全性将来会有重新认定的可能。

> **特别提示**
>
> - 在装饰装修行业，目前国家已出台了《室内装饰装修材料 胶粘剂中有害物质限量》（GB 18583—2008）、《民用建筑工程室内环境污染控制标准》（GB 50325—2020）等标准和规范，应根据各地情况，结合实际工程来参照执行。

建筑装饰材料的绿色环保，也指建筑装饰材料在制造、使用及废弃处理过程中，对环境污染最小并有利于人类健康，如节能型屋面产品、节能型墙体产品等。

（2）复合型装饰材料渐成主流。如金属或镀金属复合装饰材料、复合装饰玻璃等成为颇具市场发展潜力的装饰用料。

（3）建筑装饰材料的成品与半成品趋向于部品化。建筑装饰材料的部品化是指工厂生产的标准化、施工安装的标准化，以及从以原材料生产为主转向以加工制品化为主。

（4）建筑装饰材料的智能化。建筑装饰材料的智能化是指应用高科技，实现对材料及产品各种功能的可控可调。

另外，节约自然资源和能源，经久耐用以减少维护成本，轻质高强以减轻建筑物自重等，也是建筑装饰材料发展的重要方向。

随着人民生活水平的提高，人们对建筑物的质量要求也越来越高。随着建筑用途的扩展，对其功能方面的要求也越来越高。这些方面在很大程度上都要靠具有相应功能的材料来完成，因此研制轻质、高强、耐久、防火、抗震、保温、吸声、防水及多功能复合型等先进性能的装饰材料，是时代发展的必然要求。

1.2 建筑装饰材料的分类

对建筑装饰材料进行科学合理的分类，无论对材料的开发、研究还是选用、施工，都具有重要的实际意义。人们通常采用以下几种方法来进行分类。

1. 按化学成分不同分类

根据化学成分不同，建筑装饰材料可分为金属装饰材料、非金属装饰材料和复合装饰材料三大类，这是从材料科学角度做出的分类方法，具体见表1-1。

表1-1 建筑装饰材料按化学成分分类

类 别	细 分	常用建筑装饰材料举例
金属装饰材料	黑色金属材料	不锈钢、彩色不锈钢
	有色金属材料	铝及铝合金、铜及铜合金、金、银

续表

类　别	细　分		常用建筑装饰材料举例
非金属装饰材料	无机材料	天然饰面石材	天然大理石、天然花岗石
		烧结与熔融制品	琉璃及制品、釉面砖、陶瓷、烧结砖、岩棉及制品等
		胶凝材料	水硬性：白水泥、彩色水泥等
			气硬性：石膏装饰制品、水玻璃
	有机材料	植物材料	木材、竹材
		合成高分子材料	塑料装饰制品、涂料、胶粘剂、密封材料
复合装饰材料	无机复合材料		装饰混凝土、装饰砂浆等
	有机复合材料		人造花岗石、人造大理石、钙塑泡沫装饰吸声板、玻璃钢等
	其他复合材料		涂塑钢板、塑钢复合门窗、涂塑铝合金板等

2. 按装饰部位不同分类

根据装饰部位不同，建筑装饰材料可分为外墙装饰材料、内墙装饰材料、顶棚装饰材料和地面装饰材料四大类，见表 1-2。

表 1-2　建筑装饰材料按装饰部位分类

类　别	装饰部位	常用建筑装饰材料举例
外墙装饰材料	外墙、台阶、阳台、雨篷等	天然花岗石、陶瓷装饰制品、玻璃制品、金属制品、外墙涂料、装饰混凝土、合成装饰材料
内墙装饰材料	内墙墙面、墙裙、踢脚线、隔断、花架等	壁纸、墙布、内墙涂料、织物、塑料饰面板、大理石、人造石材、玻璃制品、隔热吸声装饰板
顶棚装饰材料	室内顶棚	石膏板、矿棉吸声板、玻璃棉、钙塑泡沫吸声板、聚苯乙烯泡沫塑料吸声板、纤维板、涂料、金属材料
地面装饰材料	地面、楼面、楼梯等	地毯、天然石材、陶瓷地砖、木地板、塑料地板、人造石材

3. 按燃烧性能分类

按燃烧性能，装饰材料可分为非燃烧材料、难燃烧材料和燃烧材料三大类，具体可划分为 A 级、B_1 级、B_2 级和 B_3 级四级。A 级为非燃烧材料，如嵌装式石膏板、花岗石等；B_1 级为难燃烧材料，如装饰防火板、阻燃墙纸等；B_2 级为具有可燃烧材料，如胶合板、墙布等；B_3 级为易燃烧材料，如油漆、酒精等。

4. 按主要作用不同分类

按主要作用不同，建筑装饰材料可分为装饰装修材料和功能性材料两种。

（1）装饰装修材料。装饰装修材料虽然也具有一定的使用功能，但它们的主要作用是完成对建筑物的装饰和装修，如地毯、涂料、墙纸等。

（2）功能性材料。在建筑装饰工程中使用这类材料，主要目的是利用它们的某些突出性能，达到某种设计功能，如各种防水材料、隔热和保温材料、吸声和隔声材料等。

5. 综合分类

对建筑装饰材料，按化学成分不同分类，是一种比较科学的方法，反映了各类材料本质的不同；按装饰部位不同分类，是一种比较实用的方法，在工程实践中使用起来较为方便。但它们都存在着概念上和分类上模糊的地方，如磨光花岗石板既可做内墙装饰材料，也可做外墙装饰材料，还可做室内外地面装饰材料，但究竟属于哪一类装饰材料，却很难准确地进行界定。采用综合分类法则可解决这一问题。综合分类法的原则是：多用途装饰材料，按化学成分不同分类；单用途装饰材料，按装饰部位不同分类。如磨光花岗石板是一种多用途装饰材料，属于无机非金属装饰材料中的天然石材；覆塑超细玻璃棉板是一种单用途装饰材料，可直接归入顶棚装饰材料。

1.3　建筑装饰材料的基本性质

要掌握建筑装饰材料的性能，就必须了解其基本性质，因为建筑装饰材料的性能实际上是由这些基本性质决定的。

建筑装饰材料的基本性质主要包括以下方面。

（1）基本物理性质。

（2）与装饰有关的性质。

（3）与力学有关的性质。

建筑装饰材料的这些基本性质，主要是由材料的组成成分、结构与构造等因素所决定的。

1.3.1　材料的基本物理性质

1. 材料与质量有关的性质

（1）密度。

材料在绝对密实状态下（内部不含任何空隙），单位体积的质量称为材料的密度，其计算公式为

$$\rho = \frac{m}{V} \tag{1-1}$$

式中　ρ——材料的密度，g/cm^3；

　　　m——材料在干燥状态下的质量，g；

　　　V——材料在绝对密实状态下（内部不含任何空隙）的体积，cm^3。

常用建材中，除钢材、玻璃等少数材料近于绝对密实外，绝大多数材料都含有一定的空隙，如图 1-1 所示。测定有空隙材料时，应把材料磨成细粉，用李氏瓶排水法测定其实际体积。

（2）表观密度。

材料在自然状态下，单位体积的质量称为表观密度，其计算公式为

$$\rho_0 = \frac{m}{V_0} \tag{1-2}$$

式中 ρ_0 ——材料的表观密度，g/cm³ 或 kg/m³；

m ——材料在干燥状态下的质量，g 或 kg；

V_0 ——材料在自然状态下的体积，又称表观体积，cm³ 或 m³。

当材料的含水状态变化时，其质量和体积均发生变化，故在测定材料的表观密度时，必须注明其含水状态。通常情况下，表观密度是指材料在气干状态（长期在空气中干燥）下的表观密度；在烘干状态下的表观密度，称为干表观密度；在吸水状态下的表观密度，称为湿表观密度。

（3）堆积密度。

散粒材料在自然堆积状态下，单位体积的质量称为堆积密度，其计算公式为

$$\rho_0' = \frac{m}{V_0'} \tag{1-3}$$

式中 ρ_0' ——材料的堆积密度，kg/m³；

m ——材料在干燥状态下的质量，kg；

V_0' ——散粒材料的自然堆积体积，m³。

材料在自然堆积状态下，其堆积体积不但包括所有颗粒内的孔隙，还包括颗粒间的空隙，即堆积体积=颗粒体积+空隙体积，如图1-2所示。

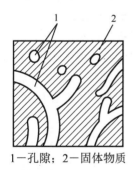

1—孔隙；2—固体物质

图 1-1 材料组成示意

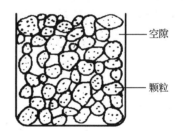

图 1-2 散粒材料堆积体积示意

2. 材料与热有关的性质

（1）导热性。

材料传递热量的能力称为材料的导热性，用导热系数 λ 来表示，其计算公式为

$$\lambda = \frac{Qd}{(T_1 - T_2)At} \tag{1-4}$$

式中 λ ——导热系数或热导率，W/(m·K)；

Q ——传导的热量，J；

d ——材料的厚度，m；

A ——材料的热传导面积，m²；

t —— 热传导时间，s；

$T_1 - T_2$ —— 材料两侧的温度差，K（图1-3所示为材料传热示意）。

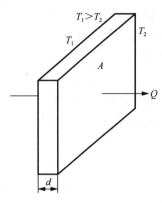

图1-3　材料传热示意

🌐 特别提示

- 导热系数是评定建筑材料保温隔热性能的重要指标。在同样的温差条件下，导热系数 λ 越小，材料的导热性越差，保温隔热性能越好。应根据建筑空间的功能要求来参照选用。

材料的导热系数与材料的成分、结构、孔隙率的大小、孔隙特征、含水率及温度等有关。通常情况下，当材料的密度一定时，孔隙率越大，导热系数越小。细小而封闭的孔隙，可使导热系数变小；粗大、开口且连通的孔隙，容易形成对流传热，导致导热系数变大。这是因为材料的导热系数是由材料固体物质的导热系数和材料孔隙中空气的导热系数综合决定的，而空气的导热系数很小[在静态状况下，0℃时空气的导热系数为0.023W/（m·K）]，所以表观密度小的材料导热系数小。从工艺上保证材料孔隙率大、气孔尺寸小，是改善材料热工性能的重要途径。

🌐 特别提示

- 人们常将防止内部热量散失称为保温，将防止外部热量进入称为隔热，而保温和隔热能力统称为绝热性能。一般把 $\lambda \leq 0.175\text{W/（m·K）}$ 的材料称为绝热材料。在外墙饰面基层材料选用时，应特别注意材料的热导性能指标。

（2）热容量。

材料受热时吸收热量、冷却时放出热量的性能称为热容量。材料的热容量用比热容表示，其计算公式为

$$C = \frac{Q}{m(T_1 - T_2)} \tag{1-5}$$

式中　Q —— 材料吸收或放出的热量，J；

m —— 材料的质量，g；

C —— 材料的比热容，J/（g·K）；

T_1-T_2——材料受热或冷却前后的温差，K。

材料的比热容，是指单位质量的材料，在温度升高或下降1K时所吸收或放出的热量，该指标对保持建筑物内部温度稳定具有重要意义。比热容大的材料，在热流变动或采暖设备供热不均匀时，能缓和室内的温度变动，对稳定室内温度有良好的作用。

几种常用材料的导热系数和比热容见表1-3。

表1-3　几种常用材料的导热系数和比热容

材料名称	导热系数/[W/(m·K)]	比热容C/[J/(g·K)]	线膨胀系数/($\times 10^{-6}$/K)	材料名称	导热系数/[W/(m·K)]	比热容C/[J/(g·K)]	线膨胀系数/($\times 10^{-6}$/K)
建筑钢材	55	0.63	10～20	木材（横纹）	0.17	2.51	—
烧结普通砖	0.40～0.70	0.84	5～7	泡沫塑料	0.035	1.30	—
普通混凝土	1.20～1.51	0.48～1.00	6～15	冰	2.20	2.05	—
花岗石	2.90～3.08	0.72～0.79	5.50～8.50	水	0.58	4.20	—
大理石	3.45	0.875	4.41	密闭空气	0.023	1.05	—

3. 材料与声学有关的性质（吸声与隔声性能）

（1）吸声系数。

评定材料吸声性能好坏的主要指标是吸声系数，其计算公式为

$$\delta = \frac{E}{E_0} \tag{1-6}$$

式中　δ——材料的吸声系数；

E——被材料吸收的声能（包括部分穿透材料的声能）；

E_0——入射到材料表面的总声能。

材料的吸声系数越大，其吸声性能越好。在处理室内音质效果时，需要考虑使用吸声材料。

吸声系数与声音的频率和入射方向有关。吸声系数采用声音从各方向入射的吸收平均值，通常测量采用的6个频率为125Hz、250Hz、500Hz、1000Hz、2000Hz和4000Hz。一般将对上述6个频率的平均吸声系数$\delta \geqslant 0.2$的材料称为吸声材料。

材料的吸声性能与材料的厚度、孔隙特征、构造形态等有关。开放的互相连通的气孔越多，材料的吸声性能越好。最常用的吸声材料大多为多孔材料，其强度较低，易于吸湿，安装时应考虑胀缩的影响。

（2）隔声量。

材料隔绝声音的能力称为材料隔声性能，材料隔声性能的高低用隔声量来表示。

隔声可分为隔绝空气声（通过空气传播的声音）和隔绝固体声（通过撞击或振动传播的声音），两者的隔声原理截然不同。隔绝空气声主要通过反射，因此必须选择密度大的材料（如黏土砖、钢筋混凝土、钢板等）作为隔声材料；隔绝固体声主要通过吸收，最有效的措施是在墙壁和承重梁之间、在房屋的框架和墙壁及楼板之间加弹性衬垫（如毛毡、软木等），在楼板上加地毯、木地板等。

在防止室外噪声对室内的干扰时，需要考虑使用隔声材料。

4. 材料的光学性质

（1）颜色。材料的颜色是由其自身的光谱特性、投射于材料表面的光线光谱特性和观看者眼睛的光谱特性决定的，可分为红、蓝、黄、绿、白、紫、黑。颜色是构成材料装饰性的重要因素，它决定了建筑装饰的基本格调，对确定环境气氛、控制装饰艺术效果有着极为重要的作用。

（2）透光性。光线投射于材料表面后，一部分被反射，一部分被透射，还有一部分被吸收。材料允许光线透过的性质称为材料的透光性，可用透光率表示，即透过材料的光线强度与入射光的强度之比。透光性好的材料，透光率可高达 90% 以上；而不透光材料，透光率为零。此外，可将透光率较小的材料称为半透明材料。

（3）透视性。当材料中有光线透过时，若不改变光线的方向（即光线可平行透过），则这种材料不仅可以透过光线，还可以透过影像，这种光学性质称为透视，也称透明。若将透明的平板玻璃压花，则可将透明材料变成不透明材料。

（4）滤色性。当光线透过透光性材料时，材料能选择性地吸收一定波长的入射光，使透过的光线变成特定的颜色，这种性质称为材料的滤色性。建筑装饰材料在使用过程中，透过的白光常被滤掉某些颜色，而呈现出特定颜色的光线。

（5）光泽性。光线投射于材料表面上后，若反射光线相互平行，则材料的表面会出现光泽现象。不同的材料表面组织结构不同，其反射光线的波长和角度也不相同，故金属和玻璃、陶瓷、大理石、塑料、油漆、木材、丝绸等非金属材料的光泽各不相同。

5. 材料与水有关的性质

（1）亲水性与憎水性。

材料在空气中与水接触时，根据其能否被水湿润的状况表现为亲水性和憎水性。具有亲水性的材料称为亲水性材料，具有憎水性的材料称为憎水性材料。

材料被水湿润的程度，可用湿润角表示，如图 1-4 所示。湿润角是指在固体材料、水和空气三态交点处，沿水滴表面的切线（γ_{LG}）和固体材料表面（γ_{SL}）之间所成的夹角 θ，θ 越小，该材料能被水湿润的程度越高。

一般认为 $\theta \leqslant 90°$ 时，材料表现为亲水性，如图 1-4（a）所示，相关材料有木材、砖、混凝土、石材等；当 $\theta > 90°$ 时，材料表现为憎水性，如图 1-4（b）所示，相关材料有沥青、石蜡、塑料等。

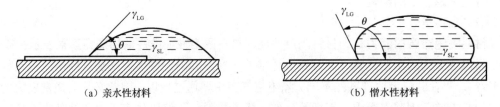

(a) 亲水性材料　　　　　　　　　(b) 憎水性材料

图 1-4　材料的润湿性质

(2) 吸水性。

材料在浸水状态下吸收水分的性质,称为材料的吸水性,其大小用质量吸水率表示,其计算公式为

$$W_\mathrm{m} = \frac{m_\mathrm{b} - m_\mathrm{g}}{m_\mathrm{g}} \times 100\% \tag{1-7}$$

式中　W_m——材料的质量吸水率,%;
　　　m_b——材料在吸水饱和状态下的质量,g;
　　　m_g——材料在干燥状态下的质量,g。

各类材料的质量吸水率相差很大,如花岗石的质量吸水率仅为0.5%~0.7%,而木材或其他轻质材料的质量吸水率常大于100%。

材料的质量吸水率不仅取决于材料是亲水性材料还是憎水性材料,还与其孔隙率的大小及孔隙特征有关。一般来说材料的孔隙率越大,吸水性越强;开口而连通的细小孔隙越多,吸水性越强;闭口孔隙,水分子不易进入,开口的粗大孔隙,水分容易进入但不易存留,故吸水性均较弱。

(3) 吸湿性。

材料在潮湿空气中吸收水分的性质,称为材料的吸湿性,其大小用含水率表示,即材料中所含水分的质量占其干燥状态下的质量的百分率,其计算公式为

$$W_\mathrm{h} = \frac{m_\mathrm{s} - m_\mathrm{g}}{m_\mathrm{g}} \times 100\% \tag{1-8}$$

式中　W_h——材料的含水率,%;
　　　m_s——材料在含水状态下的质量,g;
　　　m_g——材料在干燥状态下的质量,g。

材料的吸湿作用是可逆的,干燥的材料可吸收空气中的水分,潮湿的材料则可向空气中释放水分。与空气湿度达到平衡时的含水率,称为平衡含水率。

🌐 **特别提示**

● 材料的吸湿性除与材料的成分、组织构造等因素有关外,还与周围环境的温度和湿度有关。温度越低,相对湿度越大,材料的含水率越大;反之则越小。相对湿度较大的功能空间,在选用材料时,要特别注意材料的性能指标。

(4) 耐水性。

材料长期在饱和水的作用下不被破坏,其强度也不会显著降低的性质称为材料的耐水性。

一般材料随着含水率的增加,会减弱内部结合力,强度也会不同程度地降低,如花岗石长期浸泡在水中,强度将下降3%。材料的耐水性可用软化系数来表示,其计算公式为

$$K_\mathrm{R} = \frac{f_\mathrm{b}}{f_\mathrm{g}} \tag{1-9}$$

式中　K_R——材料的软化系数;

f_b——材料在吸水饱和状态下的抗压强度，MPa；

f_g——材料在干燥状态下的抗压强度，MPa。

材料的软化系数 K_R 在 0（黏土）～1（钢材）之间。K_R 越大，表明材料在吸水饱和后其强度下降得越少，耐水性越好；反之，其耐水性则越差。一般称 $K_R \geq 0.85$ 的材料为耐水性材料。

（5）抗渗性。

材料抵抗压力水或其他液体渗透的性质，称为材料的抗渗性（或不透水性），用渗透系数表示，其计算公式为

$$K = \frac{Wd}{AtH} \times 100\% \tag{1-10}$$

式中　K——渗透系数，cm/s；

　　　W——渗水量，cm^3；

　　　d——试件厚度，cm；

　　　A——渗水面积，cm^2；

　　　t——渗水时间，s；

　　　H——静水压力水头差，cm。

渗透系数 K 反映了材料抵抗压力水渗透的性质，K 越大，材料的抗渗性越差。一些防渗防水材料（如卷材）的防水性常用渗透系数表示。有些材料（如混凝土、砂浆等）的抗渗性也常用抗渗等级来表示，其计算公式为

$$P = 10p - 1 \tag{1-11}$$

式中　P——抗渗等级；

　　　p——试件开始渗水时的水压力，MPa。

即抗渗等级用材料抵抗压力水渗透的最大水压力值表示，如 P4、P6、P8、P10、P12 等，分别表示材料可抵抗 0.4MPa、0.6MPa、0.8MPa、1.0MPa、1.2MPa 的水压力而不渗水。抗渗等级越大，材料的抗渗性能越好。

1.3.2　材料的基本力学性质

1. 强度

材料在外力（荷载）作用下抵抗破坏的能力，称为材料的强度。根据外力作用方式的不同，材料强度有抗拉强度、抗压强度、抗弯（抗折）强度、抗剪强度等类型。

材料的强度与其组成成分、结构和构造有关。如砖、石、混凝土等材料的抗压强度较高，抗拉及抗弯强度很低；钢材的抗拉及抗压强度都很高。

2. 材料的变形性质

（1）弹性与塑性。

① 弹性：指材料在外力作用下产生变形，当外力取消后，能完全恢复原来形状的性质。这种完全能恢复的变形，称为弹性变形。

② 塑性：指材料在外力作用下产生变形，当外力取消后，仍保持变形后的形状和尺寸并且不产生裂缝的性质。这种不能恢复的永久变形，称为塑性变形或不可恢复变形。

（2）脆性与韧性。

① 脆性：指材料受外力被破坏时，无明显的塑性变形而突然破坏的性质。在常温、静荷载下具有脆性的材料称为脆性材料，如砖、石、混凝土、砂浆、陶瓷、玻璃等。脆性材料的特点是塑性变形很小，抗压强度高，抗拉强度低，抵抗冲击、振动荷载的能力差。

② 韧性：指材料在冲击或振动荷载的作用下，能吸收较大能量、产生一定变形而不发生破坏的性质，又称冲击韧性。如建筑钢材、木材、橡胶等即属于韧性材料。

（3）硬度和耐磨性。

① 硬度：指材料表面抵抗较硬物体压入或刻划的能力。钢材、木材和混凝土等材料的硬度常采用压入法测定，如布氏硬度（HB）就是以单位面积压痕上所受的压力来表示的；天然矿物的硬度常采用刻划法测定，分为10级，其硬度递增的顺序为滑石、石膏、方解石、萤石、磷灰石、正长石、石英、黄玉、刚玉、金刚石。材料的硬度越大，其耐磨性越好，加工越困难。

② 耐磨性：指材料表面抵抗磨损的能力，可用磨损率来表示。磨损率即试件在标准试验条件下磨损前后的质量差与试件受磨面积之比。磨损率越小，材料的耐磨性能就越强。其计算公式为

$$N = \frac{m_1 - m_2}{A} \tag{1-12}$$

式中　N——材料的磨损率，g/cm^2；

　　　m_1——材料磨损前的质量，g；

　　　m_2——材料磨损后的质量，g；

　　　A——试件受磨损的面积，cm^2。

1.3.3　建筑装饰材料与装饰有关的性质

建筑装饰材料与装饰有关的性质主要包括以下五个方面。

（1）建筑装饰材料的色彩。

（2）建筑装饰材料的光泽和透明性。

（3）建筑装饰材料的质地和质感。

（4）建筑装饰材料的形状和规格尺寸。

（5）建筑装饰材料的立体造型。

这五个方面共同作用，使建筑装饰材料发挥出不同的装饰效果。其中只要有一个基本性质发生变化，建筑装饰材料的装饰效果就会产生差别。

1.4　建筑装饰材料的基本性能

建筑装饰材料承担着各种不同的功能，因而要求材料具有相应的性能。

1. 耐久性

耐久性是指材料在正常使用条件下抵抗各种内外因素的破坏和腐蚀，保持其原有性质

不变的能力。材料在使用过程中，除受到各种外力的作用外，还经常受到环境中许多自然因素的破坏作用，包括物理、化学、机械及生物的破坏作用，所以耐久性是材料的一项综合性质，一般包括耐腐蚀性、耐擦洗性、耐水性、耐老化性、耐污染性等。

金属材料主要是由于化学作用引起腐蚀，木材则常因生物作用而破坏，高分子材料在阳光、空气和热的作用下，会逐渐老化而使材料变脆或开裂。

建筑装饰材料的耐久性指标，通常为其使用年限。如花岗石具有很好的耐久性，可正常使用上百年甚至数百年。

建筑物长期暴露在大气中，会受到各种外界因素的影响，如温度变化、湿度变化、冻融循环及化学侵蚀等，因此建筑装饰材料应具有良好的耐久性。

2. 耐磨性

耐磨性是指材料表面抵抗磨损的能力。材料的耐磨性与材料的表面硬度、强度、密实度和韧性有关。木地板等有表面涂层的建筑装饰材料的耐磨性，多用耐磨转数表示（如强化地板表面的耐磨层）。

3. 耐擦洗（刷洗）性

耐擦洗（刷洗）性是指材料表面涂层质量的一个重要指标，与耐磨性类似，分耐干擦性和耐湿擦性，一般用耐擦洗或刷洗的次数来表示性能高低。

4. 耐污染性

耐污染性是指装饰材料不易被有色颜料污染且容易清洗的性能，对材料的装饰性有很大的影响。如果耐污染性很差，则装饰材料会在不长的时间内表面污染严重，丧失装饰效果。

内墙砖（釉面砖）表面有一层不吸水的釉层，所以有很好的耐污染性，常用于卫生间和厨房的墙面装饰。外墙涂料应有比内墙涂料更好的耐污染性。

5. 耐燃性

耐燃性是指材料在使用状态下抵抗燃烧的性能。按耐燃性的强弱，可将装饰材料分为非燃烧材料（A 级）、难燃烧材料（B_1 级）、可燃烧材料（B_2 级）和易燃烧材料（B_3 级）。非燃烧材料（A 级）的使用没有限制，可燃烧材料（B_2 级）则要严格限制，禁止直接使用易燃烧材料（B_3 级）。油漆装饰工程中的稀料多为易燃烧材料，但油漆涂刷后，稀料会很快挥发掉。

6. 耐火性

耐火性是指材料在高温或火灾发生时，保持不破坏、性能不明显下降的能力，其高低可用耐火极限（或耐受时间）表示。钢材虽然是非燃烧材料，但在火灾发生后会在短时间内（15min 左右）变软而失去结构承载能力，从而使建筑物倒塌，所以钢材的耐火性差，钢结构必须要做防火处理；同样，普通玻璃也是非燃烧材料，但在火灾发生后会因局部冷热不匀而发生开裂，失去原有的性能，所以普通玻璃的耐火性也差。陶瓷、砖、混凝土等材料的耐火性则非常好，一般耐火极限为 2h 以上。

7. 耐老化性

耐老化性是指材料抵抗老化的能力。处于暴露环境中的有机材料（如塑料、橡胶、皮革、纤维等），在空气（氧气和臭氧）、阳光、紫外线、热、冷等共同作用下，会发生变色、变形、变脆甚至被破坏的现象，称为老化。

用于室外的有机装饰材料，可用耐老化性来表示其耐久性。

8. 抗冲击性

抗冲击性是指材料抵抗冲击力的作用而不被破坏的能力。脆性材料（如石材、陶瓷制品、普通玻璃等）的抗冲击性一般较差，韧性材料（如钢材、木材、橡胶制品等）的抗冲击性一般较强。对材料抗冲击性的检测，有很多实用性的检验方法，如玻璃的落锤（或钢球）试验、管件的坠落试验等。

9. 抗热冲击性

抗热冲击性是指材料在承受急剧温度变化时评价其抗破损能力的重要指标，也称抗热震性、抗温度急变性、耐急冷急热性等。

不同的装饰材料，对其抗热冲击性的测试方法也不同，如陶瓷砖的抗热冲击性试验是将陶瓷砖在（15±5）℃的水中浸泡后，取出在烤箱中烤至（145±5）℃，然后取出再投入（15±5）℃的水中，通过一次冷热循环，观察材料是否出现开裂或剥落。国标中对陶瓷墙地砖的抗热冲击性的规定是经 10 次抗热冲击性试验而不开裂。

10. 抗冻性

抗冻性是指材料在吸水饱和状态下，能经受反复冻融循环作用而不破坏，强度也不显著降低的性能。

材料吸水后，在低温下，水在材料毛细孔内冻结成冰，体积膨胀所产生的冻胀压力造成材料的内应力，会使材料遭到局部破坏。随着冻融循环的反复，材料的破坏作用逐步加剧，这种破坏称为冻融破坏。

抗冻性以试件在冻融后的质量损失、外形变化或强度降低不超过一定限度时所能经受的冻融循环次数来表示，也称抗冻等级，用 Fn 表达，分 F10、F15、F25、F50、F100、F150、F200、F250 和 F300 共 9 个等级，分别表示此材料可承受 10 次、15 次、25 次…300 次的冻融循环。抗冻等级越高，材料的抗冻性越好。

材料的抗冻性与材料的强度、孔结构、耐水性和吸水率等有关。对于受大气和水作用的材料，抗冻性往往决定了它的耐久性。在冬季室外温度低于-10℃的寒冷地区，建筑物的外墙等所使用的材料必须进行抗冻性检验。

11. 隔热性

材料的隔热性与材料的导热系数 λ 有关，导热系数越小，则材料的隔热性越好。一般将 $\lambda \leqslant 0.175\text{W}/(\text{m}\cdot\text{K})$ 的材料称为绝热材料。

12. 环境协调性

环境协调性是指材料在生产、使用和废弃的全寿命周期中要有较低的环境负荷，包括生产中做到废物的利用、减少三废的产生，使用中减少对环境的污染，废弃时有较高的可回收率等。

想一想

党的二十大报告提出，实施全面节约战略，推进各类资源节约集约利用，加快构建废弃物循环利用体系。在建筑装饰过程中，有大量的材料资源被利用，又有大量的废弃物被排放到自然环境中，严重破坏了建筑材料生产与环境的协调，为了合理利用资源和减少废弃物，目前有哪些生态环境材料可加以利用？与传统材料有何区别？

建筑装饰材料的发展方向是要求除具有良好的使用性能外，还须具有良好的环境协调性能，即具有较低的环境负荷值和较高的可循环再生率，强调应用环保的绿色建材。建筑装饰材料的环境协调问题日益受到重视，在实用中可参照《建筑材料放射性核素限量》（GB 6566—2010）、《室内装饰装修材料 胶粘剂中有害物质限量》（GB 18583—2008）和《民用建筑工程室内环境污染控制标准》（GB 50325—2020）等国家规范。

1.5 建筑装饰材料的选择

选择建筑装饰材料时，需要考虑的因素很多。首先要根据建筑的性质，如空间的使用功能、设计风格、界面的需求等要素，确定建筑装饰材料的类别；在此基础上结合空间的尺度、色环境、光环境等要素，考虑材料的色彩、质感、肌理等装饰性能；此外，还要注重材料的环保性能及经济性等要素。

1. 建筑装饰材料的功能性

建筑装饰材料的选择首先应考虑建筑空间的功能。不同空间因其使用功能不同，对建筑装饰材料的要求也不一样，如大理石在家庭装修中，一般用于入口玄关及客厅的点缀；客厅、餐厅等公用区域应优先选用地板砖，卧室大多选用木地板或地板砖；浴室的水汽和厨房的油烟较大，其墙体可选用表面光滑的内墙釉面砖贴面，以便清洗，地面材料的选用则主要考虑防滑和耐磨；在人流集中的商业建筑的营业厅、交通建筑的候车厅、宾馆建筑的大堂、娱乐建筑的公共空间等，地面应选择耐磨性好的彩色水磨石、陶瓷地砖或花岗石贴面；音乐厅、影剧院、KTV 房间及录音棚等对音质要求较高的空间，其墙面及顶面应根据声学的要求选用一定数量的吸声材料；宾馆客房地面多选用地毯，墙面选用壁纸，以营造温馨、静谧的感觉，利于装饰风格的协调。

2. 建筑装饰材料的装饰性

建筑装饰材料本身的肌理、质感、尺度、纹理、线型、色彩等，对建筑空间的装饰效果都将产生一定的影响。

建筑装饰材料的肌理及质感，能在人的生理和心理上产生积极或消极的反应，从而引起联想。材料的这种心理诱发作用往往是非常明显和强烈的，如光滑、细腻的材料，不仅富有优美、雅致的现代美感，也会给人一种冷峻、漠然的冰冷感觉；金属能使人感到坚硬、沉重，也能使人产生寒冷的感觉；皮革、丝织品使人感到柔软、轻盈和温暖；石材让人感到稳重、坚实和牢固；而未加装饰的混凝土，容易使人产生粗犷甚至草率的感觉。因此，在选择建筑装饰材料时，必须正确把握材料的肌理和质感特性，使之与建筑的装饰特点相吻合，赋予建筑装饰材料以强大的生命力及活力。

建筑装饰材料的尺度、纹理、线型，对装饰效果也产生重要的影响。就尺度而言，材料的尺寸应当适中，符合建筑空间的比例，才能达到自然与协调，如大理石及彩色水磨石板材用于厅堂，可以取得良好的装饰效果，但如果用于居室，则会因尺寸过大而失去原有的魅力。就纹理而言，要充分利用材料本身固有的天然纹路、图样及底色等的装饰效果，或人工仿制天然材料的各种纹路与图样，以求获得或朴素、或真实、或淡雅、或高贵、或凝重的各种装饰气氛。就线型而言，在某种程度上应将线型视为建筑装饰整体质感的一部分，如用铝合金压型板装饰外墙面，可以获得具有凹凸线型的装饰效果。

建筑装饰材料的色彩，应根据建筑物的规模、功能及其所处环境等综合考虑。建筑物内部的色彩应力求合理、适宜，使人在生理和心理上都能产生良好的观感。红、橙、黄色能使人联想到太阳、火焰而感觉温暖，故称为"暖色"，在儿童房间采用淡黄、橙、粉红等暖色调，可适应儿童天真活泼的心理；绿、蓝、紫罗兰色能使人联想到森林、大海、蓝天而感到凉爽，故称为"冷色"，在老人房间使用浅蓝、青蓝等冷色调，可以获得清凉的安静感。暖色调使人感到热烈、兴奋、温暖，冷色调使人感到宁静、幽雅、清凉。

3. 建筑装饰材料的环保性

建筑装饰材料的选择要符合环保要求和标准，特别是用在室内的装饰材料，其放射性、挥发性要格外注意，以免对人体造成伤害。如某些嵌入特殊化学香料的乳胶漆，是将原本让人不悦的气味掩盖掉，而具有淡淡的芳香气味，但这种假净味是有害人体健康的，此类产品建议不要多用。

质量伪劣的复合地板，其有害物质包括两方面：一是有胶粘剂的地板所含游离甲醛释放量过高，游离甲醛若超过 40mg/100g，就会对人体有害，因此最好选用甲醛含量在 10mg/100g 左右的绿色环保地板；二是在刷油漆过程中用到的各种有机溶剂，如甲苯、硝基等均会散发出对人体有害的气体，所以在购买木地板时宜尽量选用烤漆地板。

另外要注意建筑装饰材料辅料的使用，特别是胶和底漆，即使选择了环保涂料，在基底处理时也不能马虎。使用知名品牌的底漆不仅能保证整体效果，从环保的角度考虑也绝对有必要。107 胶内含有害物质，国家有关条例已明令禁止在家庭装修中使用 107 胶。

4. 建筑装饰材料的经济性

一般情况下，建筑装修工程的造价占总工程造价的 1/3，在一些大中型建筑工程项目中甚至占总工程造价的 40%~60%，特殊工程项目所占比例还可能更大，因此，在选择建筑装饰材料时，应充分考虑其经济性。

从经济角度考虑建筑装饰材料的选择，应有一个总体的观念，既要考虑建筑工程装饰费用的一次性投资，也要考虑日后维修及再装修的费用，还要考虑建筑装饰材料的发展趋势。有时在关键部位如给排水关键部位及重要隐蔽项目，从延长使用年限的角度考虑，可适当增大一些投资，以减少在使用中的维修费用，更能保证总体上的经济性。

5. 建筑装饰材料的地域性

选择建筑装饰材料时，还要注意运用合适的材料表现民族传统和地方特色。如金箔和琉璃制品是我国传统建筑或纪念性建筑所特有的建筑装饰材料，有利于表现我国民族和文化的特色。

建筑装饰材料的选用还常与地域或气候有关。在寒冷地区，水磨石地面、地板砖地面令人感觉太冷，导致不舒适感，故应采用木地板、塑料地板、地毯等，其导热系数低，使人感觉暖和、舒适；而在炎热的南方，则应采用热导性好的装饰材料。

总之，在选择建筑装饰材料时，既要体现建筑装饰的功能性和艺术效果，又要做到经济合理，并符合地区特点，因此要做到精心设计和选择，根据工程的功能要求、装饰风格等来合理选用。

本章小结

本章介绍了建筑装饰材料的功能、分类、性质、性能和选择方法。

建筑装饰材料的功能是保护、美化建筑物，保证室内使用条件和室内环境的整洁、美观与舒适。学习后应理解与掌握建筑装饰材料的基本性质和基本性能，为合理选择和科学利用建筑装饰材料打下基础。

选择建筑装饰材料时要考虑建筑物的类别、装修标准及特色，考虑装饰材料的功能性、装饰性、环保性、经济性和地域性等特点。

实训指导书

了解常用建筑装饰材料的种类、规格、性能等，重点掌握常用建筑装饰材料的常规检验方法、成品及半成品的保护和应用。

一、实训目的

让学生自主地到建筑装饰材料市场进行考察，了解常用建筑装饰材料的价格，熟悉常用建筑装饰材料的应用情况，能够准确识别各种常用建筑装饰材料的名称、规格、种类、价格、使用要求及适用范围等。

二、实训方式

完成对建筑装饰材料市场的调查分析。

学生分组：以3～5人为一组，自主地到建筑装饰材料市场进行调查分析。

调查方法：以咨询、鉴别为主，认识各种常用建筑装饰材料，调查材料价格，收集材料样本图片，掌握常用建筑装饰材料的选用要求。

三、实训内容及要求

（1）认真完成调研日记。

（2）填写材料调研报告。

（3）写出实训小结。

第2章 建筑胶凝材料与胶粘剂

教学目标

了解胶凝材料的定义及分类;熟悉水泥的技术性质;掌握装饰混凝土与装饰砂浆的性能,建筑石膏及制品的技术性能和应用;熟悉胶粘剂的组成、分类及影响胶结强度的因素,根据装饰工程进行胶粘剂的选用。

教学要求

能力目标	相关试验或实训	重点
了解水泥的分类、主要品种、应用范围、主要性能及技术要求		
了解装饰混凝土与装饰砂浆	装饰混凝土及装饰砂浆的应用	
能够正确选用纸面石膏板及石膏装饰制品	纸面石膏板的选用与实例	★
能够选购装饰工程中常用的胶粘剂	常用胶粘剂应用	★

引例

某宾馆在装饰装修工程中,采用了轻钢龙骨纸面石膏板吊顶、装饰混凝土、石膏装饰制品和胶粘剂,那么,如何根据这些材料的规格、型号、品种及特性,进行具体部位的材料选用呢?

胶凝材料又称胶结料,指在物理、化学作用下能从浆体变成坚固的石状体,并能胶结其他物料,制成有一定强度复合固体的物质。

胶凝材料按其化学组成,可分为有机胶凝材料(如树脂)与无机胶凝材料(如石灰、水泥等)。无机胶凝材料根据硬化条件,又可分为气硬性胶凝材料与水硬性胶凝材料。气硬性胶凝材料只能在空气中硬化,并只能在空气中保持或发展其强度,如石膏、石灰等;水硬性胶凝材料则不仅能在空气中硬化,还能更好地在水中硬化,保持并发展其强度,如水泥。

2.1 水　　泥

水泥呈粉末状,与适量水拌和后形成可塑性浆体,经过物理、化学等变化过程后浆体变成坚硬的石状体,并能将散粒状材料胶结成为整体,是一种良好的水硬性胶凝材料,水泥在胶凝材料中占有极其重要的地位,是最重要的建筑材料之一。

2.1.1 硅酸盐水泥

凡由硅酸盐水泥熟料、0~5%石灰石或粒化高炉矿渣和适量石膏磨细制成的水硬性胶凝材料,称为硅酸盐水泥。

1. 水泥的技术性质和技术要求

《通用硅酸盐水泥》(GB 175—2007)中对硅酸盐水泥的技术性能要求如下。

(1)水泥的细度。

水泥的细度是指水泥颗粒的粗细程度,是鉴定水泥品质的主要项目之一。它直接影响水泥的性能和使用。水泥颗粒越细,水泥与水接触面积就越大,水化会越充分,水化速度也越快。

(2)水泥的标准稠度用水量。

为使水泥凝结时间和安定性的测定结果具有可比性,在进行此两项测定时必须采用标准稠度的水泥净浆。ISO 标准规定,水泥净浆稠度采用稠度仪(维卡仪)测定,以试杆沉入净浆并距离玻璃底板(6±1)mm 时的水泥净浆为"标准稠度净浆",此时的拌和用水量即为该水泥的标准稠度用水量(P),按水泥质量的百分比计。水泥熟料矿物成分不同,其标准稠度用水量亦有所不同,磨得越细的水泥,标准稠度用水量越大。硅酸盐水泥的标准稠度用水量一般为24%~33%。

(3) 水泥的凝结时间。

水泥的凝结时间分为初凝时间和终凝时间，初凝时间是指从水泥加水到水泥浆开始失去塑性的时间，终凝时间是指从水泥加水到水泥浆完全失去塑性的时间。

国家标准规定，水泥凝结时间用凝结时间测定仪进行测定。硅酸盐水泥的初凝时间不得早于 45min，终凝时间不得迟于 6.5h。凡初凝时间不符合国家标准规定的水泥为废品，终凝时间不符合国家标准规定的水泥为不合格品。

水泥的凝结时间在施工中具有重要意义。初凝不宜过快，是为了保证有足够的时间在初凝之前完成混凝土成型等各工序的操作；终凝不宜过迟，是为了使混凝土在浇筑完毕后尽早完成凝结硬化，以利于下一道工序及早进行。

(4) 水泥的体积安定性。

水泥的体积安定性是指水泥在凝结硬化的过程中，其体积变化的均匀性。如果水泥在凝结硬化过程中产生均匀的体积变化，则其体积安定性合格，否则为体积安定性不良。水泥的体积安定性不良，会使水泥制品、混凝土构件产生膨胀性裂缝，影响工程质量，甚至引起严重的工程事故。因此，凡是体积安定性不良的水泥均应作为废品处理，不能用于工程中。

(5) 水泥的强度及强度等级。

水泥的强度是指水泥胶结能力的大小，是评价水泥质量的重要指标，也是划分水泥强度等级的依据。

硅酸盐水泥分为 42.5、42.5R、52.5、52.5R、62.5、62.5R 六个强度等级，其中代号 R 表示早强型水泥。各龄期的强度均不得低于国家标准，否则应降级使用。硅酸盐水泥各龄期的强度要求见表 2-1。

表 2-1 硅酸盐水泥各龄期的强度要求

强度等级	抗压强度/MPa，≥		抗折强度/MPa，≥	
	3d	28d	3d	28d
42.5	17.0	42.5	3.5	6.5
42.5R	22.0	42.5	4.0	6.5
52.5	23.0	52.5	4.0	7.0
52.5R	27.0	52.5	5.0	7.0
62.5	28.0	62.5	5.0	8.0
62.5R	32.0	62.5	5.5	8.0

(6) 水泥的水化热。

水泥与水接触发生水化反应时所放出的热量，称为水泥的水化热。水泥的大部分水化热在凝结硬化的初期放出，一般来说水泥强度等级越高，水化热越高；水泥颗粒越细，水化速度越快；掺速凝剂时，早期水化热高。

（7）水泥的碱含量。

水泥的碱含量是指水泥中氧化钠（Na_2O）和氧化钾（K_2O）的含量。近些年来，在混凝土施工中发现了许多碱骨料反应，即水泥中的碱和骨料中的活性二氧化硅反应，生成膨胀性的碱硅酸盐凝胶，导致混凝土开裂，因此，当使用活性骨料时，要采用低碱水泥。国家标准规定，水泥中碱总含量（按 $Na_2O+0.658K_2O$ 计算）不得大于 0.60%，或由供需双方商定。

2. 硅酸盐水泥的特点、应用、运输与储存

（1）硅酸盐水泥的特点。

硅酸盐水泥凝结硬化快，早期强度高，抗冻性好，干缩性较小，但水化热高，耐热性、耐腐蚀性差。

（2）硅酸盐水泥的应用。

硅酸盐水泥熟料中硅酸三钙和铝酸三钙含量高，凝结硬化快，强度尤其是早期强度高，主要用于重要结构的高强混凝土、预应力混凝土和有早强要求的混凝土工程，还适用于寒冷地区和严寒地区遭受反复冻融的混凝土工程；硅酸盐水泥抗碳化性能高，可用于有抗碳化要求的混凝土工程中；硅酸盐水泥耐磨性好，可应用于路面等工程中。

硅酸盐水泥的水化产物中易腐蚀的氢氧化钙和水化铝酸三钙含量高，因此耐腐蚀性差，不宜长期使用于含有侵蚀性介质（如软水、海水、酸和盐）的环境中；硅酸盐水泥水化热高并释放集中，不宜用于大体积混凝土工程中；硅酸盐水泥耐热性差，不宜用于有耐热性要求的混凝土工程中。

（3）硅酸盐水泥的运输与储存。

硅酸盐水泥在运输与储存过程中，应特别注意防水、防潮，因为水泥遇水后会发生凝结硬化，丧失部分胶结能力，导致强度降低，甚至不能用于工程中。

水泥应按不同品种、不同强度等级以及出厂日期分别堆放，并加贴标志；散装水泥应分库储存。使用时应遵循先到先用的原则。在一般条件下储存的水泥，3个月后水泥强度降低 10%~20%，6 个月后强度降低 15%~30%，1 年以后强度降低 25%~40%。

特别提示

- 水泥的有效储存期为 3 个月。储存时间较长的水泥，应重新测定其强度并按实际强度使用。

2.1.2 掺混合材料的硅酸盐水泥

为了改善水泥的某些性能，调节水泥的强度等级，提高水泥产量和降低水泥成本，可利用工业废料，在生产水泥时掺加一定数量的人工或天然的矿物材料，即混合材料。混合材料按性能不同，可分为活性混合材料和非活性混合材料两大类。

掺活性混合材料的硅酸盐系水泥的水化速度较慢，故早期强度较低，而由于水泥中熟料含量相对减少，因此水化热也较低。

掺非活性混合材料的主要目的是：起填充作用、增加水泥产量，降低水泥强度等级，降低水泥成本和水化热，调节水泥的某些性质等。常用的非活性混合材料有石英岩、石灰岩、砂岩、黏土、硬矿渣等，凡不符合技术要求的粒化高炉矿渣、火山灰质混合材料，也可作为非活性混合材料。

1. 普通硅酸盐水泥

根据《通用硅酸盐水泥》的规定，凡由硅酸盐水泥熟料、混合材料、适量石膏磨细制成的水硬性胶凝材料，称为普通硅酸盐水泥，简称普通水泥，代号 P·O。在掺加活性混合材料时，掺量应大于 5%且不大于 20%。

普通硅酸盐水泥的特性为凝结硬化快，早期强度较高，水化热较高，抗冻性较好，耐热性及耐腐蚀性较差，干缩性较小。

2. 矿渣硅酸盐水泥、火山灰质硅酸盐水泥及粉煤灰硅酸盐水泥

（1）矿渣硅酸盐水泥。

根据《通用硅酸盐水泥》的规定，凡由硅酸盐水泥熟料、粒化高炉矿渣和适量石膏磨细制成的水硬性胶凝材料，称为矿渣硅酸盐水泥，简称矿渣水泥，代号 P·S。水泥中粒化高炉矿渣掺量按质量百分比计，A 型的为 20%～50%，B 型的为 50%～70%。

矿渣水泥凝结硬化慢，早期强度低，后期强度增长较快，水化热较低，抗冻性差，耐热性好，耐腐蚀性较好，干缩性较大，泌水性大，抗渗性差。

矿渣水泥可用于地面、地下、水中的各种混凝土工程，也可用于高温车间的建筑工程及有耐热要求的混凝土工程，不宜用于需要较高早期强度和经受冻融循环、干湿交替的工程。

（2）火山灰质硅酸盐水泥。

根据《通用硅酸盐水泥》的规定，凡由硅酸盐水泥熟料、火山灰质混合材料和适量石膏磨细制成的水硬性胶凝材料，称为火山灰质硅酸盐水泥，简称火山灰水泥，代号 P·P。水泥中火山灰质混合材料掺量按质量百分比计为 20%～40%。

火山灰水泥凝结硬化慢，早期强度较低，后期强度增长较快，水化热较低，抗冻性差，耐热性较差，耐腐蚀性较好，干缩性较大，抗渗性较好。

火山灰水泥适用于地下、水中及潮湿环境中的混凝土工程，不宜用于干燥环境、经受冻融循环和干湿交替以及早期强度要求高的工程。

（3）粉煤灰硅酸盐水泥。

根据《通用硅酸盐水泥》的规定，凡由硅酸盐水泥熟料、粉煤灰和适量石膏磨细制成的水硬性胶凝材料，称为粉煤灰硅酸盐水泥，简称粉煤灰水泥，代号 P·F。水泥中粉煤灰掺量按质量百分比计为 60%～80%。

粉煤灰水泥凝结硬化慢，早期强度较低，后期强度增长较快，水化热较低，抗冻性差，耐热性较差，耐腐蚀性较好，干缩性较小，抗裂性较高。

粉煤灰水泥适用于承载时间较晚的混凝土工程，不宜用于有抗渗要求的混凝土工程，也不宜用于干燥环境中的混凝土工程及有耐磨性要求的混凝土工程。

🌐 特别提示

- 矿渣水泥、火山灰水泥及粉煤灰水泥的共性如下。

① 早期强度低、后期强度增长率高。这三种水泥不适合用于早期强度要求高的混凝土工程，如冬季施工、现浇工程等。

② 对温度敏感，适合高温养护。

③ 耐腐蚀性好，适合用于有硫酸盐、镁盐、软水等腐蚀作用的环境，如水工、海港、码头等混凝土工程。

④ 水化热低，适合用于大体积混凝土。

⑤ 抗冻性差，不适宜在严寒地区有水位升降的工程部位使用。

⑥ 抗碳化性较差，不适合用于二氧化碳含量高的工业厂房，如铸造、翻砂车间等。

3. 复合硅酸盐水泥

根据《通用硅酸盐水泥》的规定，凡由硅酸盐水泥熟料、两种或两种以上规定的混合材料、适量石膏磨细制成的水硬性胶凝材料，称为复合硅酸盐水泥，简称复合水泥，代号P·C。水泥中混合材料总掺量按质量百分比计应大于20%，但不得超过50%。

复合水泥所配制的混凝土和易性好，与外加剂相容性好。复合水泥凝结时间适中、需水量小、保水性好、水化热较低、早期强度较低、后期强度增长较快、干缩性小、抗冻性差、抗裂性好、耐磨性好、耐腐蚀性较好。

复合水泥广泛用于各种工业工程和民用建筑，适用于地下、大体积混凝土工程和基础工程等，不宜在严寒地区有水位升降的工程部位使用。

2.1.3 白色水泥和彩色水泥

1. 白色水泥

白色硅酸盐水泥简称白色水泥，是由白色硅酸盐水泥熟料加入石膏，磨细制成的水硬性胶凝材料。硅酸盐水泥通常呈灰黑色，这主要是由于熟料中含有一定量的氧化铁（Fe_2O_3）。白色水泥与常用的硅酸盐水泥的主要区别，在于前者氧化铁的含量只有后者的10%左右。

白色水泥具有强度高、色泽洁白的特点，可配制各种彩色砂浆及彩色涂料，用于装饰工程的粉刷；可制造有艺术性的各种白色和彩色混凝土或钢筋混凝土等的装饰结构部件，制造各种颜色的水刷石、仿大理石及水磨石等制品；还可配制彩色水泥。

2. 白色水泥在应用中的注意事项

白色水泥在应用中应注意以下事项。

（1）用白色水泥制备混凝土时，粗细骨料宜采用白色或彩色大理石、石灰石、石英砂和各种颜色的石屑，不能掺入其他杂质，以免影响其白度及色彩。

（2）白色水泥的施工和养护方法与普通硅酸盐水泥相同，但施工时底层及搅拌工具必须清洗干净，否则将影响白色水泥的装饰效果。

（3）白色水泥浆刷浆时，必须保证基层湿润，并及时养护涂层。

（4）白色水泥在硬化过程中所形成的碱饱和溶液，经干燥作用后会在水表面析出$Ca(OH)_2$、$CaCO_3$等白色晶体，这种白色晶体称为白霜。低温和潮湿无风状态可助长白霜的出现，影响其白度及鲜艳度。

🌐 **特别提示**

- 白色水泥的包装规范：每袋净重（50±1）kg；包装袋应符合《水泥包装袋》（GB/T 9774—2020）的要求，袋上须清楚标明工厂名称、水泥名称、标号、白度等级、包装年月日和编号。

3. 彩色水泥

以白色水泥熟料、优质白色石膏及矿物颜料、外加剂（防水剂、保水剂、增塑剂等）共同粉磨而成，或在白色水泥生料中加入金属氧化物着色剂直接烧成的一种水硬性胶凝材料，称为彩色硅酸盐水泥，简称彩色水泥。

4. 白色水泥和彩色水泥的用途

白色水泥和彩色水泥主要用于建筑物内外表面的装饰，既可配制彩色水泥浆，用于建筑物的粉刷，也可配制彩色水泥砂浆，制作具有一定装饰效果的地面块材、人造大理石等，还可用于配制白色、彩色混凝土和制造各种彩色人造石等。

（1）配制彩色水泥浆。彩色水泥浆是以各种彩色水泥为基料，掺入适量氧化钙促凝剂和皮胶液胶结料配制成的刷浆材料，可作为彩色水泥涂料用于建筑物内外墙、天棚和柱子的粉刷，还广泛用于贴面装饰工程的擦缝和勾缝工序，具有很好的辅助装饰效果。

（2）配制彩色水泥砂浆。彩色水泥砂浆是以各种彩色水泥与细骨料配制而成的装饰材料，主要用于建筑物内外墙装饰。彩色水泥砂浆可呈现各种色彩、线条和花样，具有特殊的表面装饰效果，骨料多用白色、彩色或浅色的天然砂、石屑（大理石、花岗石等）、陶瓷碎粒或特制的塑料色粒，有时为使表面获得闪光效果，可加入少量的云母片、玻璃片或长石等。在沿海地区，也有的在饰面砂浆中加入少量的小贝壳，使表面产生银色闪光。

（3）配制白色、彩色混凝土。以白色、彩色水泥为胶凝材料，加入适当品种的骨料可制得白色、彩色混凝土，根据不同的施工工艺，可达到不同的装饰效果。

（4）制造各种彩色人造石等。

2.2 普通混凝土与装饰混凝土

2.2.1 普通混凝土

1. 普通混凝土的组成

普通混凝土由水泥、水、石子（粗骨料）和天然砂（细骨料）四种基本材料组成，还常掺入适量的掺合料和混凝土外加剂。

（1）水泥。

水泥是混凝土中的胶结材料，是决定混凝土成本的主要材料，也是决定混凝土强度、耐久性的重要因素，因此其选用格外重要。选用时，主要考虑水泥的品种和强度等级。

（2）拌和及养护用水。

符合国家标准的生活用水（自来水、河水、江水、湖水等）可直接拌制各种混凝土，海水只可用于拌制素混凝土；地表水或地下水首次使用前，应进行有害物质含量检测，当对水质有疑问时，必须将其与洁净水分别制成混凝土试件，进行强度对比试验。

（3）骨料。

骨料由粗骨料（石子）和细骨料（砂）组成。

粗骨料是指粒径大于 4.75mm 的岩石颗粒，通常称为石子，有碎石和卵石两种；细骨料是指粒径小于 4.75mm 的岩石颗粒，通常称为砂，分为天然砂和人工砂。

（4）混凝土外加剂。

混凝土外加剂是指在拌制混凝土过程中，掺入的用以改善混凝土性能的物质。常用的外加剂有减水剂、引气剂、早强剂、速凝剂、缓凝剂、防水剂和抗冻剂等。

2. 混凝土的技术性质

混凝土的技术性质主要包括三个方面，即混凝土的和易性、强度及耐久性。

（1）混凝土的和易性。

和易性是指混凝土拌合物在一定的施工条件下，易于施工操作（拌和、运输、浇筑、捣实）并能获得质量均匀、成型密实的混凝土的性质。和易性是一项综合的技术指标，包括流动性、凝聚性和保水性三个方面的性能。

① 流动性：是指混凝土拌合物在本身自重或机械振捣作用下，能流动并均匀密实地填充模板各个角落的性质。流动性的大小反映了混凝土拌合物的稠度。常用坍落度作为评定流动性的指标。

② 凝聚性：是指混凝土拌合物的组成材料之间具有一定的凝聚力，在运输及浇筑过程中不致出现分层离析现象，使混凝土保持整体均匀的性能。凝聚性不好的拌合物，砂浆与石子容易分离，振捣后会出现蜂窝、麻面等现象。

③ 保水性：是指混凝土拌合物具有一定的保持内部水分的能力，在施工过程中不致产生严重的泌水现象。

（2）混凝土的强度。

混凝土硬化后的强度包括抗压强度、抗拉强度、抗弯强度等，其中抗压强度最高，抗拉强度最低。混凝土的强度常常是对混凝土抗压强度的简称。

混凝土的强度等级是用其立方体抗压强度标准值（以 N/m^2，即 MPa 计）来表示的，根据该标准值划分为 14 个等级，即 C15、C20、C25、C30、C35、C40、C45、C50、C55、C60、C65、C70、C75 和 C80。混凝土随强度等级不同，所能承受的荷载也不同。

（3）混凝土的耐久性。

混凝土的耐久性是指混凝土在长期环境因素作用下，抵抗环境介质作用而保持其强度的能力，具体包括抗渗性、抗冻性、抗腐蚀性、抗碳化性及碱骨料反应性能等。

2.2.2 装饰混凝土

装饰混凝土是利用普通混凝土成型时良好的塑性，选择适当的组成材料，在墙体或构件成型时采取一定的技术措施，使成型后的混凝土表面具有装饰性的线型、纹理、质感及色彩效果，以满足建筑物立面装饰的不同要求。

1. 清水装饰混凝土

清水装饰混凝土是利用混凝土结构或构件的线条或几何外形的处理而获得装饰性的，

既保持了混凝土构件原有的外形、质地,又具有简单、明快、大方的立面装饰效果,还可以在成型时利用模板等在构件表面上做出凹凸花纹,使立面质感更加丰富,从而获得特别的装饰效果。其成型方法有以下三种。

(1) 正打成型工艺。正打成型工艺多用在大板建筑的墙板预制上,是在混凝土墙板浇筑完毕水泥初凝前后,在混凝土表面进行压印,使之形成各种线条和花饰,如图 2-1 所示。其根据表面的加工工艺方法不同,可分为压印和挠刮两种方式。压印工艺一般有凸纹和凹纹两种做法,其中凸纹是用刻有镂花图案的模具,在刚浇筑的壁板表面上印出来的。挠刮工艺是在新浇的混凝土壁板上,用硬毛刷等工具挠刮形成一定的毛面质感。正打压印、挠刮工艺制作简单,施工方便,但壁面形成的凹凸程度小、层次少、质感不丰富。

(2) 反打成型工艺。反打成型工艺即在浇筑混凝土的底面模板上做出凹槽,或在底模上加垫具有一定花纹、图案的衬模,拆模后使混凝土表面具有线型或立体装饰图案,如图 2-2 所示。

反打成型工艺

图 2-1 正打成型工艺　　图 2-2 反打成型工艺

(3) 立模工艺。正打、反打成型工艺均为预制条件下的成型工艺,立模工艺则是在现浇混凝土墙面上做饰面处理,利用墙板升模工艺,在外模内侧安置衬模,脱模时使模板先平移,离开新浇筑混凝土墙面后再提升,这样随着模板爬升而形成具有直条形纹理的装饰混凝土,立面效果别具一格,如图 2-3 所示。

2. 彩色混凝土

彩色混凝土是在普通混凝土或白色混凝土中掺入适当的颜料或彩色骨料配制而成的,也可以使用混凝土染色剂或化学渗透着色剂进行表面渗透着色,如图 2-4 所示。

图2-3 立模工艺

图2-4 彩色混凝土

彩色混凝土的装饰效果取决于其着色效果，而混凝土的着色效果，与使用的颜料、着色剂或彩色骨料的性质、掺量和掺加方法有关。在混凝土中掺入适量的颜料（主要为无机氧化物颜料）、在硬化后的混凝土表面使用混凝土染色剂或化学着色剂进行渗透固化，或者在新浇筑的混凝土表面干撒着色硬化剂等，均是混凝土着色的常用方法。

（1）无机氧化物颜料。可直接在混凝土中加入无机氧化物颜料，并按一定的投料顺序进行搅拌。

（2）化学着色剂。化学着色剂是一种水溶性金属盐类，可将它掺入混凝土中并与混凝土发生反应，在混凝土孔隙中生成难溶且抗磨性好的颜色沉淀物。这种着色剂中含有稀释的酸，能轻微腐蚀混凝土，从而使着色剂渗透较深，且色调更加均匀。

化学着色剂的使用，应在混凝土养护至少一个月以后进行。施加前应将混凝土表面的尘土、杂质清除干净，以免影响着色效果。

（3）干撒着色硬化剂。干撒着色硬化剂是一种表面着色方法，是将细颜料、表面调节剂、分散剂等拌制后，均匀干撒在新浇筑的混凝土表面即可着色，适用于混凝土板、地面、人行道、车道及其他水平表面的着色，但不适于在垂直的大面积墙面上使用。

另外，彩色混凝土的装饰效果与骨料也有一定的关系。一般采用天然石材、花岗石、大理石或陶瓷材料作为骨料，特殊制品也可采用膨胀矿渣、页岩、彩色石子、彩色陶瓷等作为骨料。

3. 露骨料混凝土

露骨料混凝土是在混凝土硬化前或硬化后，通过一定工艺手段使混凝土骨料适当外露，通过骨料的天然色泽和不规则的分布，达到一定的装饰效果，如图2-5所示。

露骨料混凝土的制作方法有水洗法、缓凝剂法、酸洗法、水磨法、喷砂法、抛丸法、凿剁法、火焰喷射法和劈裂法等。下面主要介绍前三种方法。

（1）水洗法：是在水泥硬化前冲刷水泥浆以暴露骨料的做法。这种方法只适用于预制墙板正打成型工艺，即在混凝土浇筑成型后1～2h，水泥浆即将凝结前，将模板一端抬起，用具有一定压力的水流把面层水泥浆冲刷掉，使骨料暴露出来，养护后即成为露骨料混凝土。

露骨料混凝土

图 2-5　露骨料混凝土

（2）缓凝剂法：用于现场施工采用立模工艺或反打成型工艺中，因工作面受模板遮挡不能及时冲刷水泥浆，借助缓凝剂使表面的水泥不硬化，待脱模后再冲洗。但缓凝剂应在混凝土浇筑前涂刷于底模上。

（3）酸洗法：是利用化学作用去掉混凝土表面的水泥浆而使骨料外露，一般在混凝土浇筑 24h 后进行。但酸洗法因对混凝土有一定的腐蚀作用而极少使用。

特别提示

- 装饰混凝土可做出木材、金属等肌理效果。
- 装饰混凝土的性价比较高。

2.3　砂　　浆

2.3.1　砂浆基本知识

砂浆由胶凝材料、水和细骨料拌制而成。建筑砂浆按所用胶凝材料的不同，分为水泥砂浆、水泥混合砂浆、石灰砂浆及石膏砂浆等，其各自适应范围见表 2-2；按主要用途，可分为砌筑砂浆和抹面砂浆。

表 2-2　不同种类砂浆的适用范围

砂浆种类	适用范围
水泥砂浆（水泥∶砂）	基础及一般地下构筑物等
水泥混合砂浆（水泥∶石灰∶砂）	地面以上的承重和非承重砖石砌体
石灰砂浆（石灰∶砂）	平房或临时性建筑
石膏砂浆	混凝土墙面、加气混凝土砌块墙面

1. 砂浆的材料组成

砂浆由水泥、石灰膏、砂和水按适当比例配制而成，选择的水泥强度等级一般为砂浆强度等级的 4～5 倍，砂浆中砂的最大粒径一般不宜超过灰缝厚度的 20%～25%。

2. 砂浆的技术性能

（1）和易性。

新拌砂浆应具有良好的和易性，具体包括流动性和保水性两个方面。

① 流动性：也称稠度，一般用砂浆稠度仪测定，以沉入度（mm）作为稠度指标。砂浆稠度与用水量、胶凝材料的品种及用量等有关。

② 保水性：指砂浆保持其内部水分不泌出流失的能力。保水性用砂浆分层度筒测定，以分层度（mm）表示。水泥砂浆分层度不宜大于30mm，混合砂浆则不宜大于20mm。

（2）强度及强度等级。

砂浆以抗压强度为其强度指标，该指标是以一组（6块）标准试件，养护至28d所测定的抗压强度平均值来确定的。砂浆的强度共分为 M2.5、M5、M7.5、M10、M15、M20 共6个等级。

抹面砂浆的主要技术要求并非强度，而是和易性及其与基底材料的黏结力。抹面砂浆通常分为两层或三层进行施工，其中底层抹灰的作用是使砂浆与底层能牢固地黏结，中层抹灰主要是为了找平，有时可以省去，面层抹灰则要求达到平整美观的表面效果。

2.3.2 装饰砂浆基本知识

装饰砂浆是指专门用于建筑物室内外表面装饰，以增加建筑物美观为主的砂浆。它是在抹面的同时，经各种工艺处理而获得特殊的表面效果。

装饰砂浆获得装饰效果的具体做法可分为两类：一类是通过水泥砂浆的着色或水泥砂浆表面形态的工艺加工，而获得一定的色彩、线条、纹理、质感，以达到装饰目的，称为灰浆类饰面，如图 2-6 所示；另一类是在水泥浆中掺入各种彩色石碴作骨料，制得水泥石碴浆，然后用水洗、斧剁、水磨等手段除去表面水泥浆皮，露出石碴的颜色、质感的饰面做法，称为石碴类饰面，如图 2-7 所示。

图 2-6　灰浆类饰面实例　　　　图 2-7　石碴类饰面实例（干粘石）

石碴类饰面与灰浆类饰面的主要区别在于：石碴类饰面主要靠石碴的颜色、颗粒形状来达到装饰目的，而灰浆类饰面主要靠掺入颜料以及砂浆本身所能形成的质感来达到装饰目的。与灰浆类饰面相比，石碴类饰面的色泽比较明亮，质感相对更为丰富，并且不易褪色，但工效低且造价高。

1. 装饰砂浆的组成材料

建筑装饰工程中所用的装饰砂浆，主要由胶凝材料、骨料和颜料组成。

（1）胶凝材料。

胶凝材料主要有水泥、石灰、石膏等，其中水泥多以白色水泥和彩色水泥为主。通常建筑中对于装饰砂浆的强度要求并不太高，因此对水泥的强度要求也不太高，以强度等级为 32.5～42.5MPa 的水泥较多。

（2）骨料。

除普通砂外，骨料还常采用石英砂、彩釉砂和着色砂，以及彩色石碴、石屑、彩色瓷粒和玻璃珠等。

① 石英砂。石英砂分天然石英砂、人造石英砂及机制石英砂三种。人造石英砂和机制石英砂是将石英岩加以焙烧，经人工或机械破碎筛分而成。

② 彩釉砂和着色砂。彩釉砂和着色砂均为人工砂，其特性如下。

a. 彩釉砂：是由各种不同粒径的石英砂或白云石粒加颜料焙烧后，再经化学处理而制得的一种外墙装饰材料，在-20～80℃下不变色，且具有防酸、耐碱性能。

b. 着色砂：是在石英砂或白云石细粒表面进行人工着色而制得的一种外墙装饰材料，其着色多采用矿物颜料。人工着色的砂粒色彩鲜艳、耐久性好。在实际施工中，每个装饰工程所用的色浆应一次配出，所用的着色砂也应一次生产完毕，以免出现颜色不均的现象。

③ 彩色石碴。彩色石碴也称石粒、石米等，是由天然大理石、白云石、方解石、花岗石破碎加工而成，具有多种色泽，是石碴类饰面的主要骨料，也是人造大理石、水磨石的原料，其规格、品种和质量要求见表2-3。

表2-3 彩色石碴规格、品种和质量要求

编号、规格与粒径			常用品种	质量要求
编号	规格	粒径/mm		
1	大二分	约20	东北红、东北绿、盖平红、粉黄绿、玉泉灰、旺青、晚霞、白云石、云彩绿、红玉花、奶油白、苏州黑、黄花玉、松香石、汉白玉等	（1）颗粒坚韧有棱角、洁净，不含有风化石粒；（2）使用时冲洗干净
2	一分半	约15		
3	大八厘	约8		
4	中八厘	约6		
5	小八厘	约4		
6	米粒石	0.3～1.2		

④ 石屑。石屑是粒径比石粒更小的细骨料，主要用于配制外墙喷涂饰面用聚合物砂浆。常用的有松香石屑、白云石屑等。

⑤ 彩色瓷粒和玻璃珠。彩色瓷粒用石英、长石和瓷土为主要原料烧制而成，粒径为 1.2～3mm。以彩色瓷粒代替彩色石碴用于室外装饰，具有大气稳定性好、颗粒小、表面瓷

粒均匀、露出的黏结砂浆部分少、饰面层薄、自重轻等优点。玻璃珠即玻璃弹子，产品有各种镶色或花蕊。

彩色瓷粒和玻璃珠可镶嵌在水泥砂浆、混合砂浆或彩色砂浆底层上作为装饰饰面用，如檐口、腰线、外墙面、门头线、窗套等，均可在其表面上镶嵌一层各种色彩的瓷粒或玻璃珠，可取得很好的装饰效果。

（3）颜料。

颜料的选择要根据其价格、砂浆品种、建筑物所处环境和设计要求而定。建筑物处于受侵蚀的环境中时，要选用耐酸性好的颜料；受日光暴晒的部位，要选用耐光性好的颜料；设计要求鲜艳颜色的，可选用色彩鲜艳的有机颜料。在装饰砂浆中，通常采用耐碱性和耐光性好的矿物颜料。

2. 装饰砂浆饰面

（1）假大理石。

假大理石是用掺入适量颜料的石膏色浆和素石膏浆按 1∶10 的比例混合，通过手工操作，做成具有大理石表面特征的装饰面层，其纹理效果如图 2-8 所示。假大理石适用于装饰工程中的室内墙面抹灰。

（2）外墙喷涂。

外墙喷涂是用挤压式砂浆泵或喷斗将聚合物水泥砂浆喷涂在墙面基层或底灰上，形成饰面层，如图 2-9 所示。在涂层表面再喷一层甲基硅醇钠或甲基硅树脂疏水剂，以提高涂层耐久性和减少墙面污染。

图 2-8　假大理石纹理效果

图 2-9　外墙喷涂施工

（3）外墙滚涂。

外墙滚涂是将聚合物水泥砂浆抹在墙体表面上，用辊子滚出花纹，再喷一层甲基硅醇钠疏水剂形成饰面层，其纹理效果如图 2-10 所示。此法施工方法简单，易于掌握，工效也高，且施工时不易污染其他墙面及门窗，对局部施工尤为适用。

（4）弹涂。

弹涂是在墙体表面涂刷一道聚合物水泥色浆后，通过电动（或手动）筒形弹力器，分几遍将各种水泥色浆弹到墙面上，形成直径 1~3mm、大小近似、颜色不同、互相交错的圆粒状色点，深浅色点互相衬托，构成一种彩色的装饰面层，其纹理效果如图 2-11 所示。

外墙滚涂纹理效果

图 2-10　外墙滚涂纹理效果　　　　图 2-11　弹涂纹理效果

（5）水磨石。

水磨石是按设计要求，在彩色水泥或普通水泥中加入一定规格、比例、色泽的色砂或彩色石碴，加水拌匀作为面层材料，敷设在水泥砂浆或混凝土基层上，经浇捣成型、养护、硬化后，再经表面打磨、酸洗、面层打蜡等工序制成，其实例效果如图 2-12 所示。水磨石色彩鲜艳、图案丰富、施工方便、耐磨性好、价格便宜，不仅可以在现场制作，也可在工厂预制。

水磨石

图 2-12　水磨石实例效果

2.4 建筑石膏及其制品

2.4.1 建筑石膏概述

建筑石膏属于气硬性无机胶凝材料，由于石膏及其制品具有质轻、保温、绝热、吸声、防火、容易加工、装饰性好等优点，因此是建筑装饰工程常用的材料之一，且其原料来源丰富，加工性能好，是一种较理想的节能材料。

1. 建筑石膏的技术性质

建筑石膏呈洁白粉末状，密度为 2.6～2.75g/cm^3，堆积密度为 800～1100kg/m^3。建筑石膏的初凝时间不得小于6min，终凝时间不得大于30min。

2. 建筑石膏的特点

（1）凝结硬化快、强度较低。石膏在加水拌和后，浆体在 6～10min 内便开始失去塑性，20～30min 内完全硬化产生强度；在室温自然干燥条件下，石膏的强度发展较快，2h 的抗压强度可达 3～6MPa。其水化理论需水量仅为石膏质量的 18.6%。但为使石膏浆体具有必要的塑性，通常需加入占石膏质量 60%～80%的水。由于硬化后这些多余水分的蒸发，会在石膏硬化体内留下很多孔隙，从而导致石膏强度降低。

（2）体积微膨胀。石膏浆体在凝结硬化初期体积会发生微膨胀，膨胀率为 0.5%～1.0%。这一特性使模塑形成的石膏制品的表面光滑，尺寸精确，棱角清晰、饱满，装饰性好。

（3）孔隙率大、保温性好、吸声性好。建筑石膏制品硬化后内部形成大量的毛细孔隙，孔隙率达 50%～60%，这决定了石膏制品导热系数小，保温隔热性及吸声性良好。

（4）具有一定的调温、调湿性能。建筑石膏制品的热容量较大，具有一定的调节温度的作用，其内部的大量毛细孔隙对空气中的水蒸气具有较强的吸附能力，所以对室内空气的湿度有一定的调节作用。

（5）耐水性、抗冻性差。石膏制品的孔隙率大，且二水石膏微溶于水，具有很强的吸湿性和吸水性，石膏的软化系数只有 0.2～0.3，所以石膏制品的耐水性和抗冻性均较差。

（6）防火性好但耐火性差。建筑石膏制品的导热系数小、传热慢，且二水石膏受热脱水产生的水蒸气能阻碍火势的蔓延。但二水石膏脱水后强度会下降，因此建筑石膏耐火性较差，不宜长期在 65℃以上的高温部位使用。

3. 建筑石膏的应用与储存

在装饰工程中，建筑石膏主要用于吊顶和隔墙工程，还可以用于生产高强石膏黏粉、粉刷石膏以及生产各种石膏板材（如纸面石膏板、装饰石膏板等）、石膏花饰、石膏柱饰等；建筑石膏及其制品还大量用于石膏抹面灰浆、墙面刮腻子、模型制作、石膏浮雕制品及室内陈设。

建筑石膏易受潮吸湿，凝结硬化快，因此在运输、储存过程中应避免受潮。石膏长期存放，强度也会降低，一般储存 3 个月后，其强度下降 30%左右。所以建筑石膏储存时间不得过长，若超过 3 个月，应重新检验并确定其等级。

2.4.2 建筑石膏制品

在装饰工程中,建筑石膏和高强石膏往往先加工成各式制品,然后镶贴、安装在基层或龙骨支架上。建筑石膏制品主要有装饰石膏板、装饰线角、花饰、装饰浮雕壁画、画框、挂饰及建筑艺术陈设品等,这些制品都充分发挥了石膏胶凝材料的装饰性,效果很好。

1. 装饰石膏板

装饰石膏板是以建筑石膏为基料,掺入少量增强纤维、胶粘剂、改性剂等,经搅拌、成型、烘干等工艺制成的不带护面纸的装饰板材,如图 2-13 所示。

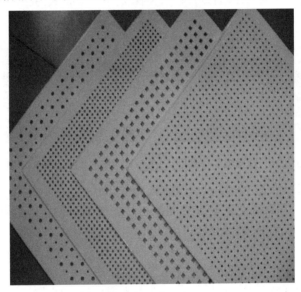

图 2-13　装饰石膏板

(1) 装饰石膏板的分类与规格。

装饰石膏板为正方形,按其棱边断面形式不同,分为直角型和 45°倒角型两种;按其功能不同,分为普通板、防潮板、耐水板和耐火板等;按其表面装饰效果不同,分为平板、穿孔板、浮雕板等。常见装饰石膏板板材的规格为 500mm×500mm×9mm 及 600mm×600mm×11mm。

(2) 装饰石膏板产品的标记。

表 2-4 所列为几种装饰石膏板产品的分类和代号。

表 2-4　几种装饰石膏板产品的分类和代号

分 类	普通板			防潮板		
	平板	穿孔板	浮雕板	平板	穿孔板	浮雕板
代 号	P	K	D	FP	FK	FD

(3) 装饰石膏板的应用。

装饰石膏板的表面细腻，色彩、花纹图案丰富，浮雕板和穿孔板具有较强的质感，给人以清新柔和之感，并且具有质轻、强度较高、保温、吸声、防火、不燃、调节室内湿度等特点，主要用于建筑室内墙面装饰、吊顶装饰及隔墙等，如用于宾馆、饭店、餐厅、礼堂、影剧院、会议室、医院、幼儿园、候机（车）室、办公室、住宅等的吊顶及墙面工程。但湿度较大的场所应使用防潮板。

2. 纸面石膏板

以半水石膏和护面纸（纸厚不大于 0.6mm）为主要原料，掺加适量纤维、胶粘剂、促凝剂、缓凝剂，经料浆配制、成型、切割、烘干而成的轻质薄板即为纸面石膏板，主要有普通纸面石膏板（见图 2-14，护面纸的颜色多为灰色）、耐火纸面石膏板（见图 2-15，护面纸的颜色多为红色）和耐水纸面石膏板（见图 2-16，护面纸的颜色多为绿色）等几种。

图 2-14　普通纸面石膏板　　图 2-15　耐火纸面石膏板　　图 2-16　耐水纸面石膏板

普通纸面石膏板（代号 P）是以建筑石膏为主要原料，掺入适量的纤维和外加剂制成芯板，再在其表面贴厚质护面纸板制成的板材。护面纸板主要起提高板材抗弯、抗冲击的作用。

耐火纸面石膏板（代号 H）是以建筑石膏为主，掺入适量无机耐火纤维材料构成芯材，并与护面纸牢固黏结在一起的耐火轻质建筑板材。

耐水纸面石膏板（代号 S）是以建筑石膏为主要原料，掺入适量防水外加剂构成防水芯材，并与耐水的护面纸牢固地黏结在一起的轻质建筑板材，主要用于厨房、卫生间等潮湿场所的装饰。

常用的纸面石膏板的规格：长度 2400mm、3000mm，宽度 1200mm，厚度 9.5mm、12.0mm、15.0mm、18.0mm 等。

（1）纸面石膏板的性质与技术要求。

纸面石膏板具有质轻、抗弯和抗冲击性高等优点，此外其防火、保温、隔热、抗震性好，并具有较好的隔声性、良好的可加工性（可锯、可钉、可刨），且易于安装、施工速度快、劳动强度小，还可以调节室内温度和湿度。

《纸面石膏板》（GB/T 9775—2008）对纸面石膏板有以下技术要求。

① 外观质量。纸面石膏板面应平整，不得有影响使用的破损、波纹、沟槽、污痕、过烧、亏料、边部漏料和纸面脱开等缺陷。

② 尺寸偏差。纸面石膏板的尺寸偏差应不大于表 2-5 的规定，板材两对角线的长度差应不大于 5mm。

表2-5 纸面石膏板的尺寸偏差 单位：mm

指标	长度	宽度	厚度	
			9.5	≥12.0
尺寸偏差	−6～0	−5～0	±0.5	±0.6

③ 断裂荷载。纸面石膏板的断裂荷载值应不低于表2-6的规定。

表2-6 纸面石膏板的断裂荷载值

板材厚度/mm	断裂荷载/N			
	纵向		横向	
	平均值	最小值	平均值	最小值
9.5	400	360	160	140
12.0	520	460	200	180
15.0	650	580	250	220
18.0	770	700	300	270
21.0	900	810	350	320
25.0	1100	970	420	380

④ 单位面积质量。纸面石膏板的单位面积质量（面密度）应不大于表2-7的规定。

表2-7 纸面石膏板的单位面积质量

板材厚度/mm	面密度/（kg/m²）
9.5	9.5
12.0	12.0
15.0	15.0
18.0	18.0
21.0	21.0
25.0	25.0

⑤ 黏结性。护面纸与芯材应不剥离。
⑥ 吸水率。耐水纸面石膏板及耐水耐火纸面石膏板的吸水率应不大于10%。
⑦ 遇火稳定性。耐火纸面石膏板及耐水耐火纸面石膏板的遇火稳定性时间应不小于20min。

（2）纸面石膏板的应用。

普通纸面石膏板适用于办公楼、影剧院、饭店、宾馆、候车室、住宅等建筑的室内吊顶、墙面、隔断、内隔墙等的装饰，表面需进行饰面再处理（如刮腻子、刷乳胶漆或贴壁纸等），但仅适用于干燥环境中，不宜用于厨房、卫生间及空气湿度大于70%的潮湿环境中。

耐水纸面石膏板具有较高的耐水性，其他性能与普通纸面石膏板相同，

纸面石膏板的应用

主要适用于厨房、卫生间、厕所等潮湿环境中，其表面也需进行饰面再处理。

耐火纸面石膏板具有较高的防火性能，其他性能与普通纸面石膏板相同，主要用于具有较高要求的建筑物的装修工程中，如影剧院、幼儿园、博物馆、候车厅、售票厅、商场和娱乐空间及其通道、楼梯间、电梯间的顶界面及墙体装修。

知识链接

纸面石膏板的选购要领

（1）目测：在光照明亮的情况下，距试样0.5m远处目测，以5张板中缺陷最严重的那张板的外观质量为准，作为该组试样的外观质量。

（2）敲击：检查石膏板的弹性，用手敲击发出很实的声音说明石膏板严实耐用，发出很空的声音说明板的质地不好。

（3）检查等级标志：产品或包装上，应有产品的名称、商标、质量等级、生产企业名称、生产日期、产品包装规格，以及防潮、小心轻放、包装储运图文等标志，应重点查看质量等级标志。

3. 艺术装饰石膏制品

艺术装饰石膏制品是以优质建筑石膏粉为基料，配以纤维增强材料、胶粘剂等，加水拌和制成均匀的料浆，浇筑在具有各种造型、图案、花纹的模具内，经硬化、干燥、脱模而成。

（1）装饰石膏线角。

装饰石膏线角具有表面光洁、颜色洁白高雅、花型和线条清晰、立体感强、尺寸稳定、强度高、无毒、防火、施工方便等优点，广泛用于宾馆、饭店、写字楼和居民住宅的吊顶装饰，是一种造价低廉、装饰效果好、调节室内湿度和防火性好的理想装饰材料，可直接用粘贴石膏腻子和螺钉进行固定安装。其多用高强石膏或加筋建筑石膏制作，用浇筑法成型，表面呈现雕花型和弧型，如图2-17所示。

（2）艺术石膏灯圈及角花。

一般在灯座处、顶棚和角部多为雕花型或弧线型石膏饰件，如图2-17所示，灯圈多为圆形花饰，直径500～2500mm，美观、雅致，是一种良好的吊顶装饰材料。

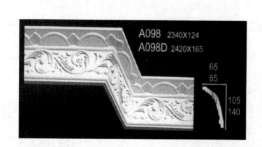

图2-17　装饰石膏线角

图2-18　艺术石膏灯圈及角花

（3）石膏花饰及壁挂。

石膏花饰是按设计方案先制作阴模（软模），然后浇入石膏麻丝料浆成型，再经硬化、脱模、干燥而成的一种装饰板材，板厚一般为15～30mm。石膏花饰的花形图案、品种规格很多，表面可为石膏天然白色，也可以制成描金或象牙白色、暗红色、淡黄色等多种彩绘效果，用于建筑物室内顶棚或墙面装饰。建筑石膏还可以制作成浮雕壁挂，表面可涂饰不同色彩的涂料，也是室内装饰的新型艺术制品。图2-19所示为石膏花饰。

图2-19 石膏花饰

2.5 建筑胶粘剂

2.5.1 胶粘剂的组成与分类

胶粘剂又称黏合剂、黏结剂，是指能直接将两种材料牢固地黏结在一起的物质，其形态通常为液态和膏状，能在两种物体表面之间形成薄膜，使之相互黏结。

1. 胶粘剂的组成

胶粘剂是一种多组分的材料，一般由黏结物质、固化剂、增韧剂、填料、稀释剂和改性剂等组分配制而成。

2. 胶粘剂的分类

① 按黏结料性质分类：可分为有机胶粘剂和无机胶粘剂两大类，其中有机胶粘剂又可再分为人工合成有机胶粘剂和天然有机胶粘剂，见表2-8。

② 按固化条件分类：可分为室温固化胶粘剂、低温固化胶粘剂、高温固化胶粘剂、光敏固化胶粘剂、电子束固化胶粘剂等。

③ 按用途分类：可分为结构胶粘剂、非结构胶粘剂和特种胶粘剂（如耐高温、超低温、导电、导热、导磁、密封、水中胶粘等）三大类。

④ 按溶剂类型分类：可分为溶剂型、水基型和本体型三大类。

表2-8　胶粘剂按黏结料性质分类

胶粘剂	有机胶粘剂	人工合成有机胶粘剂	热固性树脂胶粘剂	环氧树脂胶、酚醛树脂胶和聚氨酯胶
				氨基树脂胶、不饱和聚酯胶
				有机硅树脂胶
				杂环聚合物胶
			热塑性树脂胶粘剂	丙烯酸酯胶
				聚乙酸乙烯酯胶
				聚乙烯醇胶
			橡胶胶粘剂	氯丁橡胶、丁腈橡胶、聚硫橡胶
				硅橡胶、丁苯橡胶
			特种胶粘剂	热熔胶、密封胶、压敏胶、导电胶等
		天然有机胶粘剂	植物胶	淀粉胶、糊精胶、阿拉伯树胶和松香胶
			动物胶	虫胶和皮骨胶
			矿物胶	沥青胶、地蜡胶和硫黄胶
	无机胶粘剂	磷酸盐胶粘剂		
		硅酸盐胶粘剂		

2.5.2 装饰工程中常用胶粘剂的品种、选用及注意事项

1. 常用的胶粘剂的品种

（1）环氧树脂类胶粘剂。

环氧树脂类胶粘剂俗称"万能胶"，其品种很多，是目前应用最广的胶种之一。

环氧树脂类胶粘剂对金属、木材、玻璃、硬塑料和混凝土都有很高的黏结力，其主要特点是：黏结强度高，收缩率小，稳定性好，可用不同固化剂在室温或加温条件下固化，固化后产物具有良好的耐腐蚀性、电绝缘性、耐水性、耐油性和耐化学稳定性，它与其他高分子材料及填料的混溶性较好，便于改性。

（2）聚乙酸乙烯酯类胶粘剂（白乳胶）。

聚乙酸乙烯酯类胶粘剂是由乙酸乙烯单体、水、分散剂、引发剂及其他辅助材料经聚合反应而得到的一种热塑性胶，分为溶液型和乳液型两种，是一种使用方便、价格便宜、应用普遍的非结构胶粘剂，以黏结各种非金属材料为主，如黏结玻璃、陶瓷、纤维织物和木材等。

聚乙酸乙烯酯类胶粘剂具有常温固化快、黏结强度高、黏结层的韧性和耐久性好、不易老化、内聚力低、无毒、无味、无臭等特点，但其耐热性在40℃以下，对溶剂作用的稳定性及耐水性均较差。

（3）合成橡胶类胶粘剂。

合成橡胶类胶粘剂也称氯丁橡胶胶粘剂（简称氯丁胶），是以氯丁橡胶为基료，加入其他树脂、增稠剂、填料等配制而成。其主要优点是：固化速度快，黏结后内聚力迅速提高，初始黏结力高，具有较好的耐热性、耐燃性、耐油性、耐候性和耐溶剂性，对大多数材料

都有良好的黏结力。

（4）聚氨酯类胶粘剂。

聚氨酯类胶粘剂是以聚氨酯与异氰酸酯为主要原料而制成的胶粘剂，具有胶结力强、常温固化、耐低温性能优异、应用范围广、使用方便等特点，主要适用于金属、玻璃、陶瓷、铝合金等材料的黏结。

聚氨酯类胶粘剂的多样性为许多黏结难题都准备了解决方法，特别适用于其他类型胶粘剂不能黏结或黏结有困难的地方，由于这种优良的黏结性能和对多种基材的适应性，使其应用领域不断扩大，近年来在国内外成为发展最快的胶粘剂。

2. 常用胶粘剂的选用

胶粘剂的品种繁多，不同种类的胶粘剂有着不同的组成成分、黏结性能和适用范围，目前还没有一种普遍适合、可以随意使用的真正"万能型"的胶粘剂，被粘材料和胶粘剂的种类繁多，使用环境也千变万化，工程中应根据上述介绍针对实际情况进行选用。建筑中常用胶粘剂的性能见表2-9。

表2-9 建筑中常用胶粘剂的性能

种 类		性 能	主 要 用 途
热塑性合成树脂胶粘剂	聚乙烯醇缩甲醛类胶粘剂	黏结强度较高，耐水性、耐油性、耐磨性及抗老化性较好	粘贴壁纸、墙布、瓷砖等，可用于涂料的主要成膜物质，或用于拌制水泥砂浆
	聚乙酸乙烯酯类胶粘剂	常温固化快，黏结强度高，黏结层的韧性和耐久性好，不易老化，无毒、无味、不易燃爆，价格低，但耐水性差	广泛用于粘贴壁纸、玻璃、陶瓷、塑料、纤维织物、石材、混凝土、石膏等各种非金属材料，也可作为水泥增强剂
	聚乙烯醇胶粘剂（胶水）	为水溶性胶粘剂，无毒、使用方便，黏结强度不高	可用于胶合板、壁纸、纸张等的黏结
热固性合成树脂胶粘剂	环氧树脂类胶粘剂	黏结强度高，收缩率小，耐腐蚀，电绝缘性好，耐水、耐油	黏结金属制品、玻璃、陶瓷、木材、塑料、皮革、水泥制品、纤维制品等
	酚醛树脂类胶粘剂	黏结强度高，耐疲劳、耐热、耐气候老化	用于黏结金属、陶瓷、玻璃、塑料和其他非金属材料制品
	聚氨酯类胶粘剂	黏附性好，耐疲劳、耐油、耐水、耐酸、韧性好，耐低温性能优异，可室温固化，但耐热性差	适用于黏结塑料、木材、皮革等，特别适用于防水、耐酸、耐碱等工程中
合成橡胶胶粘剂	丁腈橡胶胶粘剂	弹性及耐候性良好，耐疲劳、耐油、耐溶剂性好，耐热，有良好的混溶性，但黏着性差，成膜缓慢	适用于耐油部件中橡胶与橡胶、橡胶与金属、织物等的黏结，尤其适用于黏结软质聚氯乙烯材料
	氯丁橡胶胶粘剂	黏附力、内聚强度高，耐燃、耐油、耐溶剂性好，但储存稳定性差	用于结构黏结，如橡胶、木材、陶瓷、石棉等不同材料的黏结
	聚硫橡胶胶粘剂	有良好的弹性、黏附性，耐油、耐候性好，对气体和蒸汽不渗透，防老化性好	用作密封胶，用于路面、地坪、混凝土的修补、表面密封和防滑，用于海港、码头及水下建筑物的密封

续表

种类		性能	主要用途
合成橡胶胶粘剂	硅橡胶胶粘剂	良好的耐紫外线、耐老化性、耐热、耐腐蚀性、黏附性好、防水防振	用于金属、陶瓷、混凝土、部分塑料的黏结,尤其适用于门窗玻璃的安装,以及隧道、地铁等地下建筑中瓷砖、岩石接缝间的密封

3. 胶粘剂使用的注意事项

为了提高胶粘剂的胶结强度,满足工程需要,使用胶粘剂进行施工时应注意下列事项。

(1) 清洗要干净。彻底清除被黏结物表面上的水分、油污、锈蚀和漆皮等附着物。

(2) 胶层要匀薄。大多数胶粘剂的胶结强度随胶层厚度增加而降低。胶层薄,胶面上的黏附力起主要作用,而黏附力往往大于内聚力,所以胶层产生裂纹和缺陷的概率较小,胶结强度较高。但胶层过薄时易产生缺胶,更影响胶结强度。

(3) 晾置时间要充分。对含有稀释剂的胶粘剂,胶结前一定要晾置,使稀释剂充分挥发,否则在胶层内会产生气孔和疏松现象,影响胶结强度。

(4) 固化要完全。胶粘剂中的固化一般需要一定的压力、温度和时间。加一定的压力有利于胶液的流动和湿润,保证胶层的均匀和致密,使气泡从胶层中挤出;温度是固化的主要条件,适当提高固化温度有利于分子间的渗透和扩散,有助于气泡的逸出和增加胶液的流动性,通常温度越高固化越快,但温度也不能过高,否则会使胶粘剂发生分解,影响胶结强度。

知识链接

建筑装修用胶粘剂选购要点

(1) 首先查看产品合格证书、产品质量检验合格证书。

(2) 查看产品包装是否注明有害物质的名称及最高含量是否符合《室内装饰装修材料 胶粘剂中有害物质限量》的限制。

(3) 抽验时,在同一批产品中随机抽取三份样品,每份不少于0.5kg;在三份中取一份检验,若符合《室内装饰装修材料 胶粘剂中有害物质限量》规定的为合格,否则应对样品复检,若复检仍不符合《室内装饰装修材料 胶粘剂中有害物质限量》的规定,即判定为不合格。

(4) 查看胶粘剂外包装上注明的生产日期,过了储存期的胶粘剂质量可能会下降。

(5) 如果开桶查看,胶粘剂的胶体应均匀、无分层、无沉淀,开启容器时无冲鼻刺激性气味。

(6) 注意产品用途说明与选用要求是否相符。

案例分析

1. 某办公楼室内装修工程,建筑面积为 $5000m^2$,四层砖混结构,一层为接待厅、洽谈室、值班室和餐厅,二层为董事长办公室、经理室、会议室和财务室,三层为办公室、工作室和监控室,四层为多功能厅、产品陈列室。如何选用纸面石膏板、装饰石膏板对其进行室内界面装饰？

【分析】

（1）纸面石膏板的选用。在董事长办公室、经理室、会议室、多功能厅及产品陈列室等的吊顶工程中，顶棚可采用轻钢龙骨纸面石膏板吊顶，石膏腻子穿孔纸带嵌缝，面层刮石膏腻子，刷乳胶漆。在顶棚造型的设计上，结合顶棚的功能、音响和灯光等的需要，创造出符合不同使用功能的吊顶设计，使顶棚造型与灯光布置营造出符合使用要求的氛围。

室内非承重隔墙可使用轻钢龙骨纸面石膏板隔墙，石膏腻子嵌缝然后贴上穿孔纸带，面层刮石膏腻子，刷乳胶漆，内填保温吸声材料，充分满足防火及其他功能要求。

吊顶石膏板和隔墙石膏板可选用北京龙牌纸面石膏板，规格为 1200mm×3000mm，厚度为 9.0mm，参考价为 35.00 元/张。

（2）装饰石膏板的选用。在办公室、化验室、监控室、洽谈室、值班室和餐厅等的吊顶工程中，吊顶材料可采用 T 形轻钢龙骨装饰石膏板（毛毛虫表面），以体现简洁、大方的装饰效果；照明采用嵌入式格栅吸顶灯，使办公环境简洁明亮。在卫生间、化验室、餐厅等的吊顶中，考虑到防潮的要求，吊顶石膏板选用防潮型装饰石膏板材。

吊顶石膏板可选用北京龙牌装饰石膏板（毛毛虫表面），规格为 600mm×600mm，厚度为 9.0mm，参考价为 22.50 元/m^2。

2. 某工程外墙装修采用大理石面板，使用了挂石胶粘剂，该胶粘剂黏结强度达 20MPa，但实际测得的黏结强度远低于此值，经观察，发现大理石表面不够清洁。试讨论黏结力低的原因。

【分析】

大理石表面不够清洁，是导致胶结强度低的主要原因。被黏结物表面有不清洁、潮湿、油污、锈蚀等情况时，会降低胶粘剂的湿润性，阻碍胶粘剂接触被黏结物的基体表面，使胶粘剂与石材表面之间的物理吸附力下降，产生的化学键数量大大减少，同时这些附着物的内聚力比胶层要小得多，因此导致胶结强度降低。

本章小结

本章阐述了胶凝材料的定义及分类；介绍了各种水泥及彩色水泥、混凝土及装饰混凝土、砂浆及彩色砂浆、建筑石膏及其制品的性能和选用，并介绍了建筑胶粘剂的组成、分类及选用。

材料的建筑装饰装修工程应用，为重点掌握内容。

实训指导书

了解常用建筑胶粘剂的种类、规格、性能和使用情况等，重点掌握建筑石膏及其制品的规格、性能及应用情况。

一、实训目的

让学生自主地到建筑装饰材料市场和建筑装饰施工现场进行考察，了解常用建筑胶粘剂的价格，熟悉建筑石膏及其制品的应用情况，能够准确识别各种材料的名称、规格、种类、价格、使用要求及适用范围等。

二、实训方式

1. 建筑装饰材料市场的调查分析

学生分组：以3～5人为一组，自主地到建筑装饰材料市场进行调查分析。

调查方法：以咨询为主，认识各种建筑胶粘剂，调查材料价格、收集材料样本图片、掌握材料的选用要求。

2. 建筑装饰施工现场装饰材料使用的调研

学生分组：以10～15人为一组，由教师或现场负责人指导。

调查方法：结合施工现场和工程实际情况，在教师或现场负责人指导下，熟悉建筑石膏及其制品在工程中的使用情况和注意事项。

三、实训内容及要求

（1）认真完成调研日记。

（2）填写材料调研报告。

（3）写出实训小结。

第3章 建筑装饰石材

教学目标

了解建筑装饰石材的种类和性能；根据装修要求，能够正确合理地选择石材，并判断出石材质量的好坏；熟悉建筑装饰石材的技术要求和特点。

教学要求

能力目标	相关试验或实训	重点
理解石材的基本知识		
能够根据天然大理石的性能正确应用大理石制品	质量检测	★
能够根据天然花岗石的性能正确应用花岗石的装饰制品	质量检测	★
能够根据国家标准进行天然石材的检测及质量评价	石材放射性检验	

引例

某宾馆装修时,决定在建筑外墙面和室内地面等部位采用石材作为主要装修材料,充分利用石材纹理美观的质感表现和强度高又比较耐用等性能特点,来彰显建筑的个性。目前市场上的石材有大理石、花岗石和人造石三种。那么究竟选择哪种材料比较合适呢?它们各自有什么特点呢?

3.1 石材的基本知识

天然石材是人类历史上应用最早的建筑材料之一。至今不论是家庭装修还是公共环境的室内外装修,都离不开石材的运用。

3.1.1 岩石分类

岩石是组成地壳的主要物质成分,也是矿物的集合体,是在地质作用下产生,由一种矿物或多种矿物以一定的规律组成的自然集合体。

岩石根据生成条件不同,可分为岩浆岩、沉积岩和变质岩三大类。

1. 岩浆岩

岩浆岩又称火成岩,是指岩浆侵入地壳或喷出地表冷凝而成的岩石。岩浆岩占地壳质量的89%。

岩浆侵入地壳,所侵入的岩浆冷凝结晶为岩石,这种岩石称为侵入岩,它是组成地壳的主要岩石。根据岩浆冷凝条件的不同,侵入岩又分为深成岩和浅成岩。

岩浆一直冲破上覆岩层、喷出地表冷凝而成的岩石,称为喷出岩。

装饰石材中的花岗岩、安山岩、辉绿岩、片麻岩等均属于岩浆岩类。

2. 沉积岩

沉积岩又称水成岩,是由外动力地质作用,使地壳表层矿物和岩石遭到破坏,所形成的部分搬运到适宜地带沉积下来,再经压固、胶结而形成的层状岩石。

沉积岩虽只占地壳质量的5%,但其广泛分布于地壳表面,约占地壳面积的75%,是一种重要的岩石。

建筑石材中,石灰岩、白云岩、砂岩、贝壳岩等都属于沉积岩,其中石灰岩和白云岩常用作装饰石材。

3. 变质岩

变质岩是地壳中已形成的岩石(如岩浆岩、沉积岩)在高温、高压的作用下,原来岩石的成分、结构、构造等发生改变而形成的岩石。

一般沉积岩形成变质岩后,其建筑性能有所提高,如石灰岩和白云岩变质后成为大理岩,砂岩变质后成为石英岩,变质后的岩石都比原来的岩石坚固耐久。相反,岩浆岩经变质后会产生片状构造,建筑性能反而恶化,如花岗岩变质为片麻岩后,易于分层剥落,其耐久性变差。

3.1.2 石材的性能指标

1. 表观密度

石材的表观密度与矿物组成及孔隙率有关。

表观密度大于 $1800kg/m^3$ 的为重石，主要用于建筑的基础、贴面、地面、路面、房屋外墙、挡土墙等。如花岗石、大理石均是较致密的天然石材，其表观密度接近于其密度，为 $2500\sim3100kg/m^3$。

表观密度小于 $1800kg/m^3$ 的为轻石，主要用作墙体材料，如采暖房外墙等。

2. 吸水性

石材的吸水性与石材的致密程度和矿物组成有关。石材的吸水性用吸水率来表示。

岩浆岩和多数变质岩的吸水率较小，一般不超过 1%。

二氧化硅的亲水性较高，因而二氧化硅含量高的则吸水率较高，即酸性岩石（二氧化硅含量≥63%）的吸水率相对较高。

石材的吸水率越小，石材的强度与耐久性越高。为保证石材的性能，有时要限制石材的吸水率，如饰面用大理石和花岗石的吸水率须分别小于 0.5%和 0.6%。

3. 耐水性

石材的耐水性用软化系数来表示。

根据软化系数的大小，石材的耐水性分为高、中、低三等。软化系数大于 0.90 的石材为高耐水性石材，软化系数为 $0.70\sim0.90$ 的石材为中耐水性石材，软化系数为 $0.60\sim0.70$ 的石材为低耐水性石材。

4. 抗压强度

石材的抗压强度很大，而抗拉强度却很小，后者约为前者的 $1/20\sim1/10$。石材是典型的脆性材料，这是石材区别于钢材和木材的主要特征之一，也是限制石材作为结构材料使用的主要原因。

岩石属于非均质的天然材料，由于生成的原因不同，大部分石材呈现出各向异性。一般而言，加压方向垂直于节理面或裂纹的抗压强度大于加压方向平行于节理面或裂纹的抗压强度。

天然石材采用边长 70mm 的正方体试件，用标准试验方法测得的抗压强度值作为评定其强度等级的标准，具体分为 MU20、MU30、MU40、MU50、MU60、MU80、MU100 七个等级。

5. 抗冻性

抗冻性是指石材抵抗冻融破坏的能力，是衡量石材耐久性的一个重要指标。

石材的抗冻性用冻融循环次数来表示。石材在吸水饱和状态下，经规定的冻融循环次数后，若无贯穿裂缝且质量损失不超过 5%，强度降低不大于 25%，则认为其抗冻性合格。

6. 耐磨性

耐磨性是指石材在使用条件下,抵抗摩擦、边缘剪切及撞击等复杂作用而不被磨损（耗）

的性质，以单位面积磨耗量来表示。

对用于容易遭受磨损部位（如道路、地面、踏步等场合）的石材，均应选用耐磨性好的石材。

3.1.3 石材的加工

石材加工

荒料石的开采及加工

天然岩石必须经开采加工成石材后，才能在建筑工程中使用。

开采出来的石材需送往加工厂，按照设计所需要的规格及表面肌理，加工成各类板材及一些特殊规格形状的产品。

荒料加工成材后，表面还要进行加工处理，如机械研磨、烧毛加工和凿毛加工等。

1. 机械研磨

机械研磨是使用研磨机械，使石材表面平整和呈现出光泽的工艺，一般分为粗磨、细磨、半细磨、精磨和抛光五道工序。

研磨设备有摇臂式手扶研磨机和桥式自动研磨机，分别用于小件加工和 $1m^2$ 以上的板材加工。磨料多用碳化硅加结合剂（树脂和高铝水泥等），也可采用金刚砂。

顺春石材火烧板加工

抛光是将石材表面加工成镜面光泽的加工工艺。板材经研磨后，用毡盘或麻盘加上抛光材料，对板面上的微细痕迹进行机械磨削和化学腐蚀，可使石材表面具有最大的反射率和良好的光滑度，并使石材本身固有的花纹、色泽最大限度地呈现出来。抛光后的表面有时还打蜡，使表面光滑度更高，并起到保护表面的作用。

2. 烧毛加工

烧毛加工是指将锯切后的花岗石毛板用火焰进行表面喷烧，利用某些矿物在高温下开裂的特性进行表面烧毛，使石材恢复天然粗糙表面，以达到特定的色彩和质感。

3. 凿毛加工

凿毛加工方法分为传统的手工雕琢法、机具雕琢与手工操作结合法。传统的手工雕琢法耗人力、周期长，但加工出的制品表面层次丰富、观赏性强，而机具雕琢与手工操作结合法则提高了生产规模和效率。

3.1.4 石材的应用

国家大剧院中使用的天然石材

天然石材在建筑领域得到了广泛的应用，与木材、泥浆黏土并称为人类最早使用的三种材料。

石材可用作结构材料、内外装饰装修材料、地面材料，很多情况下还可作为屋顶材料，并可用于挡土墙、道路、雕塑及其他装饰用途。目前主要用作建筑物的内外装饰材料。

3.2 天然大理石

3.2.1 大理石的特点及应用

天然大理石（以下简称大理石）是地壳中原有的岩石经过地壳内高温高压作用而形成的变质岩。大理石属碳酸岩，是石灰岩、白云岩变质形成的结晶产物，矿物组分主要是石灰石、方解石和白云石。

1. 特点

大理石建筑板材简称大理石板材，是建筑装饰中应用较为广泛的天然石饰面材料。

大理石结构致密，密度为 $2.7g/cm^3$ 左右，强度较高，吸水率低，但表面硬度较低，不耐磨，耐化学侵蚀和抗风蚀性能较差，长期暴露于室外受阳光、雨水侵蚀易褪色失去光泽。大理石硬度不大，易于加工成型，表面经研磨和抛光后，呈现出鲜艳的色泽和纹理。

大理石相对花岗石来说质地较软，属于中硬石材，具有斑状结构。其主要成分为碳酸钙，约占50%以上，除此之外还含有氧化铁、二氧化硅、云母、石墨等杂质。大理石色彩常为红、绿、黄、棕或黑色，颜色是由其所含成分决定的，具体关系见表3-1。大理石斑纹多样，千姿百态，朴素自然，其中不含杂质的大理石呈纯白色，也称汉白玉，较为稀有，是大理石中的名贵品种，属于较为高级的建筑装饰材料。我国云南大理因盛产大理石而闻名天下。

表 3-1 大理石的颜色与所含成分的关系

颜色	白色	紫色	黑色	绿色	黄色	红褐色、紫红色、棕黄色	无色透明
所含成分	碳酸钙、碳酸镁	锰	碳或沥青物	钴化物	铬化物	锰及氧化铁的水化物	石英

2. 应用

大理石板材属于高级装饰材料，其中大理石镜面板材主要用于大型建筑或装饰等级高的建筑，如商场、宾馆、写字楼、会所、影剧院等公共建筑物的室内墙（柱）面、地面装饰、楼梯踏步等，如图 3-1 所示。大理石还可以制作成壁画、浮雕等工艺品，也可用来拼接花盆和镶嵌高级硬木雕花家具等。

大理石镜面板的应用

大理石主要由碳酸盐组成，一般含有杂质，其强度、硬度、耐久性较差。大理石使用于室外时，因常年受风、霜、雨、雪、日晒及工业废气的侵蚀，表面很快会失去光泽，久而久之便受损严重。因此，大多数品种的大理石饰面不宜用于室外。

大理石制品

图 3-1 大理石镜面板材在装饰中的应用

3.2.2 大理石的主要品种

我国大理石矿产资源极其丰富，储量大、品种多，总储量居世界前列。已初步查明国产大理石有近 400 个品种，其石质细腻，光泽柔润。目前开采利用的主要有三类，即云灰大理石、白色大理石和彩花大理石。

1. 云灰大理石

此类大理石因多呈云灰色或在云灰底色上泛起朵朵酷似天然云彩状花纹而得名，有的像青云直上，有的像乱云飞渡，有的如乌云滚滚，有的若浮云漫天。其中花纹似水波纹者称为水花石，水花石常见图案有"微波荡漾""烟波浩渺""水天相连"等。云灰大理石的加工性能特别好，主要用来制作建筑饰面板材，是目前开采利用最多的一种。

2. 白色大理石

此类大理石洁白如玉，晶莹纯净，熠熠生辉，故又称汉白玉、苍山白玉或白玉，是大理石中的名贵品种，是重要建筑物的高级装修材料。

3. 彩花大理石

此类大理石呈薄层状，产于云灰大理石层间，是大理石中的精品，经过研磨、抛光可呈现色彩斑斓、千姿百态的天然图画，为世界罕见，如呈现山水林木、花草虫鱼、云雾雨雪、珍禽异兽、奇岩怪石等。若在其上点出图的主题，写上画名或题以诗文，则越发引人入胜。如呈现山水画面的题"万里山河尽朝晖""群峰叠翠""满目清山夕照明""清泉石上流"等；呈岩石画面的题"怪石穿空""千岩竞秀"等；似云雾画面的题"云移青山翠""幽谷出奇烟""云气苍茫""云飞雾涌"等；像禽兽画面的题"凤凰回首""鸳鸯戏水""骏马奔腾"等；像人物画面的题"云深采药""老农过桥""牛郎牧童""双仙画石"等；像四季景物画面的题"春风杨柳""夏山欲雨""落叶满秋山"等。

从众多的彩花大理石中，通过精心选择和琢磨，甚至可获得人们企求的理想天然图画。如大理市大理石厂为毛主席纪念堂制作的 14 个大理石花盆，每个花盆的正面图案都具有深刻的含义，画面中有韶山、井冈山、娄山关、赤水河、金沙江、大渡河、雪山、草地、延安等。再如人民大会堂云南厅的大屏风上，镶嵌着一块呈现山河云海图的彩花大理石，气势雄伟，十分壮观，这是大理人民借大自然的"神笔"描绘出的歌颂祖国大好河山的画卷。

国内常用大理石的品种、特色及产地见表 3-2。图 3-2 和图 3-3 所示分别为部分国产及进口大理石的材质纹理效果。

表 3-2 国内常用大理石的品种、特色及产地

品　种	特　色	产　地
雪　云	白和灰白色相间	广东云浮
汉白玉	玉白色，微有杂点和脉纹	北京房山
雪　花	白间淡灰色，有均匀中晶，有较多黄色杂点	山东莱州
晶　白	白色晶体，细致而均匀	湖　北
冰　琅	灰白色均匀粗晶	河北曲阳
墨晶白	玉白色、微晶、有黑色脉纹或斑点	河北曲阳
影晶白	乳白色，间有微红至深赭的陷纹	江苏高资
风　雪	灰白间有深灰色晕带	云南大理
黄花玉	淡黄色，有较多稻黄色脉纹	湖北黄石
彩　云	浅翠绿色底，深浅绿絮状相渗，有紫斑或脉纹	河北获鹿
凝　脂	猪油色底，稍有深黄色细脉，偶带透明杂晶	江苏宜兴
碧　玉	嫩绿或深绿和白色絮状相渗	辽宁连山关
斑　绿	灰白色底，有斑状、堆状深草绿色点	山东莱阳
云　灰	白或浅灰色底，有烟状或云状黑灰纹带	北京房山
裂　玉	浅灰带微红色底，有红色脉络和青灰色斑	湖北大冶
晶　灰	灰色微赭，均匀细晶粒，间有灰色条纹或赭色斑	河北曲阳
驼　灰	土灰色底，有深黄赭色、浅色疏松脉纹	江苏苏州
海　涛	浅灰色底，有深浅间隔的青灰色条状带	湖　北
象　灰	象灰色底，杂细晶斑，并有红黄色细纹络	浙江潭浅
艾叶青	青色底，深灰间白色叶状斑云，间有片状缕纹	北京房山
晚　霞	石黄间土黄色斑底，有深黄叠脉，间有黑晕	北京顺义
残　雪	灰白色，有黑色斑带	河北铁山
螺　青	深灰色底，满布青白相间螺纹状花纹	北京房山
蟹　青	黄灰底，遍布深灰色或黄色砾斑，间有白灰层	河　北
虎　纹	赭色底，有流纹状石黄色经络	江苏宜兴
桃　红	桃红色，粗晶，有黑色缕纹或斑点	河北曲阳
灰黄玉	浅黑灰底，有红色、黄色和浅灰色脉纹	湖北大冶
锦　灰	浅黑灰底，有红色和灰白色脉络	湖北大冶
电　花	黑灰底，满布红色间白色脉络	浙江杭州
秋　枫	灰红底，有血红晕脉	江苏南京
五　花	绛紫底，遍布绿灰色或紫色大小砾石	江苏、河北
墨　壁	黑色，杂有少量浅黑色斑或少量土黄色缕纹	河北获鹿
砾　红	浅红底，满布白色大小碎石块	广东云浮
橘　络	浅灰底，密布粉红和紫红叶脉	浙江长兴
岭　红	紫红碎螺纹，杂有白斑	辽宁铁岭
紫螺纹	灰红底，满布红灰相间的螺纹	安徽灵璧
螺　红	绛红底，夹有红灰相间的螺纹	辽宁金县
红花玉	肚红底，夹有大小浅红色块状斑纹	湖北大冶
银　河	浅灰底，密布粉红脉络，杂有黄色脉纹	湖北下陆

部分国产大理石

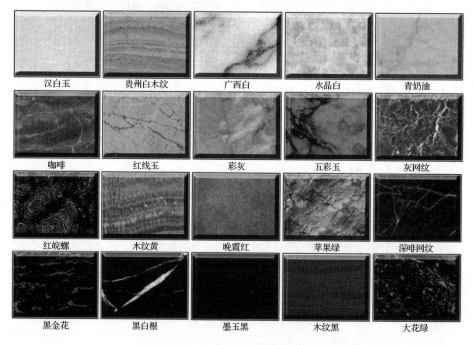

图 3-2 部分国产大理石的材质纹理效果

部分进口大理石

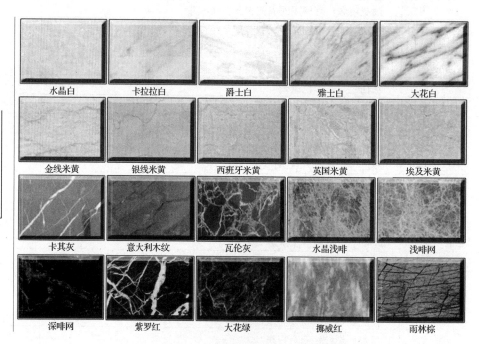

图 3-3 部分进口大理石的材质纹理效果

3.2.3 大理石板材的分类、等级和标记

1. 板材分类

《天然大理石建筑板材》(GB/T 19766—2016) 规定，大理石板材按形状可以分为毛光板（MG）、普型板（PX）、圆弧板（HM）和异型板（YX）。

大理石毛光板是指饰面被磨光但未切边的板材，圆弧板是指装饰面轮廓线的曲率半径处处相同的饰面板材。

2. 板材等级

《天然大理石建筑板材》规定，按加工质量和外观质量，将板材分 A、B、C 三个等级。

3. 板材标记

按《天然大理石建筑板材》的规定，板材标记顺序为名称、类别、规格尺寸、等级、标准编号。

例如用房山汉白玉大理石荒料加工的 600mm×600mm×20mm 普型、A 级、镜面板材标记示例为：房山汉白玉大理石（或 M1 101）BL PX JM 600×600×20 A GB/T 19766—2016。

3.2.4 大理石板材的技术要求

1. 加工质量

（1）大理石普型板规格尺寸允许偏差，见表 3-3。

表 3-3 大理石普型板规格尺寸允许偏差　　　　　　单位：mm

项目		技术指标					
		A		B		C	
		镜面板	粗面板	镜面板	粗面板	镜面板	粗面板
长度、宽度		0 -1.0		0 -1.0		0 -1.5	
厚度	≤12	±0.5		±0.8		±1.0	
	>12	±1.0		±1.5		±2.0	
平面度	≤400	0.2	0.5	0.3	0.8	0.5	1.0
	>400~≤800	0.5	0.8	0.6	1.0	0.8	1.4
	>800	0.7	1.0	0.8	1.5	1.0	1.8
角度	≤400	0.3		0.4		0.5	
	>400	0.4		0.5		0.7	

（2）圆弧板的加工质量。

① 圆弧板各部位名称如图 3-4 所示。

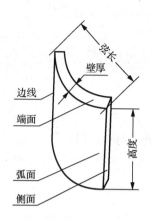

图 3-4　圆弧板各部位名称

② 圆弧板壁厚最小值应不小于 20mm，规格尺寸允许偏差见表 3-4。

表 3-4　圆弧板规格尺寸允许偏差　　　　　　　　　单位：mm

项目		技术指标					
		A		B		C	
		镜面板	粗面板	镜面板	粗面板	镜面板	粗面板
弦长		0 / −1.0		0 / −1.0		0 / −1.5	
高度		0 / −1.0		0 / −1.0		0 / −1.5	
直线度（按板材高度）	≤800	0.6	1.0	0.8	1.2	1.0	1.5
	>800	0.8	1.2	1.0	1.5	1.2	1.8
线轮廓度		0.8	1.2	1.0	1.5	1.2	1.8

（3）角度允许公差。

① 普型板拼缝板材正面与侧面的夹角不得大于 90°。

② 圆弧板端面角度允许公差：A 级为 0.4mm、B 级为 0.6mm、C 级为 0.8mm。
圆弧板侧面角 α 应不小于 90°，如图 3-5 所示。

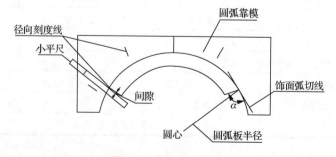

图 3-5　圆弧板侧面角

（4）镜向光泽度。镜面板的镜向光泽度应不低于 70 光泽单位，有特殊需要时由供需双方协商确定。

（5）异型板的检验项目、偏差和检验方法由供需双方协商确定。

2. 外观质量

（1）同一批板材的色调应基本调和，花纹应基本一致。
（2）板材正面的外观缺陷要求应符合表 3-5 的规定。
（3）板材允许黏结和修补，黏结和修补后应不影响板材的装饰效果，不降低板材的物理性能。

表 3-5 板材正面的外观缺陷要求

缺陷名称	规定内容	优等品	一等品	合格品
裂纹	长度超过 10mm 的允许条数/条	0		
缺棱	长度不超过 8mm、宽度不超过 1.5mm（长度不超过 4mm、宽度不超过 1mm 不计），每米长允许个数/个	0	1	2
缺角	沿板材边长顺延方向，长度不超过 3mm、宽度不超过 3mm（长度不超过 2mm、宽度不超过 2mm 不计），每块板允许个数/个			
色斑	面积不超过 6cm²（面积小于 2cm² 不计），每块板允许个数/个			
砂眼	直径小于 2mm		不明显	有，不影响装饰效果

3. 色彩

不同色彩、纹理的大理石，其所含成分、使用性能和石质稳定性各不相同。

一般来说，在大理石的各种颜色中，红色和深红色最不稳定，绿色次之；浅灰、灰白和白色成分单一，比较稳定，其中白色最为稳定，不易变色和风化。例如汉白玉栏杆，历经数百年，其表面风化甚微，仍为白色。

红色和暗红色大理石中含有不稳定的化学成分及表面光滑的金黄色颗粒，致使大理石结构疏松，在风吹日晒作用下产生质的变化。这主要是因为这些成分属碳酸钙，在大气中受二氧化碳、硫化物和水汽的溶蚀，其面层因化学变化而变为石膏，从而失去表面光泽、风化松裂。

3.3 天然花岗石

3.3.1 花岗石的特点及应用

天然花岗石（以下简称花岗石）属于岩浆岩，其纹理均呈斑点状，有时也称麻石，主要矿物组成为长石、石英和少量云母，如图 3-6 所示。花岗石经加工后的板材，简称花岗石板材。

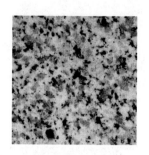

图 3-6　花岗石

花岗石属于硬石材，具有晶粒状结构，按晶粒大小分为细晶结构和粗晶结构，其中以细晶结构为好。花岗石的主要化学成分是氧化硅（含量为 65%～85%），还有少量的氧化钙、氧化镁等。花岗石的颜色由石英石、云母等矿物的种类和数量决定，有黄麻、灰色、黑白、青麻、粉红色、深红色等。

1. 特点

（1）花岗石表面特征多为均匀的粗细粒状、斑状和结晶状，抛光后颜色更明显。

（2）花岗石质地坚硬、耐磨，属于硬石材，不易开采和加工，一般陶瓷、玻璃及刀片无法将其表面划伤。

（3）花岗石颜色均匀，层次分明，制成的镜面、光面板材光泽度极好，色彩丰富，质地典雅，装饰效果好。

（4）天然花岗石板材结构致密（密度 2800～3000kg/m³），孔隙率和吸水率小（大部分的吸水率小于 0.6%），抗冻性好（抗 100～200 次冻融循环），强度高（抗压强度 100～280MPa）。

（5）花岗石耐酸性能良好，耐化学侵蚀、耐磨、抗风化性能优良，耐用年限达 200 年左右。室内外都可使用，使用年限甚至可达上千年。

（6）花岗石耐火性差，容易爆裂。

（7）花岗石质量大，容易增加建筑物的负荷。

2. 应用

花岗石是建筑装修中的高档材料之一，其表面可进行多种形式的加工，镜面板有极高的光泽度，可尽显花岗石高档厚重的质感，是理想的天然装饰材料。

（1）花岗石具有很出色的耐磨性能，且硬度高、耐刻划，所以多用于室内外墙（柱）面、人流量大的地面、大厅、楼梯踏步等的装饰。花岗石铺装的楼梯如图 3-7 所示。

（2）花岗石抗风化性能极强，很耐用，因此可用于室外墙面的高档装饰。

（3）花岗石的表面可加工成多种形式，如镜面板、蘑菇石、剁斧面板、火烧面板、锤纹面板、刨槽面板、粗磨板等。

① 镜面板表面平整、色泽光亮如镜、晶粒显露，多用于室内外墙面、柱面、室内地面等装饰。

② 蘑菇石多用于室外建筑基座或外墙，表现古朴、厚重、坚实的设计风格。花岗石剁斧面板的装饰效果如图 3-8 所示。

③ 火烧面板、锤纹面板等表面粗糙，具有规则的条状斧纹，防滑，一般

花岗石

用于室外地面、基座等处。

④ 刨槽面板表面平整，具有平行刨纹，一般用于台阶、踏步等处。

⑤ 粗磨板表面平滑无光，一般用于室外地面、台阶、基座、纪念碑等处。

图 3-7　花岗石铺装的楼梯

图 3-8　花岗石剁斧面板的装饰效果

（4）花岗石可能有一定的天然放射性，国家标准《建筑材料放射性核素限量》将其规定为 A、B、C 三个等级。

特别提示

- 选择花岗石应注意色调及纹理，考虑整个建筑的装饰要求及与其他部位的材料的色彩协调性。
- 花岗石价格较高，选择时要慎重考虑。单块石材的效果与整个饰面的效果会有差异，所以不能简单地根据单块样品的色泽花纹确定，而应考虑大面积铺贴后的整体效果，最好借鉴已用类似石材装饰好的建筑饰面，以免因选材不当而造成浪费。

花岗石墙面石材干挂安装

3.3.2　花岗石的主要品种

据不完全统计，花岗石有超过 300 个品种。国内部分花岗石品种、特色及产地见表 3-6。图 3-9 和图 3-10 所示分别为部分国产及进口花岗石样品的纹理效果。

表 3-6　国内部分花岗石品种、特色及产地

品　　种	花 色 特 征	主 要 产 地
济 南 青	黑色，有小白点	北京、山东、湖北
白 虎 涧	肉粉色带黑斑	
将 军 红	黑色、棕红、浅灰间小斑块	

续表

品　种	花色特征	主要产地
莱州白	白色黑点	山东
莱州青	黑底青白点	
莱州黑	黑底灰白点	
莱州红	粉红底深灰点	
莱州棕黑	黑底棕点	
红花岗石	紫红色或红底起白花点	山东、湖北
芝麻青	白底、黑点	

部分国产花岗石

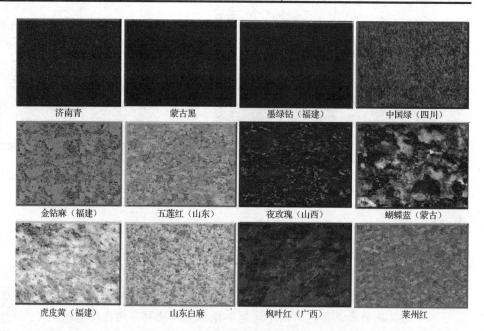

图 3-9　部分国产花岗石样品的纹理效果

济南青　　蒙古黑　　墨绿钻（福建）　　中国绿（四川）
金钻麻（福建）　　五莲红（山东）　　夜玫瑰（山西）　　蝴蝶蓝（蒙古）
虎皮黄（福建）　　山东白麻　　枫叶红（广西）　　莱州红

部分进口花岗石

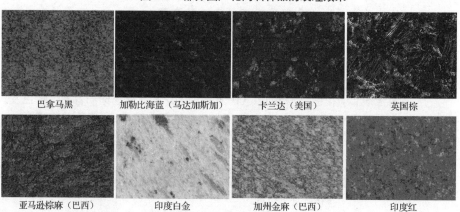

巴拿马黑　　加勒比海蓝（马达加斯加）　　卡兰达（美国）　　英国棕
亚马逊棕麻（巴西）　　印度白金　　加州金麻（巴西）　　印度红

图 3-10　部分进口花岗石样品的纹理效果

 知识链接

大理石和花岗石的区分

（1）外观：凡是有纹理的天然石材，称为"大理石"；以斑点为主的天然石材，称为"花岗石"。

（2）成分：花岗石是火成岩，由长石、石英和云母组成，其主要成分为二氧化硅，岩质坚硬密实；大理石由方解石、石灰石、蛇纹石和白云石组成，其主要成分为碳酸钙，比花岗石软。

（3）应用：在室内装修中，电视机台面、窗台、室内地面等适合使用大理石，而门槛、橱柜台面（最好为深色）、室外地面则适合使用花岗石。

3.3.3 花岗石板材的分类、等级和标记

1. 板材分类

花岗石板材的分类见表3-7。

表3-7 花岗石板材的分类

划分标准	类 别
按形状分类	毛光板（MG）、普型板（PX）、圆弧板（HM）、异型板（YX）
按表面加工程度分类	镜面板（JM）、细面板（YG）、粗面板（CM）
按用途分类	一般用途板：用于一般性装饰
	功能用途板：用于结构性承载或特殊功能要求

2. 板材等级

根据《天然花岗石建筑板材》（GB/T 18601—2009）的规定，花岗石板材的等级按加工质量和外观质量划分如下。

（1）毛光板按厚度偏差、平面度公差、外观质量等，将板材分为优等品A、一等品B、合格品C三个等级。

（2）普型板按规格尺寸偏差、平面度公差、角度公差、外观质量等，将板材分为优等品A、一等品B、合格品C三个等级。

（3）圆弧板按规格尺寸偏差、直线度公差、线轮廓度公差、外观质量等，将板材分为优等品A、一等品B、合格品C三个等级。

3. 板材标记

花岗石板材采用《天然石材统一编号》（GB/T 17670—2008）所规定的名称或编号，标记顺序为名称、类别、规格尺寸、等级、标准号。如用山东济南青花岗石荒料加工的600mm×600mm×20mm、普型、镜面、优等品板材标记为：济南青花岗石（G 3701）PX JM600×600×20 A GB/T 18601—2009。

3.3.4 花岗石板材的技术要求

1. 规格尺寸系列

花岗石规格板的尺寸系列见表 3-8，圆弧板、异型板和特殊要求的普型板规格尺寸由供需双方协商确定。

表 3-8 花岗石规格板的尺寸系列　　　　单位：mm

项　目	规格尺寸
边长系列	300*、305*、400、500、600*、800、900、1000、1200、1500、1800
厚度系列	10*、12、15、18、20*、25、30、35、40、50

注：*为常用规格。

2. 加工质量

（1）花岗石毛光板的平面度公差和厚度偏差应符合表 3-9 的规定。

表 3-9 花岗石毛光板的平面度公差和厚度偏差　　　　单位：mm

项　目		技术指标					
		镜面和细面板材			粗面板材		
		优等品	一等品	合格品	优等品	一等品	合格品
平面度		0.80	1.00	1.50	1.50	2.00	3.00
厚度	≤12	±0.5	±1.0	+1.0 -1.5	—		
	>12	±1.0	±1.5	±2.0	+1.0 -2.0	±2.0	+2.0 -3.0

（2）花岗石普型板规格尺寸允许偏差应符合表 3-10 的规定。

表 3-10 花岗石普型板规格尺寸允许偏差　　　　单位：mm

项　目		技术指标					
		镜面和细面板材			粗面板材		
		优等品	一等品	合格品	优等品	一等品	合格品
长度、宽度		0 -1.0	0 -1.0	0 -1.50	0 -1.0	0 -1.0	0 -1.5
厚度	≤12	±0.5	±1.0	+1.0 -1.5	—		
	>12	±1.0	±1.5	±2.0	+1.0 -2.0	±2.0	+2.0 -3.0

（3）花岗石圆弧板壁厚最小值应不小于 18mm，其规格尺寸允许偏差应符合表 3-11 的规定。花岗石圆弧板各部位名称如图 3-4 所示。

表 3-11　花岗石圆弧板规格尺寸允许偏差　　　　　单位：mm

项目	技术指标					
	镜面和细面板材			粗面板材		
	优等品	一等品	合格品	优等品	一等品	合格品
弦长	0	0	0	0	0	0
				−1.5	−2.0	−2.0
高度	−1.0	−1.0	−1.5	0	0	0
				−1.0	−1.0	−1.5

（4）花岗石普型板平面度允许公差应符合表 3-12 的规定。

表 3-12　花岗石普型板平面度允许公差　　　　　单位：mm

板材长度（L）	技术指标					
	镜面和细面板材			粗面板材		
	优等品	一等品	合格品	优等品	一等品	合格品
$L\leq 400$	0.20	0.35	0.50	0.60	0.80	1.00
$400<L\leq 800$	0.50	0.65	0.80	1.20	1.50	1.80
$L>800$	0.70	0.85	1.00	1.50	1.80	2.00

（5）花岗石圆弧板直线度与线轮廓度允许公差应符合表 3-13 的规定。

表 3-13　花岗石圆弧板直线度与线轮廓度允许公差　　　　　单位：mm

项目		技术指标					
		镜面和细面板材			粗面板材		
		优等品	一等品	合格品	优等品	一等品	合格品
直线度	板材高度≤800	0.80	1.00	1.20	1.00	1.20	1.50
	板材高度>800	1.00	1.20	1.50	1.50	1.50	2.00
线轮廓度		0.80	1.00	1.20	1.00	1.50	2.00

（6）花岗石普型板角度允许公差应符合表 3-14 的规定。

表 3-14　花岗石普型板角度允许公差　　　　　单位：mm

板材长度（L）	技术指标		
	优等品	一等品	合格品
$L\leq 400$	0.30	0.50	0.80
$L>400$	0.40	0.60	1.00

（7）圆弧板端面角度允许公差：优等品为 0.40mm，一等品为 0.60mm，合格品为 0.80mm。

（8）普型板拼缝板材正面与侧面的夹角应不大于90°。

（9）圆弧板侧面角α应不小于90º，如图3-5所示。

（10）镜面板材的镜向光泽度应不低于80光泽单位，有特殊需要时由供需双方协商确定。

3. 外观质量

（1）同一批板材的色调应基本调和，花纹应基本一致。

（2）花岗石板材正面的外观缺陷要求应符合表3-15的规定，毛光板外观缺陷不包括缺棱和缺角。

表3-15　花岗石板材正面的外观缺陷要求

缺陷名称	规定内容	技术指标		
		优等品	一等品	合格品
缺棱/个	长度不超过10mm、宽度不超过1.2mm（长度小于5mm、宽度小于1.0mm不计），周边每米长允许个数	0	1	2
缺角/个	沿板材边长，长度不超过3mm、宽度不超过3mm（长度不超过2mm、宽度不超过2mm不计），每块板允许个数			
裂纹/条	长度不超过两端顺延至板边总长度的1/10（长度小于20mm不计），每块板允许条数			
色斑/个	面积不超过15mm×30mm（面积小于10mm×10mm不计），每块板允许个数		2	3
色线/条	长度不超过两端顺延至板边总长度的1/10（长度小于40mm不计），每块板允许条数			

注：用于干挂的板材不允许有裂纹存在。

4. 物理性能

花岗石板材的物理性能应符合表3-16的规定。工程对石材使用的性能项目及指标有特殊要求的，按工程要求执行。

表3-16　花岗石板材的物理性能

项　　目		技术指标	
		一般用途	功能用途
体积密度/（g/cm³），≥		2.56	2.56
吸水率/%，≤		0.60	0.40
压缩强度/MPa，≥	干燥	100	131
	水饱和		
抗弯强度/MPa，≥	干燥	8.0	8.3
	水饱和		
耐磨性*/（1/cm³），≥		25	25

注：*使用在地面、楼梯踏步、台面等严重踩踏或磨损部位的花岗石板材应检验此项。

3.4 其他天然石材

1. 青石

青石又称青石板或板岩，学名为石灰石，是沉积岩中分布最广的一种岩石，全国各地都有产出。在过去，民间特别是产石地区有用青石板作屋面瓦的做法，故又称瓦板岩，用于墙面装饰是后来才逐渐发展的。青石板装饰效果较好，但材质较软，易风化。

（1）青石的品种。

青石有青（青绿）色、锈（锈红）色、黑（黑蓝）色、白（黄白）色等多种颜色，颜色越浅的越贵，故白色青石最贵，其次为青色青石，锈色青石和黑色青石价格较便宜。

青石根据表面加工形式有条石、平板（用于墙面、地面）、毛板（用于墙面或地面）、文化石（用于墙面）、碎拼板（用于墙面、地面）、瓦板（用于建筑物屋顶代替普通房瓦、墙面）等种类。图 3-11 所示为青石条，图 3-12 所示为青石板。

图 3-11 青石条

图 3-12 青石板

（2）青石的规格。

青石有多种尺寸，贴墙一般用 100mm×200mm、150mm×300mm、200mm×300mm、200mm×400mm 等规格，地面一般用 300mm×600mm 的规格。

（3）青石的特点。

① 装饰效果新颖。青石板体现的是一种自然清新、返璞归真、乡土风情的写意景象。

② 表面防滑。青石板（平板）表面不经过人工刻磨，最大限度地保持了天然板岩的原始自然风貌。

③ 价格便宜。如青色、锈色、黑色青石板（平板）常见的 300mm×200mm、300mm×150mm 规格，每平方米售价一般为十几元到几十元。

青石的应用

（4）青石的应用。

青石板表面处理后通常称为毛面青石板或粗磨面青石板。毛面青石板纹理自然清晰，用于墙面具有厚重自然的效果，用于地面则能起到防滑的作用。青石板应用实例如图 3-13 和图 3-14 所示。

青石板与瓷砖的镶贴方法基本一样，用水泥或专用胶粘剂来镶贴，但青石板一定要错缝铺贴，这样看起来才自然朴实。贴完后应使用哑光硝基清漆或聚酯清漆刷上 1~2 遍，干后即可，以防止石材表面受污染或细菌滋生侵蚀。

图 3-13 青石板应用实例一

图 3-14 青石板应用实例二

2. 砂岩

砂岩是一种沉积岩，其中砂粒含量大于 50%，绝大部分砂岩是由石英或长石组成的。砂岩结构稳定，通常呈淡褐色或红色，主要含硅、钙、黏土和氧化铁等成分。

（1）砂岩的分类。

① 根据产地分类：目前世界上已被开采利用的有澳洲砂岩、印度砂岩、西班牙砂岩及中国砂岩（主要产地有四川内江、云南和山东等地），其中色彩、花纹最受建筑设计师欢迎的是澳洲砂岩，如图 3-15 所示。澳洲砂岩是一种生态环保石材，其产品具有无污染、无辐射、无反光、不风化、不变色、吸热、保温、防滑等特点。

② 根据颜色分类：常见的有黄木纹砂岩、红砂岩（应用实例见图 3-16）、绿砂岩、黄砂岩、白砂岩和青砂岩等。

（2）砂岩产品及特点。

砂岩产品有砂岩圆雕、浮雕壁画、雕塑喷泉、雕刻花板、艺术花盆、风格壁炉、罗马柱、门窗套、线条、镜框、灯饰、拼板和家居饰品、环境雕塑、建筑细部雕塑和园林雕塑等。砂岩产品均可以按照要求任意着色、彩绘、打磨明暗、贴金，并可以通过技术处理使其表面呈现粗犷、细腻、龟裂、自然缝隙等效果。砂岩产品耐磨、经久耐用、美观而且环保。

砂岩的应用实例

图 3-15 澳洲砂岩的应用实例　　图 3-16 红砂岩的应用实例

知识链接

砂岩及制品在使用时应注意以下事项。

（1）不可直接用水冲洗。砂岩与天然木材一样，为一种会呼吸的多孔材料，很容易吸收水分或经水溶解污染而造成各种病变，如出现崩裂、风化、脱落、浮起、吐黄、水斑、锈斑、雾面等问题。

（2）不可接触酸性或碱性物质。所有石材均怕酸性和碱性物质，因为酸性和碱性物质会侵蚀石材表面而造成变色污染现象。

（3）不可随意上蜡。蜡质不但会堵塞石材呼吸的毛细孔，还会沾上污尘形成蜡垢，造成石材表面产生黄化现象。倘若行人及货物流通率极高的场所必须上蜡时，必须请专业公司指导用蜡及进行保养。

（4）不可乱用非中性清洁剂。为达快速清洁效果，一般清洁剂中均含有酸性或碱性物质，故若长时间使用不明成分的清洁剂，会使石材表面光泽尽失。

（5）不可长期覆盖地毯、杂物。为保持石材呼吸顺畅，应避免在石材面上长期覆盖地毯及杂物，否则石材中的湿气将无法通过石材毛细孔挥发出来而造成病变发霉。

3. 洞石

洞石是因石材的表面有许多孔洞而得名，如图 3-17 所示，其学名为凝灰石，商业上将其归为大理石类。洞石大多在河流、湖泊或池塘里快速沉积而成，这一快速的沉积使有机物和气体不能释放，从而形成美丽的纹理和孔洞。

（1）洞石的特点及应用。

洞石近年来被设计师大量用于建筑内外墙装饰（图 3-18）和室内地板装饰，其质感丰富、条纹清晰，使所装饰的建筑物呈现强烈的文化和历史韵味。洞石因为有孔洞，它的单位密度并不大，强度较低，不适合作为建筑的结构材料。人类对该种石材的使用年代很久远，最能代表罗马文化的建筑——角斗场采用的就是洞石。

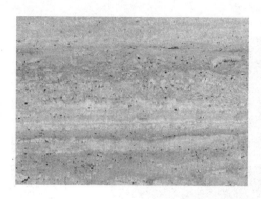

图 3-17 洞石

图 3-18 洞石的应用实例

继北京西单中国银行大厦使用洞石之后，在中国便掀起了一股使用洞石的热潮，这样的热潮绝不是偶然的结果，而是由洞石的几大优势决定的。

① 洞石的岩性均一，质地软硬度小，非常易于开采加工，容易雕刻和加工为异型用材。

② 洞石具有良好的隔声性和隔热性，是优异的建筑装饰材料。

③ 洞石的颜色丰富，纹理独特，更有特殊的孔洞结构，有良好的装饰性能，由于洞石天然的孔洞特点和美丽的纹理，也是做盆景、假山等园林用石的好材料。

（2）洞石的分类。

洞石的颜色以米黄色最多见，除了米黄色之外，还有白色、灰色、紫色、粉色、绿色、咖啡色等。各类颜色的洞石一般出自罗马、伊朗和土耳其等地。罗马洞石颜色较深，纹理较明显，材质较好，我国河南郑州地区也发现大量的米黄色洞石。

（3）洞石使用注意事项。

洞石本身的真密度是比较高的，但由于存在大量孔洞，使其表观密度降低、吸水率升高、强度下降，因此其物理性能指标是低于正常的大理石标准的,这也使得洞石在加工后期要进行封孔处理。由于还存在大量的纹理、泥质线、泥质带、裂纹等天然缺陷,导致材料的均匀性很差,因此在加工、运输和搬运过程中,要小心地轻搬轻放。

4. 火山石

火山石是一种功能型环保材料,又称浮石或多孔玄武岩,是火山爆发后由火山玻璃、矿物与气泡形成的非常珍贵的多孔形石材,如图3-19所示。

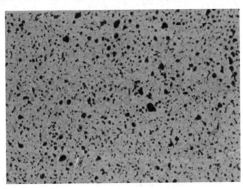

图3-19 火山石

火山石的基本特点如下。

(1)性能优越。火山石除具有普通石材的一般特点外,还具有自身的独特风格和特殊功能,可以安全地用于人类生活居住场所,无放射性污染;其具有吸声、降噪作用,有利于改善听觉环境;其能够吸水、防滑、阻热,具有"呼吸"功能,能够调节空气湿度,改善室内生态环境。

(2)质地坚硬,抗风化,耐气候,经久耐用。

(3)可以满足当今时代人们在建筑装修上追求古朴自然、崇尚绿色环保的新时尚。火山石可生产出超薄型板材,经表面精磨后光泽度可达85光泽单位以上,其色泽光亮纯正,外观典雅庄重,广泛用于各种建筑外墙装饰、市政道路广场的地面铺装,更是各类仿古建筑、欧式建筑、园林建筑的首选石材,深受国内外广大客户的喜爱和欢迎。图3-20所示为火山石地板,图3-21所示为火山石栏杆。

图3-20 火山石地板

图3-21 火山石栏杆

3.5 人造石材

人造石通常以不饱和聚酯树脂或其他材料为胶粘剂,由石粉、石渣、石英石、陶瓷碎粒、玻璃碎粒等为填料,添加适量固化剂、促进剂及调色颜料,通过一定工艺技术使之固化加工而制成。

天然石材具有优异的自然特征,但其开采和加工成本较高,且品种规格不能充分满足人们的个性需求。另外,现代建筑装修行业的发展对装修材料在品种、规格、外观和轻质高强等方面都提出了更高的要求。这些都促成了人造石材的产生。

3.5.1 人造石材的特点和分类

1. 人造石材的特点

人造石材普遍具有质量轻、强度高、耐腐蚀、成型容易(可用模具加工为所需要的曲面、异型和空心制品)、施工安装方便等优点。其花纹图案可人为控制,这一点完全胜过了天然石材,可根据设计人员及使用客户的要求和装修工程的不同需要来生产,因此有着巨大的市场潜力和广阔的发展前景。

2. 人造石材的分类

人造石材的分类见表 3-17。

表 3-17 人造石材的分类

项目名称	主要内容及说明
水泥型人造石材	是以各种水泥或磨细石灰为胶结材料,以碎大理石、花岗石、工业废渣等为粗骨料,以砂为细骨料,经配料、搅拌、成型、加压蒸养、磨光、抛光等工序而制成。 水泥常为硅酸盐水泥,也可用铝酸盐水泥,后者制作的人造石表面光泽度更高。这是由于铝酸盐水泥中的铝酸钙水化过程中产生了氢氧化铝胶体,与光滑的模板表面接触,形成光滑的氢氧化铝凝胶体层,氢氧化铝胶体不断填塞大理石的毛细孔隙,形成致密结构,因此表面光滑,具有光泽,呈半透明状
树脂型人造石材	是以不饱和聚酯为胶粘剂,与石英砂、大理石、方解石粉等搅拌混合,再进行工艺成型处理,在固化剂作用下产生固化作用,经脱模、烘干、抛光等工序而制成。使用不饱和聚酯的产品颜色浅、光泽好,这种树脂黏度低、固结快、易于成型,可在常温下固化并进行表面处理和抛光
复合型人造石材	复合型人造板材有以下两类。 ① 用低廉而性能稳定的无机材料制成底层,用聚酯和大理石粉制作面层的复合石材。 ② 将稀有的高档天然石材分切成 3mm 左右的薄片,用特殊结构胶粘贴在普通陶瓷砖、廉价石材、铝蜂窝板表面的复合石材上

续表

项目名称	主要内容及说明
烧结型人造石材	该工艺与陶瓷制作相似，是将石英辉石、斜长石、赤铁矿粉和方解石粉及部分高岭土混合，配合比例一般为黏土 40%、石粉 60%，制备坯料采用泥浆法，成型用半干压法，在窑炉中以 1000℃ 左右的高温焙烧制成

表中所列 4 种人造石材中，树脂型人造石材最常用，其产品的物理和化学性能最好，花纹容易设计，有重现性，适用多种用途，但价格相对较高；水泥型人造石材的耐腐蚀性能较差，易出现微龟裂，但价格最低廉，适用于作板材，不适用于作卫生洁具；复合型人造石材则综合了树脂型人造石材和水泥型人造石材的优点，有良好的理化性能，且成本较低；而烧结型人造石材只用土作胶结材料，需经高温焙烧，耗能大、造价高，且产品破损率也大。

3.5.2 新型人造石材的主要品种

1. 石材复合板

将名贵稀有的天然石材分切成 2~3mm 的薄板或使用高档的人造石薄板，用专业胶粘剂粘贴在其他材料的表面制成的装饰板材，称为石材复合板。石材复合板主要用作建筑内外墙挂板。

（1）石材复合板的特点如下。

① 质量轻、强度高。

② 美观、易控制色差、不易污染。

③ 节能、环保。

④ 运输安装方便、损耗低。

（2）石材复合板的主要类别如下。

① 石材-瓷砖复合板。

② 石材-石材复合板。

③ 石材-玻璃复合板。

④ 石材-金属（铝塑板、铝蜂窝板）复合板。

⑤ 人造石-天然石复合板。

石材复合板品种

石材复合板的以上类型如图 3-22～图 3-26 所示。

图 3-22 石材-瓷砖复合板

图 3-23 石材-石材复合板

图 3-24 石材-玻璃复合板

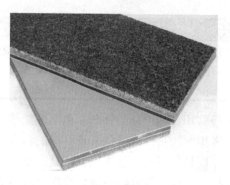 图 3-25 石材-铝塑板复合板

 图 3-26 洞石-铝蜂窝板复合板

2. 石英石

石英石是目前有关厂家对其所生产的板材的一种简称，是一种由 90% 以上的石英晶体加上树脂及其他微量元素人工合成的一种新型石材，由于其中主要成分石英的含量高达 90% 以上，因此称为石英石。石英石中石英的含量越高、树脂量越低，质量就越好，越接近于天然且越不易变形。

（1）石英石的特点。

① 刮不花。石英石中石英含量可高达 93%，石英晶体是自然界中硬度仅次于钻石的天然矿物，其表面硬度可达莫氏硬度 7.5，远大于厨房中使用的刀铲等利器，不会被利器刮伤。

② 不污染。石英石是在真空条件下制造的致密无孔的复合材料，其表面对厨房的酸碱等有极好的抗腐蚀能力。

③ 用不旧。石英石光泽亮丽的表面经过了 30 多道复杂的抛光处理工艺，不会为液体物质渗透，不会发黄和变色，日常清洁只需用清水冲洗即可，简单易行。即使长时间使用，其表面也同新装台面一样亮丽，无须维护和保养。

④ 燃不着。天然的石英结晶是典型的耐火材料，其熔点高达 1300℃ 以上，由 90% 以上的天然石英制成的石英石完全阻燃，不会因接触高温而导致燃烧，具备其他人造石台面无法比拟的耐高温性。

⑤ 安全环保。石英石的表面光滑，致密无孔的材料结构使得细菌无处藏身，可与食物直接接触，安全无毒，没有放射性。

⑥ 缺点。由于石英石硬度太高、不易加工，因此形状过于单一，且相对于其他人造石价格略高。

（2）石英石的应用。

石英石主要用来制作服务台、操作台、橱柜台面等。图 3-27 所示为石英石台面，图 3-28 所示为石英石板。石英石台面色彩多样，其中戈壁系列、水晶系列、麻石系列、闪星系列更具特色，可以广泛应用于公共建筑和家庭装修领域，是一种无放射性污染、可重复利用的环保、绿色的新型建筑装饰材料。

3. 微晶石

微晶石是一种采用天然无机材料，运用高新技术经过两次高温烧结而成的新型绿色环保高档建筑装饰材料，具有板面平整洁净、色调均匀一致、光泽柔和晶莹、色彩绚丽璀璨、质地坚硬细腻、不吸水、防污染、耐酸碱、抗风化、绿色无放射性毒害等优良的性

能，可用于建筑物的内外墙面、地面、柱面、台面和家具装饰等任何需要石材装饰的部位。

图 3-27 石英石台面

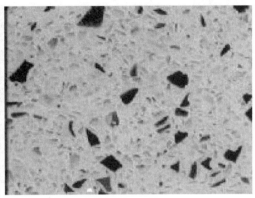
图 3-28 石英石板

（1）微晶石的特点。

微晶石的性能优于天然花岗石、大理石、合成石及人造大理石，与它所含的物质成分及成型工艺有关。微晶石是选取花岗石中的几种主要成分经高温处理，从特殊成分的玻璃液中析出特殊的晶相，因此具有很高的硬度和强度；在成型过程中又经过二次的高温熔融定型，所以既不易断裂，也不吸水，不怕侵蚀和污染，光泽度也高，且不含任何放射性元素。微晶石的着色是以金属氧化物为着色剂，经高温烧结而成的，因此不会褪色且色泽鲜艳。

（2）微晶石的分类。

根据微晶石的原材料及制作工艺，可以把微晶石分为无孔微晶石、通体微晶石和复合微晶石三类。

① 无孔微晶石也称人造汉白玉，如图 3-29 所示，是一种多项理化指标均优于普通微晶石、天然石的新型高级环保石材，其色泽纯正、不变色，有无辐射、吸水率为零、硬度高、耐酸碱、耐磨损等特性，适用于外墙、内墙、地面、柱面、洗手盆、台面等高级装修场所。

② 通体微晶石也称微晶玻璃，是一种新型的高档装饰材料，是以天然无机材料采用特定的工艺经高温烧结而成，如图 3-30 所示。

图 3-29 无孔微晶石

图 3-30 通体微晶石

微晶石

③ 复合微晶石也称微晶玻璃陶瓷复合板，是将微晶玻璃复合在陶瓷玻化砖表层（厚度

3～5mm）而得到的新型复合板材，如图3-31所示。

图3-31 复合微晶石

知识链接

天然石材的自然花纹诱使人们去仿造它，尤其是在缺少矿山资源的地区。与天然石材比较，人造石材的产品看上去很逼真，但仔细观察仍较易区别。

（1）人造石材花纹无层次感，因为层次感是仿造不出来的。

（2）人造石材花纹、颜色是一样的，无变化。

（3）人造石材板背面有模衬的痕迹。

（4）人造石材染色（加物）的识别方法如下。

① 染色石材颜色艳丽，但不自然。

② 在板的断口处可看到染色渗透的层次。

③ 染色石材一般采用石质不好、孔隙度大、吸水率高的石材，用敲击法即可辨别。

④ 染色石材同一品种光泽度都低于天然石材。

⑤ 涂机油以增加光泽度的石材其背面有油渍感。

⑥ 涂膜的石材虽然光泽度高，但膜的强度不够，易磨损，对光看有划痕。

⑦ 涂蜡以增加光泽度的石材，用火柴或打火机烘烤，蜡面即消失，呈现出本色。

案例分析

在家装空间中，试根据业主的需求结合人体工程学要求，进行厨房整体橱柜设计及材料选型。

（1）橱柜决定厨房的装修风格，台面则直接影响人们的饮食健康，作为厨房的主体，人们的一切饮食活动都由此展开，因此橱柜台面的选择显得尤为重要。目前市场上比较流行的材质主要有人造石、防火板、不锈钢、天然石材等，那么你最青睐哪种材质？你对它们的了解有多少？

（2）根据空间大小怎样选择橱柜款式？

（3）橱柜的风格怎样分类？

（4）橱柜的计价方式有哪些？

【分析】

（1）关于橱柜材质，可进行以下基本比较。

① 天然石台面。

优点：天然石主要包括花岗石、大理石，其纹理非常美观，密度相对较大，质地坚硬，耐高温、防刮伤性能十分突出，耐磨性能良好，造价也比较低，属于经济实惠的一种台面材料；其造价低，花色各有不同，最常用的几种每平方米价格仅为几百元，属于经济实惠的一种台面材料。但高档的天然石台面每平方米价格也在上千元左右。

缺点：天然石材的纹理中都会存在孔隙或缝隙，易滋生细菌；天然石往往存在着长度的限制，即使两块拼接也不能浑然一体；虽然天然石质地坚硬，但弹性不足，如遇重击或温度急剧变化会出现裂缝，很难修补；另外，天然石材或多或少存在一定的放射性，可能对人体健康产生危害。

适合风格：自然风格。

② 不锈钢台面。

优点：不锈钢台面质地坚固，易于清洗，并带有三维立体效果，而且抗菌性能最好；相比较而言其外观更加时尚，功能更趋完善。

缺点：视觉较"硬"，给人"冷冰冰"的感觉；在橱柜台面的各转角部位和各结合部位缺乏合理的、有效的处理手段，台面一旦被利器划伤，很容易留下无法修复的痕迹。

适合风格：后现代风格。

③ 耐火板台面。

优点：其色泽鲜艳、耐磨、耐刮、耐高温性能较好，给人以焕然一新的感觉，且橱柜台面高低一致，辅以嵌入式煤气灶，增加了美的感觉；价格也为普通消费者所接受，一般每延米为200～500元。

缺点：台面易被水和潮气侵蚀，若使用不当，会导致脱胶、变形、基材膨胀等后果。

适合风格：现代简约风格。

④ 人造石台面。

优点：人造石是市场公认的最适宜于现代厨房的橱柜面板材料。与其他材质相比，人造石集美观和实用于一身，既具有天然大理石的优雅和花岗石的坚硬，又具有木材般的细腻和温暖感，还具有陶瓷般的光泽，其耐磨、耐酸、耐高温，抗冲、抗压、抗折、抗渗透等性能也很强，其变形、黏合、转弯等部位的处理有独到的优势；因为表面没有孔隙，油污、水渍不易渗入其中，因此抗污力强；其有着丰富的花色，整体就能成型，同时可任意长度无缝黏结，接缝处毫无痕迹，可浑然一体打造造型多变的台面。

缺点：价格较高，自然性不足，纹理相对显得较假，防烫能力不强。

适合风格：多种风格。

特别提示：即使是无缝人造石，因其加工工艺的不同，质量也不同，价位也因国产和进口而不同，国产无缝人造石价格每延米为1200～1500元，进口产品价格每延米在2500元以上。

台面材料是橱柜的重要组成部分，每种台面材料各有其长短，但是并不难选择，比如你要制作长度超过2.4m的橱柜，最好采用人造石台面，因它拼接后浑然一体，而天然石材不能做得太长，需要用多块板材拼接，接缝很明显，影响美观和卫生；此外台面材料直接影响到"整体厨房"的造价，两万元左右的"整体厨房"通常可采用无缝人造石台面，能突出厨房档次和装修效果，而天然石造价多变，一般用于中低档厨房装修。

（2）橱柜款式的选择。

决定橱柜款式的因素很多，如格局、风格、色彩等，这些因素需要综合考虑，并与室内的其他环境协调。

厨房的格局通常由空间决定，狭窄的厨房通常采用"一"字形格局，这也是使用最方便的格局形式；如果厨房足够大，可考虑"U"形格局；"岛"形格局即开放式格局，是近年来比较流行的设计方式。许多家庭虽然厨房不够宽大，却将其与客厅之间打通，使烹饪、就餐、会客在同一空间，这样的处理方式很有亲和力，一家人可将就餐区作为餐前及餐后的活动中心区。

（3）橱柜的风格主要有以下几种。

① 古典风格。古典风格的典雅尊贵、特有的亲切与沉稳，迎合了成功人士青睐古典风格的心理。传统的古典风格要求厨房空间很大，"U"形格局与"岛"形格局是比较适宜的格局形式。在材质上，实木当然为首选，它的颜色、花纹及其特有的朴实无华为人们所推崇。

② 乡村风格。乡村风格拉近了人与自然的距离。具有田园风格的彩绘瓷砖，描画出水果、花鸟等自然景观，呈现出宁静而恬适的质朴风采；原木地板在此也是极佳的装饰材料，温润的脚感仿佛熏染了大地气息；在橱柜上则更多选择实木，水洗绿、柠檬黄是多年以来都流行的色彩，木条的面板纹饰强化了自然味道。

③ 现代风格。现代风格的厨具摒弃了华丽的装饰，在线条上简洁干净，更注重色彩的搭配，从亮丽的红、黄、紫色到明亮的蓝、绿色等颜色都被应用。在与其他空间的搭配上，这种风格也更容易些。现代风格不受约束，对装饰材料的要求也不高。

④ 前卫风格。前卫的年轻人追求标新立异，在材质上多选择当年最流行的质地，如2000年玻璃、金属被及时接纳，在巧妙的搭配中传递出时尚的气息。

⑤ 实用主义。实用主义在配置中只以基本的底柜作为储存区，并配以烤箱、灶台、抽油烟机等主要设备来完成比较完整的烹饪操作过程，水槽通常会被省略以节约空间。这种风格强调了实用、简洁的特点。

（4）橱柜的计价方式有以下几种。

① 按延米计价，即按长度计算。延米是一个特殊的用语，也是一个计量单位，一延米顾名思义就是一个延长米，在橱柜厂家的产品中比较常用，包括一米长的操作台和一米长的吊柜。但这种方式的标准并未统一，如底柜到底是按靠墙一面算，还是沿台面中线算，或是沿台面外沿算？现在大多数厂家都认为应以柜体长度为根据来计算（高度如有差别，也应考虑差价）。这种计价方式最大的缺点在于内部构造的差异难以体现，价差计算问题多。

② 按单体柜算。这种计价方式是将柜体、柜门、五金件作为一个整体计算，以每一款式为单位，可认为是定款定价；台面另计。

③ 四分法。即将柜体、柜门、五金、台面分开计算，量身定造。其性价比一目了然。

④ 部件法。这种方式可视为四分法的改进，能最大限度地让材料与价格结合起来，使材料的性价比更高。

第 3 章 建筑装饰石材

本章小结

本章对天然石材和人造石材做了较详细的阐述。

天然大理石是地壳中原有的岩石经过地壳内高温高压作用而形成的变质岩。天然大理石易风化，不宜用于室外，一般只用于室内装饰，常用于宾馆、展览馆、影剧院、商场、机场、车站等公共建筑的室内墙面、柱面、栏杆、窗台板、服务台面等部位。

天然花岗石是以铝硅酸盐为主要成分的岩浆岩，多用于墙基础和外墙饰面，也用于室内墙面、柱面、窗台板和地面。

人造石材是按照人工方法制造的具有天然石材的花纹和质感的合成石材，按生产所用原材料及生产工艺，可分为四类，即水泥型、树脂型、复合型和烧结型。

通过本章学习，应对石材的性质和用途有基本的了解。

实训指导书

了解石材的种类、规格、性能等，熟悉其特点和技术要求，重点掌握各类石材的应用情况。根据装修要求，能够正确合理地选择石材，并判断出石材质量的好坏。

一、实训目的

让学生自主地到建筑装饰材料市场和施工现场进行考察，了解常用装饰石材的价格，熟悉装饰石材的应用情况，能够准确识别各种常用装饰石材的名称、规格、种类、价格、使用要求及适用范围等。

二、实训方式

1. 建筑装饰材料市场的调查分析

学生分组：以3～5人为一组，自主地到建筑装饰材料市场进行调查分析。

调查方法：以咨询为主，认识各种装饰石材，调查材料价格、收集材料样本图片，掌握材料的选用要求。

重点调查：不同装饰石材的常用规格，如大理石、花岗石的常用规格，人造大理石板的常用规格。

2. 对建筑装饰施工现场装饰材料使用的调研

学生分组：以10～15人为一组，由教师或现场负责人指导。

调查方法：结合施工现场和工程实际情况，在教师或现场负责人的指导下，熟知装饰石材在工程中的使用情况和注意事项。

重点调查：不同用途装饰石材的技术要求，如干挂石材时石材的厚度及最大规格，地面石材铺设时的厚度要求等。

三、实训内容及要求

（1）认真完成调研日记。

（2）填写材料调研报告。

（3）写出实训小结。

第4章 建筑装饰陶瓷

教学目标

熟悉建筑装饰陶瓷的技术要求和特点,掌握陶瓷墙地砖的品种、性能和应用范围;能够正确合理地选择建筑装饰陶瓷。

教学要求

能力目标	相关试验或实训	重点
了解陶瓷的分类、生产和装饰		
能够根据陶瓷的基本知识识别当地市场各种内墙砖的品种与应用	调研本地市场陶瓷产品价格、性能及用途	★
能够根据陶瓷的基本知识识别当地市场各种墙地砖的品种与应用		
能够根据国家标准进行陶瓷质量的检测及简易质量评价	简易判定陶瓷产品质量	★

第 4 章 建筑装饰陶瓷

引例

在装修卫生间的时候,为了能够防潮、防水、易清洁,墙面和地面一般选择什么材料?陶瓷装饰材料有哪些种类?各有什么特点?怎样鉴别瓷砖的质量好坏呢?

4.1 陶瓷的基本知识

4.1.1 陶瓷的概念与分类

陶瓷是以黏土为主要原料,加上各种天然矿物,经过粉碎、混炼、成型和煅烧而制得的材料及各种制品。陶瓷是陶器与瓷器的总称,它们虽然都是由黏土和其他材料经烧结制成,但所含杂质的量不同,陶含杂质量大,瓷含杂质量小或无杂质,而且其制品的坯体和断面也不同。还有一种介于陶和瓷之间的材料称为炻。因此根据上述特点,陶瓷可更准确地分为陶器、炻器和瓷器三大类。

从产品的种类来说,陶器质地坚硬,吸水率大于 10%,密度小,断面粗糙无光,不透明,敲之声音粗哑,有的无釉,有的施釉;瓷器的坯体致密,基本不吸水,强度比较高且耐磨性好,有一定的半透明性,通常都施有釉层(某些特种瓷也不施釉,甚至颜色不白),但烧结程度很高;炻器与陶器的区别在于陶器坯体是多孔的,而炻器坯体的气孔率很低且坯体致密,达到了烧结程度,吸水率通常小于 2%,而炻器与瓷器的主要区别是炻器坯体多数都带有颜色且无半透明性。

陶器又分为粗陶和精陶两种。粗陶坯料一般由一种或一种以上的含杂质较多的黏土组成,有时还需要掺用瘠性原料或熟料以减少材料收缩;建筑上所用的砖瓦、陶管、盆、罐和某些日用缸器均属于这一类。精陶通常经两次烧成,素烧的最终温度为 1250～1280℃,釉烧的温度为 1050～1150℃。按用途不同,精陶还可分为建筑精陶(如釉面砖)、美术精陶和日用精陶。

炻器按其坯体细密性、均匀性和粗糙程度分为粗炻器和细炻器两大类,建筑装饰用的外墙砖、地砖以及耐酸化工陶瓷、缸器均属于粗炻器,日用炻器和陈设品则属于细炻器。宜兴紫砂陶即是一种不施釉的有色细炻器。通常生产细炻器的工艺与瓷器相近,只是细炻器坯料中黏土用量较多,对杂质含量的控制不及瓷器严格,而长石的用量比瓷器少得多。炻器的机械强度和热稳定性优于瓷器,且可采用质量较劣的黏土,因而成本也较瓷器低廉。

知识链接

中国制陶技艺的产生及发展

在我国,制陶技艺的产生可追溯到公元前 4500 年至公元前 2500 年的时代,可以说,中华民族发展史中的一个重要组成部分就是陶瓷发展史,中国在科学技术上的成果以及对美的追求和塑造,在许多方面都是通过陶瓷制作来体现的,并形成了各时代非常典型的技术与艺术特征。早在欧洲掌握制瓷技术一千多年前,中国已能制造出相当精美的瓷器。从我国陶瓷发展史来看，一般是把"陶瓷"这个名词一分为二，即包括了陶和瓷两大类。中国传统陶瓷的发展，经历过一个相当漫长的历史时期，种类繁杂，工艺特殊，所以对其分类除考虑技术上的硬性指标外，还需综合考虑传统的习惯分类方法，结合古今科技认识上的变化，才能得出更恰当的结论。

从传说中的黄帝、尧、舜至夏朝（约公元前2070—公元前1600），是彩陶发展的标志期，其中较为典型的有仰韶文化及在甘肃发现的稍晚的马家窑与齐家文化等，期间除日用餐饮器皿外，祭祀礼仪所用之物也大为发展。汉朝（公元前206—220）对陶器更为重视，较为坚致的釉陶普遍出现，汉字中开始出现"瓷"一字。六朝时期（220—589），迅速兴起的佛教艺术对陶瓷也产生了相应的影响，在此时期的作品造型上留有明显痕迹。

唐朝（618—907）陶瓷的工艺技术改进巨大，许多精细瓷器品种大量出现。唐末出现了一个陶瓷新品种——柴窑瓷，质地之优被广为传颂，但传世者极为罕见。

陶瓷业至宋朝（960—1279）得到了蓬勃发展，并开始对欧洲及南洋诸国大量输出。以钧、汝、官、哥、定为代表的众多有各自特色的名窑在全国各地兴起，品种也日趋丰富。而随着枢府窑的出现，景德镇开始成为中国陶瓷产业中心，其名声远扬世界各地。景德镇生产的白瓷与釉下蓝色纹饰形成鲜明对比，青花瓷自此兴起，在以后的各个历史时期也一直深受人们的喜爱。

明朝景德镇的陶瓷业在世界上是最好的，在工艺技术和艺术水平上均独占鳌头，尤其是青花瓷达到了登峰造极的地步。此外，福建的德化窑、浙江的龙泉窑、河北的磁州窑也都以各自风格迥异的优质陶瓷蜚声于世。清朝统治的二百余年间，其中康熙、雍正、乾隆三代被认为是整个清朝统治下陶瓷业最为辉煌的时期，工艺技术较为复杂的产品多见，各种颜色釉及釉上彩异常丰富。但到了清代晚期，中国的陶瓷制造业日趋退化。

民国初，军阀袁世凯企图复辟帝制，曾特制了一批"洪宪"年号款识的瓷器，以粉彩为主，风格老旧。由于内战频繁，外国入侵，民不聊生，整个陶瓷工业也全面败落，直到中华人民共和国成立以前都未出现过让世人注目的产品。

4.1.2 陶瓷的表面装饰

陶瓷的表面装饰是对陶瓷制品进行艺术加工的重要手段，能大大提高制品的外观效果，同时对制品本身也能起到一定的保护作用，从而把制品的实用性和艺术性有机地结合起来。

1. 施釉

所谓釉，是指附着于陶瓷坯体表面的连续玻璃质层，可起到装饰、保护制品、防水、防污等作用，具有与玻璃相类似的某些物理化学性质。釉是在陶瓷制品生产过程中使用特殊釉料经特殊工艺烧制而成的，多数陶瓷制品表面都施有釉层。

根据釉面的亮度，可分为亮光釉、哑光釉、无光釉等；根据釉面的装饰效果，可分为透明釉、乳浊釉、白釉、单色釉、花釉、过渡色釉、碎纹釉、疙瘩釉等。

 **知识链接**

彩绘手法的名词解释

青花瓷——用钴料在素坯上描绘纹饰,然后施透明釉,在高温中一次烧成。蓝花在釉下,因此属釉下彩。青花瓷的特点是明快、清新、雅致、大方,装饰性强,永不掉色,为人们所珍爱,其在瓷器制造工艺中有着极为重要的地位。青花瓷(图4-1)普遍为白底蓝花瓷器,发展至后来,也出现了蓝底白花瓷器。

釉里红——又名釉下红,起源于宋代钧窑的紫红斑釉。它可单独装饰,也可把青、红色料结合使用(此种装饰称为青花釉里红),釉里红的呈色稳定敦厚,既壮丽又朴实,如图4-2所示。在中国传统习惯上,常常以红色代表吉祥与富贵,因此使釉里红深受欢迎。

青花瓷

釉里红

图4-1 青花瓷　　　　图4-2 釉里红

斗彩——是一种以釉下彩、釉里红和釉上多种彩结合而成的品种,创烧于明成化时期,是釉下彩(青花)与釉上彩相结合的一种类型,如明成化斗彩鸡缸杯。斗彩的特点是动静兼蓄,对比鲜明,既素雅又堂皇。

粉彩——也称"古彩",是釉上彩的一个品种,如图4-3所示。用玻璃白(白色彩料)和五彩彩料融合,使各种彩色产生了"粉化",红彩变成粉红、绿彩变成淡绿、黄彩变成浅黄,其他颜色也都变成了不透明的浅色调,并可控制其加入量的多寡来获得一系列不同深浅浓淡的色调,给人以粉润柔和之感,故称这种釉上彩为"粉彩"。在表现技法上,其已从平填发展到明暗的洗染,从而形成了填色、洗染和烧成等工艺步骤。在风格上,其布局和笔法都具有传统中国画的特征。从装饰的艺术效果来看,其具有秀美、俊雅、持重、朴实而又富丽堂皇的特点,凡绘画中能表现的一切,无论工笔或写意,用粉彩几乎都能表现。用这种方法画出来的人物、花鸟、山水淡雅而精细,都有明暗、深浅和阴阳向背之分,增加了层次和立体感。

2. 彩绘

彩绘是指在陶瓷制品表面绘上彩色图案、花纹等,使陶瓷制品有更好的装饰性。

① 釉下彩:在生坯(或素烧釉坯)上进行彩绘,然后施一层透明釉,最后进行釉烧而

成。青花瓷、釉里红及釉下五彩是我国名贵的釉下彩制品。

② 釉上彩：系在釉烧过的陶瓷釉上用低温彩料进行彩绘，然后在较低的温度（600～900℃）下经彩烧而成；此种工艺釉烧在前。

3. 贵金属装饰

贵金属装饰是指用金、铂、钯或银等贵金属在陶瓷釉上装饰，又称景泰蓝，通常只限于一些高级细陶瓷制品。其中最常见的是饰金，如金边、图画描金等。图4-4所示为景泰蓝。

粉彩

贵金属装饰

图4-3　粉彩　　　　　　　　图4-4　景泰蓝

想一想

党的二十大报告提出，中华优秀传统文化源远流长、博大精深，是中华文明的智慧结晶。中国陶瓷因颜色丰富、精致美观、形式多样，在唐朝时就已远销海外。随着陶瓷的出口，改变了海外国家对中国的认识，同时也促进了中外文化交流。除了陶瓷，你还知道中国古代哪些优秀产品受到世界各国的青睐？

4.2　陶瓷墙地砖

陶瓷墙地砖为陶瓷外墙面砖和室内外陶瓷铺地砖的统称。陶瓷墙地砖质地较密实、强度高，吸水率小，热稳定性、耐磨性及抗冻性均较好。其表面质感多种多样，通过配料和改变制作工艺，可制成平面、麻面、毛面、磨光面、抛光面、纹点面、仿花岗石面、压花浮雕表面、无光釉面、有光釉面、金属光泽面、防滑面、耐磨面等不同种类的制品。

地板砖铺装

4.2.1　陶瓷墙地砖的分类

1. 按用途分类

陶瓷墙地砖按其用途，可分为墙面砖和地面砖，还可进一步细分为内墙砖（釉面砖）、外墙砖和地砖（地板砖）。

2. 按表面是否施釉分类

陶瓷墙地砖按其表面是否施釉，可分为彩色釉面陶瓷墙地砖和无釉陶瓷墙地砖，其中彩色釉面陶瓷墙地砖又可分为普通釉面墙地砖和全抛釉墙地砖，无釉陶瓷墙地砖又可分为普通耐磨砖、全瓷抛光砖（玻化砖）和微晶石瓷砖等。

3. 按成型方法分类

陶瓷墙地砖按其成型方法，可分为挤压砖（普通尺寸砖和精细尺寸砖）和干压砖。

挤压砖是将可塑性坯料经过挤压机挤出成型，再将所成型的泥条按砖的预定尺寸进行切割，如劈离砖、普通内墙砖、外墙砖等。干压砖是将混合好的粉料置于模具中，在一定压力下压制成型的陶瓷墙地砖；此种工艺生产的陶瓷墙地砖吸水率极低、产品尺寸稳定、偏差小、强度高，适合制造大规格的全瓷抛光砖。

4. 按照陶瓷墙地砖产品的吸水率分类

根据《陶瓷砖》（GB/T 4100—2015）的规定，按吸水率不同，可将陶瓷墙地砖分为三大类五小类：低吸水率砖（Ⅰ类），包括瓷质砖（$E \leq 0.5\%$）和炻瓷砖（$0.5\% < E \leq 3\%$）；中吸水率砖（Ⅱ类），包括细炻砖（$3\% < E \leq 6\%$）和炻质砖（$6\% < E \leq 10\%$）；高吸水率砖（Ⅲ类），即陶质砖（$E > 10\%$）。每一小类按成型方法还可再做划分，见表4-1。

表4-1 陶瓷墙地砖按成型方法和吸水率分类

按吸水率（E）分类	低吸水率砖（Ⅰ类）		中吸水率砖（Ⅱ类）		高吸水率砖（Ⅲ类）
	瓷质砖（$E \leq 0.5\%$）	炻瓷砖（$0.5\% < E \leq 3\%$）	细炻砖（$3\% < E \leq 6\%$）	炻质砖（$6\% < E \leq 10\%$）	陶质砖（$E > 10\%$）
按成型方法分类 挤压砖（A）	AⅠa类	AⅠb类	AⅡa类	AⅡb类	AⅢ类
	精细 | 普通	精细 | 普通	精细 | 普通	精细 | 普通	精细 | 普通
按成型方法分类 干压砖（B）	BⅠa类	BⅠb类	BⅡa类	BⅡb类	BⅢ类

注：BⅢ类仅包括有釉砖。

4.2.2 陶瓷墙地砖的技术要求

《陶瓷砖》对陶瓷墙地砖的技术要求，分别按陶瓷墙地砖的吸水率及成型工艺所详细分类的10个品种进行规定，各有明确的技术性能指标及要求。

1. 尺寸偏差

（1）陶瓷墙地砖的长度、宽度和厚度允许偏差，以及边直度、直角度和表面平整度应符合《陶瓷砖》的规定。

（2）每块抛光砖（2或4条边）的平均尺寸相对于工作尺寸的允许偏差为±1.0mm。

（3）抛光砖的边直度、直角度允许偏差为±0.2%，表面平整度允许偏差为±0.15%；边直度最大偏差不超过1.5mm，直角度和表面平整度（用上凸和下凹表示）最大偏差为2.0mm。

2. 表面质量

至少95%的砖主要区域应无明显缺陷。

3. 主要物理性能

《陶瓷砖》对陶瓷墙地砖的主要物理性能指标，如吸水率（分平均值和单个值）、破坏强度、断裂模数、耐磨性、线性热膨胀系数、抗热震性、抗釉裂性、抗冻性、抗冲击性、抛光砖光泽度等都有明确的规定。

4. 化学性能

《陶瓷砖》对陶瓷墙地砖的耐污染性、抗化学腐蚀性、铅和镉的溶出量等都有明确的规定。

4.2.3 陶瓷墙地砖的选用

陶瓷墙地砖具有强度高、耐磨、化学稳定性好、易清洗、不燃烧、耐久性好等许多优点，工程中应用较广泛。陶瓷墙地砖的质量主要体现在以下几个方面。

（1）釉面。釉面应平滑、细腻，光泽釉面应晶莹亮泽，无光釉面应柔和、舒适。

（2）色差。将几块陶瓷墙地砖拼放在一起，在光线下仔细察看，好的产品色差很小，产品之间色调基本一致；而差的产品色差较大，产品之间色调深浅不一。

（3）规格。可用卡尺测量。好的产品规格偏差小，铺贴后，产品整齐划一，砖缝挺直，装饰效果良好；差的产品规格偏差大，块材间尺寸不一。

（4）变形。可用肉眼直接观察，要求产品边直面平，这样产品变形小，施工方便，铺贴后砖面平整美观。

（5）图案。花色图案要细腻、逼真，没有明显的缺色、断线、错位等缺陷。

（6）色调。外墙砖的色调应与周围环境保持协调，高层建筑物一般不宜选用白色或过于浅色的外墙装饰砖，以避免使建筑物缺乏质感；在室内装饰中，地砖和内墙砖的色调要相互协调。

（7）防滑。陶瓷墙地砖的防滑性很重要，要求铺地砖要有一定的粗糙度和带有凹凸花纹的表面，以增加防滑性。

知识链接

如何辨别陶瓷墙地砖的质量

选用时需注意的是，外墙砖施工要求较严格，若材料不合适、施工质量不好，经长期风吹、雨淋、日晒、昼夜温度交替后，外墙砖易出现脱落现象，既影响立面装饰性，又存在坠落伤人的危险。

选择地砖的时候，可根据个人爱好和居室的功能要求，根据实际情况，从地砖的规格、色调、质地等方面进行筛选。

质量好的地砖规格大小统一、厚度均匀，地砖表面平整光滑、无气泡、无污点、无麻面，色彩鲜明、均匀有光泽，边角无缺陷、不变形，花纹图案清晰，抗压性能好，不易损坏。选购陶瓷墙地砖时，具体可注意以下几点。

（1）从包装箱中任取一块，看表面是否平整完好。有釉面的其釉面应均匀、光亮，无斑点、无缺釉、无磕碰，四周边缘规整，图案完整。

（2）取出两块砖，拼合对齐，中间缝隙越小越好，再看两块砖图案是否衔接、清晰。有些图案必须用四块砖才能拼合完整，则可把这一箱砖全部取出，平摆在一个大平面上，从稍远的地方看这些砖拼合的整体效果，其色泽应一致，如有个别砖的颜色深浅不一，出现色差，就会影响整体装饰效果。

（3）把这些砖一块挨一块摞起，观察是否有翘曲变形现象，比较各砖的长、宽尺寸是否一致。

（4）拿一块砖敲击另一块砖，或用其他硬物去敲击砖块，如果声音异常，表明砖内有重皮或裂纹。

（5）装饰装修工程大批量使用陶瓷墙地砖时，其质量标准应严格参照《建筑装饰装修工程质量验收标准》（GB 50210—2018）。

4.2.4 陶瓷墙地砖的发展方向

近几年陶瓷墙地砖产品正向着大尺寸、多功能、豪华型的方向发展。从产品规格角度看，出现了许多边长在 1000mm 左右甚至达到 1500mm 的大规格地砖，使得陶瓷铺地材料的产品规格接近或符合铺地石材的常用规格；从功能方面看，在陶瓷地砖的传统功能之外，又附加了一些其他功能，如防滑功能等；从表面装饰效果的角度来看，变化就更大了，产品脱离了无釉单色的传统模式，出现了仿石型地砖、仿瓷型地砖、玻化地砖等不同装饰效果的陶瓷铺地砖。

4.3 釉面砖（内墙砖）

釉面砖是釉面内墙砖的简称（因为绝大多数内墙砖都有釉面），也称内墙砖、白瓷等，是以难熔黏土（耐火黏土、叶蜡石或高岭土）为主要原料，加入一定量非可塑性掺料和助熔剂共同研磨成浆体，经榨泥、烘干成为含一定水分的坯料后，通过模具压制成薄片坯体，再经烘干、素烧、施釉、釉烧等工序加工制成的精陶制品。

4.3.1 釉面砖的特点和应用

1. 特点

釉面砖是用于建筑物内墙面装饰的薄片状精陶建筑材料，其结构由坯体和表面釉彩层两部分组成。它具有色泽柔和、典雅、美观耐用、表面光滑洁净、耐火、防水、抗腐蚀、热稳定性能良好等特点。

2. 应用

由于釉面砖的热稳定性好、防火、防潮、耐酸碱、表面光滑、易清洗，常用于厨房、浴室、卫生间、实验室、医院等室内墙面、台面的装饰。釉面砖是多孔的精陶坯体，吸水率通常为10%～21%，在长期与空气的接触过程中，特别是在潮湿的环境中使用时，会吸收大量的水分而产生吸湿膨胀的现象；由于釉的吸湿膨胀非常小，当坯体膨胀的程度增长到使釉面处于张应力状态，超过釉的抗拉强度时，釉面就会发生开裂。故釉面砖不能用于室外，否则经风吹日晒、严寒酷暑，难免导致碎裂。

 案例分析

中原地区某高校办公楼工程，竣工后经过一个冬季，在外墙勒脚贴的釉面砖出现大量裂纹与剥落，试分析原因。

【分析】

从外因上看，主要是当年出现罕见的低温冰冻，致使砂浆层与釉面砖、釉面砖中的釉与坯体收缩不一致，在一般温差下这种变形差异比较小，但当温差较大时，由于热胀冷缩过程中釉的变形大于坯体，因此出现裂纹，而砂浆层变形大于釉面砖，所以出现脱落；从内因上看，由于把釉面砖用于室外，结果受干湿及温度变化的影响，引起釉面的开裂，最终导致剥落掉皮等现象。

外墙勒脚釉面砖应选用质量较好的有相应性能的釉面砖。

4.3.2 釉面砖的品种和规格

1. 釉面砖的品种

釉面砖的主要种类及特点见表4-2。

表4-2 釉面砖的主要种类及特点

种　　类		特　　点
白色釉面砖		色纯白，釉面光亮、清洁大方
彩色釉面砖	有光彩色釉面砖	釉面光亮晶莹，色彩丰富雅致
	无光彩色釉面砖	釉面半无光、不晃眼、色泽一致、柔和
装饰釉面砖	花釉砖	是在同一砖上施以多种彩釉经高温烧成；色釉互相渗透，花纹千姿百态，装饰效果良好
	结晶釉砖	晶化辉映，纹理多姿
	斑纹釉砖	斑纹釉面，丰富生动
	仿大理石釉砖	具有天然大理石花纹，颜色丰富，美观大方
图案砖	白色图案砖	是在白色釉面砖上装饰各种图案经高温烧成；纹样清晰
	色地图案砖	是在有光或无光彩色釉面砖上装饰各种图案，经高温烧成；具有浮雕、缎光、绒毛、彩漆等效果

续表

种 类		特 点
字画釉面砖	瓷砖画	以各种釉面砖拼成，或根据已有画稿烧制成釉面砖，再拼装成各种瓷砖画；清晰美观，永不褪色
	色釉陶瓷字	以各种色釉、瓷土烧制而成；色彩丰富，光亮美观，永不褪色

釉面砖按产品形状，分为通用砖（正方形砖、长方形砖）和异型配件砖等，后者包括一边圆、两边圆、四边圆、阴三角砖、阳三角砖、阴角座砖、阳角座砖等类型。通用砖用于大面积墙面铺贴，异型配件砖用于墙面阴阳角和各收口部位的细部构造处理。

2. 釉面砖的规格

釉面砖的尺寸规格较多，有 100mm×100mm、200mm×200mm、300mm×300mm、300mm×450mm、300mm×600mm、400mm×800mm 等规格，厚度为 5～10mm。为增强与基层的黏结力，釉面砖的背面均有凹槽纹，背纹深度一般不小于 0.2mm。

4.4 新型墙地砖

1. 仿花岗石材墙地砖

仿花岗石材墙地砖是一种全玻化、瓷质无釉墙地砖。该种墙地砖玻化程度高，坚硬、吸水率低（$E \leqslant 0.5\%$），抗折强度高，耐磨、抗冻、耐污染、耐久，可制成麻面、无光面、抛光面、微晶石表面。

仿花岗石材墙地砖有 200mm×200mm、300mm×600mm、400mm×800mm、600mm×600mm、800mm×800mm 等规格，厚度为 7～12mm，可用于会议中心、宾馆、饭店、图书馆、商场、车站等的墙地面装饰。

2. 渗花砖

渗花砖（图 4-5）的生产不同于在坯体表面施釉的墙地砖，它是采用焙烧时可渗入坯体表面下 1～3mm 的着色颜料，使砖面呈现各种色彩和图案，然后经表面磨光或抛光而成。渗花砖强度高、吸水率低，特别是已渗入坯体的色彩和图案具有良好的耐磨性、耐腐蚀性，不吸脏、不脱落、不褪色，经久耐用。渗花砖表面抛光处理后光滑晶莹，色泽、花纹丰富多彩，可以做出仿石、仿木的效果，广泛应用于各类建筑和现代住宅的室内外地面和墙面的装饰。渗花砖常用的规格有 300mm×300mm、300mm×450mm、300mm×600mm、600mm×600mm 等，厚度为 7～12mm。

渗花砖的主要品种

玻化砖

3. 玻化砖

玻化砖（图 4-6）也称全瓷抛光砖，在 1230℃ 以上的高温下，其坯料中的熔融成分呈玻璃态，是具有玻璃的亮丽质感的一种新型高级铺地砖。玻化砖烧结程度很高，坯体致密、吸水率很低（$E \leq 0.5\%$），虽然表面不上釉，但砖面可呈现不同的纹理、斑点，极似天然石材。该种墙地砖具有强度高、耐磨、耐酸碱、不褪色、易清洗、耐污染等特点，主要色系有白色、灰色、黑色、黄色、红色、蓝色、绿色、褐色等。调整其着色颜料的比例、原料组成、原料磨细程度和制作工艺，可生产出微粉砖、聚晶微粉砖、透晶微粉砖等系列产品。

图4-5　渗花砖　　　　　　　　图4-6　玻化砖

玻化砖的应用

全抛釉地砖主要品种

玻化砖通常表面进行抛光处理，主要规格有 300mm×300mm、600mm×600mm、800mm×800mm 等，是目前最普遍采用的抛光砖，适用于各类大中型商业建筑、旅游建筑、观演建筑的室内外墙面和地面的装饰，也适用于民用住宅的室内地面装饰，属于一种中高档的饰面材料。

🌐 **特别提示**

- 玻化砖简单易行的辨别办法是在砖上滴墨水，如果出现吸收，就绝不是玻化砖。

4. 全抛釉地砖

全抛釉属于釉下彩，是一种可以在釉面进行抛光工序的特殊配方釉，其坯体制作工艺类似于一般的釉面地砖，主要差别是它在施完底釉后就印花，然后再施一层透明的面釉，烧制后把整个面釉抛去一部分，保留一部分面釉层、印花层和底釉。全抛釉地砖的主要发展目标是代替玻化砖。

全抛釉地砖表面的釉料为专用水晶耐磨釉，高温烧结后分子完全密闭，几乎没有间隙，能长时间保持高亮不黯淡，坚硬耐磨，莫氏硬度达6度以上，吸水率低于0.5%。

工艺性能对比：全抛釉地砖坯体不用优质原料，表层只要有 0.5mm 左右的釉层就可以了，而玻化砖表面最少也需要 2~3mm 的精料；全抛釉地砖制作更加节能环保，成本也低；全抛釉地砖图案仿真度很高，如图4-7所示。

全抛釉地砖的尺寸规格有 300mm×600mm、400mm×400mm、600mm×600mm、800mm×800mm 等，厚度为 10~12mm。

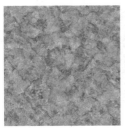 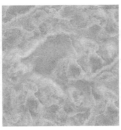  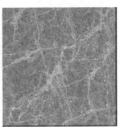

图 4-7　全抛釉地砖

5. 微晶石瓷砖

微晶石瓷砖在行内称为微晶玻璃陶瓷复合板，是将一层 1～2mm 厚的微晶玻璃复合在陶瓷玻化石的表面，经二次烧结后两者完全融为一体的高科技产品。简单来说，微晶石瓷砖与其他瓷砖产品的最大区别就在于其表面多了一层微晶玻璃，属于目前建筑陶瓷领域中的高新技术产品，如图 4-8 所示。

图 4-8　微晶石瓷砖

（1）微晶石瓷砖的优点：微晶石瓷砖具有晶莹剔透、雍容华贵、高仿真天然石材纹理、色彩层次鲜明、鬼斧神工的外观装饰效果，以及不受污染、易于清洗、内在优良的理化性能，另外还具有比石材更强的耐风化性。

（2）微晶石瓷砖的缺点：其硬度较低，不耐刻划，微晶石瓷砖表面晶玉层莫氏硬度为 5～6 级，低于抛光砖的莫氏硬度，再加上微晶石瓷砖表面光泽度高，可以达到 90%，如果有划痕会很容易显现出来，所以微晶石瓷砖不适合用于人流量较大的地面。

（3）微晶石瓷砖的规格：通常微晶石瓷砖的尺寸规格有 600mm×600mm、800mm×800mm、1000mm×1000mm，厚度为 13～15mm。

6. 陶瓷艺术砖

陶瓷艺术砖是一种以陶瓷面砖或陶板等建筑块材经镶拼制作的艺术性装饰画，其艺术表现力丰富，可充分利用砖面的色彩、图案组合，砖面的高低大小、质感的粗细变化，构成各种题材，具有强烈的艺术效果。铺贴时要按图案对单块砖进行编号，再按编号顺序进行施工，施工时要避免破损，否则会影响整体画面效果，再复制也较麻烦。结合现代激光雕刻、电脑雕刻、数码打印等技术，可将陶瓷砖的表面处理成高清数码照片、艺术图案、书法、

浮雕壁画等艺术作品,并通过材料镶贴将不同的艺术形式展现出来。产品表面可做成平滑或各种浮雕花纹图案,并施以各种彩色釉,用其作为建筑物外墙、内墙、墙裙、走廊大厅、立柱等的饰面材料,尤其适用于宾馆、酒楼、机场、车站、码头等公共空间的装饰。

7. 陶瓷壁画

陶瓷壁画是以陶瓷锦砖、面砖、陶板等为原料制作的具有较高艺术价值的现代建筑装饰画,通过对绘画原稿进行艺术再创造,经过放大、制版、刻画、配釉、施釉、焙烧等一系列工序,采用浸、点、涂、喷、填等多种施釉技法以及丰富多彩的窑变技术而产生出神形兼备的艺术效果。陶瓷壁画的品种主要有高温花釉、釉中彩、陶瓷浮雕等。

陶瓷壁画具有单块砖面积大、厚度薄、强度高、平整度好、吸水率小、抗冻、耐酸蚀、耐急冷急热、施工方便等优点,适用于宾馆、酒楼、机场、火车站候车室、会议厅、地铁站等公共空间的装饰,如图4-9所示。

图4-9　陶瓷壁画

4.5　其他陶瓷装饰材料

1. 劈离砖

劈离砖是将一定配合比的原料,经粉碎、炼泥、真空挤压成型、干燥、高温烧结而成,由于成型时为双砖背联坯体,烧成后再劈离成为两块砖,故称劈离砖。其坯体密实、强度高,抗折强度不小于30MPa,吸水率小,低于6%,表面硬度大,耐磨防滑、耐腐抗冻,冷热性能稳定。其背面凹槽纹与黏结砂浆可形成楔形结合,保证铺贴时黏结牢固。

劈离砖种类很多,其特点是色彩丰富,颜色自然柔和,表面质感变幻多样,细质清秀,粗质浑厚。表面上釉的劈离砖,砖面光泽晶莹、富丽堂皇;表面无釉的劈离砖,砖面形态质朴、典雅大方、无反射眩光。劈离砖可用于建筑的内墙、外墙、地面、台阶、地坪及游泳池等部位,厚度大的劈离砖特别适用于公园、广场、停车场、人行道等露天地面的铺设。我国一些大型公共建筑如北京国际会议中心和中国国际文化交流中心均采用

劈离砖图例

了劈离砖作外墙饰面及地坪，取得了良好的装饰效果。

劈离砖按用途分为地砖、墙砖、踏步砖、角砖（异型砖）等多种，其主要规格尺寸见表 4-3。

表 4-3　劈离砖的主要规格尺寸　　　　　　　　　　单位：mm

240×52×11	194×94×11	194×52×13	190×190×13
240×71×11	120×120×12	194×94×13	150×150×14
240×115×11	240×115×12	240×52×13	200×200×14
240×115×13	300×300×14		

2. 金属光泽釉面砖

金属光泽釉面砖，一般采用表面热喷涂着色工艺，使砖表面呈现金、银等金属光泽。该类产品具有光泽耐久、质地坚韧、网纹纯朴、赋予墙面装饰静态美等优点，还具有良好的热稳定性、耐酸性，以及易于清洁、装饰效果好等性能。

金属光泽釉面砖是一种高级墙体饰面材料，可给人以清新绚丽、金碧辉煌的特殊效果，适用于宾馆、饭店，以及酒吧、咖啡厅等娱乐场所的内墙装饰，其特有的金属光泽和镜面效果使人在雍容华贵中享受到浓郁的现代气息。

3. 陶瓷锦砖

陶瓷锦砖俗称马赛克，由各种颜色、多种几何形状的小块瓷片（长边一般不大于 50mm），按一定的图案要求用胶粘剂贴于牛皮纸上而组成。其基本特点是质地坚实、色泽美观、图案多样，而且耐酸、耐碱、耐磨、耐水、耐压、耐冲击、耐候，铺贴在牛皮纸上可形成色彩丰富、图案繁多的装饰砖，故又称纸皮砖，如图 4-10 所示。每张牛皮纸称作一联，一般其规格为 305.5mm×305.5mm，每联的铺贴面积为 0.093m^2。陶瓷锦砖出厂时一般以 40 联为一箱，约可铺贴 3.7m^2。当然，由于生产厂家不同，陶瓷锦砖的基本形状、基本尺寸、拼花图案等均有可能不同，用户也可向厂方定做。从表面的装饰方法来看，陶瓷锦砖有施釉与不施釉两种，但目前国内生产的陶瓷锦砖主要是不施釉的单色无光产品。

陶瓷锦砖图例

陶瓷锦砖近年来在建筑物的内外装饰工程中获得了广泛的应用，这主要是取其不渗水、不吸水、易清洗、不滑等特点。不过在用于内外墙面装饰时，效果要差一些，这主要是受施工精度的影响。

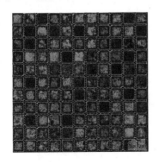  

图 4-10　陶瓷锦砖

4. 琉璃制品

琉璃制品是一种具有中华民族文化特色与风格的传统建筑材料，虽然起源古老，但由于其独特的装饰性能，到今天仍然是一种优良的高级建筑装饰材料。它不仅用于中国古典建筑物，也用于具有民族风格的现代建筑物。

琉璃瓦

琉璃制品是一种釉陶制品，用难熔黏土经制坯、干燥、素烧、施釉、釉烧等工艺制成，其成品质地致密、机械强度高、表面光滑、耐污、经久耐用。它的表面有多种纹饰，色彩鲜艳，有金黄、宝蓝、翠绿等色，造型各异，古朴而典雅。建筑琉璃制品可分为瓦类（板瓦、滴水瓦、筒瓦、沟头等）、脊类（正脊筒瓦、正当沟等）和饰件类（吻、兽、博古等）三类。

琉璃瓦因价格昂贵、自重大，故主要用于具有民族色彩的宫殿式房屋，以及少数纪念性建筑物上。此外，琉璃瓦还常用以建造园林中的亭、台、楼、阁，以增加园林的特色。

4.6 陶瓷砖质量检测

陶瓷砖的质量评定，主要是利用对陶瓷砖外观质量、外形尺寸、吸水率、抗弯强度、耐急冷急热性、耐化学腐蚀性、抗冻性及耐磨性等主要性能进行测试所获得的结果，按照《陶瓷砖试验方法》（GB/T 3810—2016）的规定来进行。

4.6.1 釉面砖质量检测

1. 检验分类

釉面砖的检验有出厂检验和型式检验两种。

（1）出厂检验包括尺寸偏差、表面缺陷、色差、平整度、边直度、直角度、吸水率、抗弯强度、耐急冷急热性能等项目。

（2）型式检验包括标准技术要求所规定的全部项目（白色釉面砖之外的其他品种不检验白度）。正常情况下，型式检验每半年进行一次。

2. 组批及抽样

（1）以批进行检验，以同品种、同规定、同色号、同等级的 1000~2000m² 样品为一批。

（2）试样按随机方法抽取满足表 4-4 要求数量的样本。非破坏性试验项目的试样，还可用于其他项目的检验。

表 4-4 釉面砖随机抽取样本数　　　　　　　　　　　　　　　单位：块

项　目		试样数量		一次抽样		一次加两次抽样	
		一次（n_1）	二次（n_2）	接收数（A_{c1}）	拒收数（R_{e1}）	接收数（A_{c2}）	拒收数（R_{e2}）
吸水率		5	5	0	2	1	2
白度		5	5	0	2	1	2
釉面抗化学腐蚀	酸	5	5	0	2	1	2
	碱	5	5	0	2	1	2
耐急冷急热性		10	10	0	2	1	2
平整度		10	10	0	2	1	2
边直度		10	10	0	2	1	2
直角度		10	10	0	2	1	2
抗龟裂性		5	5	0	2	1	2
尺寸偏差		50（30）	50（30）	4（3）	7（5）	8（6）	9（7）
表面缺陷		50（30）	50（30）	4（3）	7（5）	8（6）	9（7）
色差		50（30）	50（30）	4（3）	7（5）	8（6）	9（7）
抗弯强度		10		$\bar{X} \geqslant L$ 时接收；$\bar{X} < L$ 时拒收			

注：① 括号内为尺寸大于 152mm×152mm 时的规定。
　　② $\bar{X}$ 为平均值，L 为物理性能抗弯强度规定的指标。

3. 合格判定

（1）对尺寸偏差一项判定时，如果砖有一个尺寸不合格，则判定该釉面砖不合格。

（2）对外观质量判定时，如果某块釉面砖不符合该等级的要求，则判定该釉面砖不合格。

（3）当所检验的项目全部合格时，判定该批产品合格；若该批产品所检验的项目有一项或一项以上不合格时，则判定该批产品不合格。

4.6.2　彩色釉面陶瓷墙地砖质量检测

1. 检验分类

彩色釉面陶瓷墙地砖的检验有出厂检验和型式检验两种。

（1）出厂检验包括尺寸偏差、表面质量和变形、吸水率、抗弯强度、耐急冷急热性等项目。

（2）型式检验包括标准技术要求的全部项目。

2. 取样数量及方法

（1）彩色釉面陶瓷墙地砖以每 50～500m² 为一个检验批，不足 50m² 时按一个检验批计。取样采取随机抽取的方法，一次抽取满足表 4-5 规定的规格尺寸和表面质量检验所需的试样数。

表 4-5　样本大小及合格判断数　　　　　　　　　　　　单位：块

项　目	样本大小（n）	合格判断数（A_c）	项　目	样本大小（n）	合格判断数（A_c）
规格尺寸	60	6	变形	10	2
表面质量	1m² 或 25	按相关标准要求	吸水率	5	0
分层	50	0	耐急冷急热性	10	0
抗冻性	5	0	耐酸性	5	—
抗弯强度	10	—	耐碱性	5	—
耐磨性	8	—			

（2）变形、吸水率、耐急冷急热性、抗冻性、耐磨性、耐酸性、耐碱性检验所需样本，可从尺寸偏差、表面质量检验合格的试样中抽取。非破坏性试验项目的试样，可用于其他项目的检验。

3. 合格判定

（1）一批产品级别的判定，依尺寸偏差、表面质量、变形尺寸检验后按其中最低一级作为该批产品的级别。

（2）吸水率、耐急冷急热性、抗冻性经试验后，若不合格砖数超过表 4-5 规定的合格判断数、抗弯强度试验值低于 24.5MPa，即判定该批产品为不合格。

4.6.3　无釉陶瓷墙地砖质量检测

1. 取样数量及方法

（1）以同品种、同规格、同色号、同等级的产品每 50～500m² 为一批，不足 50m² 按一批计。

（2）按《陶瓷砖试验方法　第 1 部分：抽样和接收条件》（GB/T 3810.1—2016）的要求随机抽样，一次抽取满足表 4-6 规定的试样数。

表 4-6　样本大小及合格判断数　　　　　　　　　　　　单位：块

项　目	样本大小（n）	合格判断数（c）	项　目	样本大小（n）	合格判断数（c）
尺寸偏差	60	5	抗冻性	5	0
表面质量	1m²（至少 25 块）	5%	吸水率	5	—
变形	10	1	抗弯强度	10	—
夹层	60	1	耐磨性	5	—
耐急冷急热性	5	0			

2. 合格判定

（1）产品尺寸偏差不合格数不得超过表 4-6 的规定。

（2）产品经抽样做表面质量检验，若样本中有明显缺陷的产品数不大于 5%，则该批产品合格。当有明显缺陷的产品数大于 5% 而小于 8% 时，可重新抽样复验一次；若第 2 次抽样样本中不合格产品数大于 5%，则该批产品不符合被检级别。

（3）若样本中变形超过规定的产品数大于合格判断数，则该批产品不符合被检级别。

(4）若样本中有夹层的产品数超过规定的合格判断数，则该批产品不合格。

（5）样本经耐急冷急热性、抗冻性试验后，若废品超过规定的合格判断数，则该批产品不合格。

（6）样本经吸水率、抗弯强度、耐磨性试验后，若其中任何一项不符合技术要求的规定，则该批产品不合格。

4.6.4 建筑陶瓷砖的质量标准

1. 外观质量检验

建筑陶瓷砖外观质量检验主要检查产品规格尺寸和表面质量两项内容，其检验方法见表4-7。

表4-7 外观质量检验方法

测试方法	检验内容	检验方式	检验结果
目测检验	产品的破损情况，工作表面质量情况	（1）外观缺陷：距产品0.5m； （2）色泽：距产品1.5m	有以下缺陷者不合格：无光泽、色差、釉面波纹、棕眼、橘釉、斑点、熔洞、落脏、缺釉等
工卡量具测量	检查陶瓷砖的规格尺寸和平整度	常用金属直尺、卡尺与塞规等	（1）砖的规格尺寸、平整度要符合允许偏差要求； （2）检验起泡、斑点、变形、磕碰的缺陷情况
声音判断质量	产品的生烧、裂纹和夹层情况	可用一器物如瓷棒、铁棒敲击产品或两块产品互相轻轻碰击	（1）声音清晰认为没有缺陷； （2）声音混浊、暗哑，有生烧现象； （3）声音粗糙、刺耳，内部有夹层或开裂

2. 产品性能检测

产品性能检测是指测试产品的吸水率、耐急冷急热性、抗弯强度、耐磨性等。在购买陶瓷砖时，也可以用以下经验方法确定陶瓷砖的质量。

一敲，听声音。以左手拇指、食指和中指夹住陶瓷砖一角，让陶瓷砖轻松垂下，用右手食指轻击陶瓷砖中下部，如图4-11所示。如声音清亮、悦耳，表明其瓷化程度高，质量也较好；如声音沉闷、混浊，则往往存在生烧或开裂现象；如出现"嗒嗒"的声音，则说明陶瓷砖内藏有裂纹。这些劣质现象一般从表面很难看出来，最好通过敲击检测。

二测，测吸水率。可将水滴在陶瓷砖背面，看陶瓷砖吸收水分的快慢程度，如图4-12所示，由此比较陶瓷砖之间的差异。一般来说，吸水越慢，表明该陶瓷砖密度越大，瓷化程度越高，其内在品质越好；吸水越快，表明该陶瓷砖密度越小，吸水率越高，瓷化程度越低。

三刮，刮釉面。检查陶瓷砖的表面质量主要是看其釉面的质量。陶瓷砖的釉面均匀平整、光洁亮丽、色泽一致者为上品，如陶瓷砖表面有颗粒、不光滑、颜色深浅不一、厚薄不均甚至凹凸不平、呈云絮状者为下品。可用硬物刮擦陶瓷砖表面，如图4-13所示，若出现刮痕，即表示釉面不足，而陶瓷砖表面的釉磨光后，砖面便容易脏污，较难清洁，影响美观。

四看，看外观。外观的效果是最直观的判断，主要是查看色差和图案。同一品牌的砖与砖之间有没有颜色深浅的差别很重要。如果是必须用四块砖才能拼成整个图案的陶瓷砖，还应看砖的图案是否能够清晰地衔接。将一箱里的多块砖摆在一个平面上，从稍远的地方看整体效果，不论白色或其他颜色的图案均应色泽一致，如有个别的颜色深浅不一，铺好后会很难看，影响整体的装饰效果。

图 4-11　陶瓷砖的敲击检测　　　图 4-12　陶瓷砖吸水率检测　　　图 4-13　陶瓷砖釉面检测

此外，可通过观察陶瓷砖的外观来判定其是否符合国家标准的优级，以确保买到优质产品。还要看陶瓷砖所属等级是否与实际质量、等级相符，以及是否有建材生产许可证、产品合格证、商标和质检标签等。

本 章 小 结

建筑装饰陶瓷是用于建筑饰面或做建筑构件的陶瓷制品，常用的主要有陶瓷墙地砖和其他陶瓷制品。

本章重点讲述了陶瓷墙地砖的品种、性能和应用范围，以及对陶瓷砖的技术要求和质量检验方法。

实训指导书

了解陶瓷墙地砖的种类、规格、品牌、价格和使用情况等。重点掌握釉面砖和地砖的种类、规格、品牌、价格及施工工艺。

一、实训目的

让学生自主地到建筑装饰材料市场和建筑装饰施工现场进行调查和实习，了解釉面砖和地砖的规格，熟悉其应用情况，能够掌握不同品牌釉面砖和地砖的价格、使用要求及适用范围等。

二、实训方式

1. 建筑装饰材料市场的调查分析

学生分组：以 3～5 人为一组，自主地到建筑装饰材料市场进行调查分析。

调查方法：以咨询为主，了解不同品牌的釉面砖和地砖的形态和价格，收集材料样本，掌握材料的选用要求。

2. 建筑装饰施工现场装饰材料使用的调研

学生分组：以 10~15 人为一组，由教师或现场负责人指导。

调查方法：结合施工现场和工程实际情况，在教师或现场负责人的指导下，熟知釉面砖和地砖在工程中的使用情况和注意事项。

三、实训内容及要求

（1）认真完成调研日记。

（2）填写材料调研报告。

（3）写出实训小结。

第 5 章　建筑装饰玻璃

教学目标

　　了解玻璃的组成、性质及技术要求；掌握安全玻璃（钢化玻璃、夹层玻璃、夹丝玻璃、防火玻璃）、节能玻璃（吸热玻璃、热反射玻璃、中空玻璃）和各种装饰玻璃的技术指标和应用。

教学要求

能力目标	相关试验或实训	重点
了解玻璃的技术性能		
能够识别平板玻璃的分类、规格与等级		
能够掌握安全玻璃的技术指标和应用		★
能够掌握节能玻璃的技术指标和应用	查阅我国节能玻璃研究资料	★
能够掌握装饰玻璃的技术指标和应用	调研装饰工程中装饰玻璃的应用	★

第 5 章 建筑装饰玻璃

引例

玻璃是现代建筑装饰工程中广泛采用的材料之一，以其特有的透光、耐侵蚀、施工方便和美观等优点而日益受到消费者的欢迎。随着技术的进步，玻璃固有的脆性和破坏后碎片尖锐的弱点也得到改善。玻璃制品由过去单纯的采光和装饰功能，逐步向控制光线、调节能源、控制噪声、降低建筑物自重、改善环境、提高建筑艺术等方面发展，从而为现代建筑的设计和装饰提供了更大的选择性。国家体育馆地处奥运中心区，紧邻国家体育场（鸟巢）和国家游泳中心（水立方），设计者采用了玻璃幕墙的形式，使国家体育馆与钢结构的国家体育场、膜结构的国家游泳中心遥相呼应。图 5-1 所示为国家体育馆的玻璃幕墙，其玻璃幕墙轻盈精美、晶莹剔透，给人以极佳的视觉享受。

图 5-1　国家体育馆的玻璃幕墙

5.1　玻璃的基本知识

玻璃在现代建筑中是一种重要的装饰材料，具有独特的透明性、优良的力学性能和热工性质，还有艺术装饰的作用。

随着建筑业发展的需要，现代玻璃已具有采光、防振、隔声、绝热、节能和装饰等多种功能。这些多功能的玻璃制品，为现代建筑设计和装饰设计提供了更大的选择余地。

5.1.1　玻璃的基本性质

1. 密度

玻璃的密度与其化学组成有关，不同种类的玻璃密度并不相同，普通玻璃的密度为 2.50～2.69kg/cm^3。玻璃孔隙率约等于 0，故可认为是绝对密实的材料。

2. 光学性质

玻璃具有优良的光学性能。当光线射入玻璃时，表现出透射、反射和吸收三种性质。玻璃的用途不同，要求这三项光学性质所占的百分比也不同，用于采光、照明时，要求玻璃透光率高，如 3mm 厚的普通平板玻璃的透光率大于或等于 85%。

玻璃对光线的吸收能力随玻璃的化学组成和表现颜色而异。无色玻璃能透过可见光线，而对红外线和紫外线有吸收作用；各种着色玻璃能透过同色光线，而吸收其他色相的光线。

3. 热工性质

玻璃的热工性质主要是指其导热性、热膨胀性和热稳定性。玻璃是热的不良导体，其导热能力随温度升高而增大，且与玻璃的化学组成有关；玻璃的热膨胀性比较明显，不同成分的玻璃热膨胀性差别很大；玻璃的热稳定性主要受热膨胀系数影响，其热膨胀系数越小，热稳定性越高。

4. 力学性质

玻璃的抗压强度高，一般可达 600～1200MPa；而抗拉强度很小，仅为 40～80MPa。因此玻璃在冲击力作用下易破碎，是典型的脆性材料。玻璃在常温下具有弹性，普通玻璃的弹性模量为 6×10^4～7×10^4MPa。

5. 化学稳定性质

玻璃具有较高的化学稳定性，一般情况下，对水、酸、碱及化学试剂或气体具有较强的抵抗能力，能抵抗除氢氟酸、磷酸以外的各种酸类的侵蚀。但如果玻璃组成中含有较多的易蚀物质，在长期受到侵蚀介质的作用时，其化学稳定性将变差。

5.1.2 建筑玻璃的分类

建筑玻璃通常按表 5-1 分类。

表 5-1 建筑玻璃的分类

种 类	性能说明
平板玻璃	是建筑工程中应用量较大的建筑材料之一，主要指普通平板玻璃，用于建筑物的门窗，起采光作用
安全玻璃	是指与普通玻璃相比，具有力学强度高、抗冲击能力好的玻璃，可有效地保障人身安全，即使损坏了，其碎片也不易伤害人体。其主要品种有钢化玻璃、夹层玻璃、夹丝玻璃和防火玻璃等
节能玻璃	为满足对建筑玻璃节能的要求，玻璃业界研究开发出了多种建筑节能玻璃，包括涂层型节能玻璃，如热反射玻璃、低辐射玻璃；结构型节能玻璃，如中空玻璃、真空玻璃和多层玻璃；吸热玻璃；等等
装饰玻璃	包括深加工平板玻璃，如压花玻璃、彩釉玻璃、镀膜玻璃、磨砂玻璃、激光玻璃等；熔铸制品，如玻璃锦砖、玻璃砖等
其他玻璃	主要有隔声玻璃、增透玻璃、屏蔽玻璃、电加热玻璃、液晶玻璃等

5.1.3 玻璃的发展

目前,随着建筑装饰要求的提高和玻璃工业生产技术的不断发展,新型玻璃不断出现,由过去单纯的采光材料向控制光线、调节热量、节约能源、控制噪声、降低建筑结构自重、改善环境等方向发展,同时可用着色、磨光、刻花等方法获得各种装饰效果。

5.2 平板玻璃

平板玻璃是指未经其他加工的平板状玻璃制品,也称白片玻璃或净片玻璃。平板玻璃是传统的玻璃产品,主要用于一般建筑的门窗,起到采光、围护、保温和隔声作用,同时也是深加工为特殊功能玻璃的基础材料。

浮法玻璃是平板玻璃的主要品种,其产量已经占到平板玻璃总产量的 70%以上,以平整度好、透光率高等优点而成为建筑市场的主导产品。

1. 平板玻璃的分类和规格

(1) 平板玻璃按颜色属性,分为无色透明平板玻璃和本体着色平板玻璃。

(2) 平板玻璃按外观质量,分为合格品、一等品和优等品。

(3) 平板玻璃按厚度,分为 2mm、3mm、4mm、5mm、6mm、8mm、10mm、12mm、15mm、19mm、22mm、25mm 等规格。浮法玻璃尺寸一般不小于 1000mm×1200mm,5mm、6mm 厚的玻璃尺寸最大可达 3000mm×4000mm。

2. 平板玻璃的选用

(1) 3~5mm 的平板玻璃一般直接用于门窗的采光,8~12mm 的平板玻璃可用于隔断。

(2) 可作为钢化、夹层、镀膜、中空等玻璃的原片。

3. 平板玻璃的包装、标志、运输和储存

(1) 平板玻璃应用木箱或集装箱(架)包装,箱(架)应便于装卸、运输。每箱(架)的包装数量应与箱(架)的强度相适应。一箱(架)应装同一厚度、尺寸和级别的玻璃,玻璃之间应采用防护措施。

(2) 包装箱(架)应附有合格证,标明生产厂家或商标、玻璃级别、尺寸、厚度、数量、生产日期、标准号,以及轻搬正放、易碎、防雨怕湿的标志或字样。

(3) 运输时应防止箱(架)倾倒滑动。在运输和装卸时,需有防雨措施。

(4) 平板玻璃应按品种、规格、等级分别储存于通风、干燥的仓库内,不应露天堆放,以免受潮发霉,也不能与潮湿物料或挥发性物品放在一起。

🌐 **特别提示**

玻璃淋雨后应立即擦干,否则受日光直接暴晒易引起破碎。玻璃堆放时应将箱盖向上

钢化玻璃的爆裂

立放，不能斜放或平放，不得受重压和碰撞。堆放不宜过高，小尺寸和薄玻璃（2～3mm厚的）可堆2～4层，大尺寸和厚玻璃只能堆1～2层，堆垛下需要垫木，使箱底高于地面10～30cm，以便通风。堆垛间要留通道，以便查点和搬运。堆垛木箱需用木条连接钉牢，以防倾倒。

玻璃在储存中应定期检查，如发现发霉、破损等情况，应及时处理。

如发现玻璃已发霉，可用盐酸、酒精或煤油涂抹发霉部位，停放约10h后再用干布擦拭，即可恢复明亮。发霉严重的地方如用丙酮擦拭效果更好。

发霉的玻璃有时会粘在一起，置于温水中即可分开，擦拭后再进行存放。

5.3 安全玻璃

安全玻璃主要包括钢化玻璃、夹层玻璃、夹丝玻璃和防火玻璃。

5.3.1 钢化玻璃

1. 定义

钢化玻璃是经热处理之后的玻璃，其表面形成了压应力层，机械强度和耐热冲击强度得到了提高，并且具有特殊的碎片状态。

2. 特点

钢化玻璃具有以下特点。

（1）机械强度高。玻璃经钢化处理后产生了均匀的内应力，使玻璃表面具有预压应力。它的机械强度比经过良好退火处理的玻璃高3～10倍，抗冲击性能也有较大提高。其抗弯强度可达125MPa以上，抗冲击强度也很高，用钢球法测定时，将0.8kg的钢球从1.2m高度落下，钢化玻璃可保持完整而不破碎。

（2）弹性好。钢化玻璃的弹性比普通玻璃大得多，比如一块1200mm×350mm×6mm的钢化玻璃，受力后可达100mm的弯曲挠度，当外力撤除后，仍能恢复原状；而普通玻璃弯曲变形只能有几毫米，否则将折断破坏。

（3）热稳定性好。钢化玻璃在受急冷急热时，不易发生炸裂。这是因为钢化玻璃的压应力可抵消一部分因急冷急热而产生的拉应力。钢化玻璃耐热冲击，最大安全工作温度为288℃，较普通玻璃提高了2～3倍。

🌐 特别提示

● 钢化玻璃不能切割、磨削，边角不能碰击、挤压，否则将会发生玻璃爆裂（玻璃爆裂后整块玻璃表面会出现均匀的网状裂纹），安装使用时必须按现成的尺寸规格选用，或根据实际需要提出具体设计进行加工定制。

3. 技术要求

《建筑用安全玻璃 第 2 部分：钢化玻璃》（GB 15763.2—2005）对钢化玻璃的技术要求如下。

（1）尺寸及外观。钢化玻璃的尺寸及外观要求应符合表 5-2 的规定。

表 5-2 钢化玻璃的尺寸及外观要求

项 目	内 容
尺寸及其允许偏差	（1）长方形平面钢化玻璃边长允许偏差应符合表 5-3 的规定。 （2）长方形平面钢化玻璃对角线差允许值应符合表 5-4 的规定。 （3）其他形状的钢化玻璃的尺寸及其允许偏差由供需双方商定。 （4）边部加工形状及质量由供需双方商定。 （5）圆孔规格（只适用于公称厚度不小于 4mm 的钢化玻璃）。 ① 孔径：孔径一般不小于玻璃的公称厚度，其允许偏差应符合表 5-5 的规定；小于玻璃的公称厚度的孔径，其允许偏差由供需双方商定。 ② 孔的位置： 　a. 孔的边部距玻璃边部的距离 a 不应小于玻璃公称厚度的 2 倍，如图 5-2 所示； 　b. 两孔孔边之间的距离 b 不应小于玻璃公称厚度的 2 倍，如图 5-3 所示； 　c. 孔的边部距玻璃角部的距离 c 不应小于玻璃公称厚度 d 的 6 倍，如图 5-4 所示（注：如果孔的边部距玻璃角部的距离小于 35mm，那么这个孔不应处在相对于角部对称的位置上，具体位置由供需双方商定）
厚度及其允许偏差	钢化玻璃厚度允许偏差应符合表 5-6 的规定。对于表 5-6 未做规定的公称厚度的玻璃，其厚度允许偏差可采用表 5-6 中与其邻近的厚度较薄的玻璃的规定，或由供需双方商定
外观质量	钢化玻璃的外观质量应满足表 5-7 的要求
弯曲度	平面钢化玻璃的弯曲度，弓形时应不超过 0.3%，波形时应不超过 0.2%

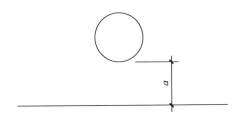

图 5-2 孔的边部距玻璃边部的距离

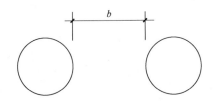

图 5-3 两孔孔边之间的距离

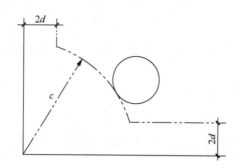

图 5-4　孔的边部距玻璃角部的距离

表 5-3　长方形平面钢化玻璃边长允许偏差　　　　　　　　　单位：mm

公称厚度	边长（L）允许偏差			
	$L \leq 1000$	$1000 < L \leq 2000$	$2000 < L \leq 3000$	$L > 3000$
3、4、5、6	+1 −2	±3	±4	±5
8、10、12	+2 −3			
15	±4	±4		
19	±5	±5	±6	±7
>19	供需双方商定			

表 5-4　长方形平面钢化玻璃对角线差允许值　　　　　　　　单位：mm

公称厚度	对角线差允许值		
	$L \leq 2000$	$200 < L \leq 3000$	$L > 3000$
3、4、5、6	±3.0	±4.0	±5.0
8、10、12	±4.0	±5.0	±6.0
15、19	±5.0	±6.0	±7.0
>19	供需双方商定		

注：L 为长方形平面钢化玻璃的边长。

表 5-5　钢化玻璃孔径及其允许偏差　　　　　　　　　　　　单位：mm

公称孔径（D）	允许偏差	公称孔径（D）	允许偏差
$4 \leq D \leq 50$	±1.0	$D > 100$	供需双方商定
$50 < D \leq 100$	±2.0		

表 5-6　钢化玻璃厚度允许偏差　　　　　　　　　　　　　　单位：mm

公称厚度	允许偏差	公称厚度	允许偏差
3、4、5、6	±0.2	15	±0.6
8、10	±0.3	19	±1.0
12	±0.4	>19	供需双方商定

表 5-7 钢化玻璃的外观质量要求

缺陷名称	说明	允许缺陷数
爆边	每片玻璃每米边长上允许有长度不超过 10mm，自玻璃边部向玻璃板表面延伸深度不超过 2mm，自板面向玻璃厚度延伸深度不超过厚度 1/3 的爆边个数	1 处
划伤	宽度在 0.1mm 以下的轻微划伤，每平方米面积内允许存在条数	长度≤100mm 时，4 条
划伤	宽度大于 0.1mm 的划伤，每平方米面积内允许存在条数	宽度为 0.1~1mm、长度≤100mm 时，4 条
夹钳印	夹钳印与玻璃边缘的距离≤20mm，边部变形量≤2mm	
裂纹、缺角	不允许存在	

（2）安全性能。钢化玻璃的安全性能应符合表 5-8 的规定，其最少允许碎片数应符合表 5-9 的规定。

表 5-8 钢化玻璃的安全性能

项目	内容
抗冲击性	取 6 块钢化玻璃进行试验，试样破坏数不超过 1 块为合格，多于或等于 3 块为不合格；破坏数为 2 块时，再另取 6 块进行试验，试样必须全部不被破坏为合格
碎片状态	取 4 块玻璃试样进行试验，每块试样在任何 50mm×50mm 区域内的最少碎片数必须满足相关标准的要求；允许有少量长条形碎片，其长度不超过 75mm
霰弹袋冲击性能	取 4 块玻璃试样进行试验，应符合下列任意一条的规定。 （1）玻璃破碎时，每块试样的最大 10 块碎片质量的总和不得超过相当于试样 65cm² 面积的质量，保留在框内的任何无贯穿裂纹的玻璃碎片的长度不能超过 120mm； （2）霰弹袋下落高度为 1200mm 时，试样不破坏

表 5-9 钢化玻璃最少允许碎片数

玻璃品种	公称厚度/mm	最少碎片数/片
平面钢化玻璃	3	30
平面钢化玻璃	4~12	40
平面钢化玻璃	≥15	30
曲面钢化玻璃	≥4	30

（3）一般性能。钢化玻璃的一般性能应符合表 5-10 的规定。

表 5-10 钢化玻璃的一般性能

项目	内容
表面应力	钢化玻璃的表面应力不应小于 90MPa。 以制品为试样，取 3 块试样进行试验，若试样全部符合规定为合格，有 2 块试样不符合则为不合格；当只有 2 块试样符合规定时，再追加 3 块试样，如果 3 块试样全部符合规定则为合格

续表

项 目	内 容
耐热冲击性能	钢化玻璃应耐 200℃温差不破坏。 取 4 块试样进行试验，当 4 块试样全部符合规定时，认为该项性能合格；当有 2 块以上试样不符合规定时，则认为不合格；当有 1 块试样不符合规定时，应重新追加 1 块试样，如果追加试样符合规定，可认为该项性能合格；当有 2 块试样不符合规定时，应重新追加 4 块试样，如果全部追加试样符合规定可认为该项性能合格

4. 应用

钢化玻璃主要用作建筑物的门窗、隔墙和玻璃幕墙（图 5-5），以及电话亭、车、船、设备等的门窗、观察孔、采光顶棚等，还可做成无框玻璃门，如图 5-6 所示。钢化玻璃用作幕墙时，可大大提高抗风压能力，防止热炸裂，并可增大单块玻璃的面积，减少支承结构。用于大面积玻璃幕墙的玻璃，在钢化上要予以控制，尽量选择半钢化玻璃，即其应力不能过大，以免受风荷载作用引起振动而自爆。

钢化玻璃应用实例

图 5-5 玻璃幕墙

图 5-6 无框玻璃门

5.3.2 夹层玻璃

1. 定义

夹层玻璃是玻璃与玻璃或塑料等材料，用中间层分隔并通过处理使其黏结为一体的复合材料，常用的是玻璃与玻璃形成的构件，如图 5-7 所示。

2. 特点

夹层玻璃具有透明性好、抗冲击性能比普通平板玻璃高出几倍的特点，当其被击碎后，由于中间塑料衬片的黏合作用，其只产生辐射状的裂纹而不掉落碎片，不致伤人，如图 5-8 所示。夹层玻璃还具有耐热、耐湿、耐寒、耐久等特点，同时具有节能、隔声、防紫外线等功能。

图 5-7　夹层玻璃　　　　图 5-8　夹层玻璃破碎后产生的裂纹

3. 选用

夹层玻璃一般用于有特殊安全要求的建筑物门窗、隔墙、工业厂房的天窗、安全性要求比较高的窗户、商品陈列橱窗、大厦地下室、玻璃通道（图 5-9）、入口、屋顶等可能有飞散物落下的场所。

图 5-9　夹层玻璃制作的玻璃通道

使用夹层玻璃特别是在室外使用时，要特别注意嵌缝化合物对玻璃或塑料层的化学作用，以防引起老化现象。

5.3.3　夹丝玻璃

1. 定义

夹丝玻璃也称防碎玻璃或钢丝玻璃，是将普通平板玻璃加热到红热软化状态，再将预热处理后的钢丝网或钢丝压入玻璃中间而制成，如图 5-10 所示。夹丝玻璃表面可以使用压花的或磨光的，颜色可以制成无色透明的或彩色的。

2. 特点

夹丝玻璃具有安全性和防火性好的特点。夹丝玻璃由于钢丝网的骨架作用，不仅具有很高的强度，而且当受到冲击或温度骤变而破坏时，碎片也不会飞散，避免了对人的伤害。此外，在出现火情时，当夹丝玻璃受热炸裂后，由于钢丝网的作用，玻璃碎片仍能保持在原位，隔绝火焰。

3. 分类

夹丝玻璃可分为夹丝压花玻璃和夹丝磨光玻璃两类。夹丝玻璃的常用厚度有 6mm、7mm、10mm 几种；等级分为优等品、一等品和合格品三个等级；长度和宽度尺寸一般不小于 600mm×400mm，不大于 2000mm×1200mm。

4. 选用

夹丝玻璃作为防火材料，通常用于防火门窗；作为非防火材料，可用于易受到冲击的地方或玻璃飞溅后可能导致危险的地方，如振动较大的厂房、顶棚、高层建筑、公共建筑的天窗、雨篷（图 5-11）、仓库门窗、地下采光窗等。

图 5-10　夹丝玻璃　　　　图 5-11　夹丝玻璃制作的雨篷

5.3.4 防火玻璃

1. 定义

防火玻璃是指能够同时满足耐火完整性、耐火隔热性和热辐射强度要求的玻璃。

2. 特点

（1）耐火完整性是指在标准的耐火试验条件下，当建筑分隔构件一面受火时，其能在一定时间内防止火焰穿透或防止火焰在背火面出现的能力。

（2）耐火隔热性是指当建筑分隔构件一面受火时，能在一定时间内让背火面温度不超过规定值的能力。

（3）热辐射强度是指在玻璃背火面一定距离、一定时间内的热辐射强度值。

3. 分类及标记

（1）防火玻璃的分类见表 5-11。

表 5-11 防火玻璃的分类

分类方法	种 类
按结构分类	（1）复合防火玻璃（FFB）； （2）单片防火玻璃（DFB）
按耐火性能分类	（1）隔热型防火玻璃（A 类）； （2）非隔热型防火玻璃（C 类）
按耐火极限分类	分为五个等级：0.50h、1.00h、1.50h、2.00h、3.00h

（2）防火玻璃的标记方式如图 5-12 所示。

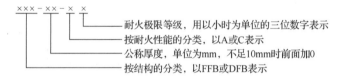

图 5-12 防火玻璃的标记方式

如一块公称厚度为 25mm、耐火性能为隔热型（A 类）、耐火等级为 1.50h 的复合防火玻璃标记为 FFB-25-A 1.50。

4. 选用

防火玻璃作为防火材料，主要用于建筑物的防火门窗，并发展出建筑复合防火玻璃及钢化工艺制造的单片防火玻璃。

5.4 节能玻璃

玻璃在建筑上的传统应用主要是采光，但随着生活的发展，人们对建筑保温、隔热、隔声、环保及光学性能等要求也相应提高了。节能玻璃兼具节能、隔声和装饰等功能，常用作建筑物的外墙玻璃或制作玻璃幕墙，可以起到显著的节能效果。建筑上常用的节能玻璃有吸热玻璃、热反射玻璃和中空玻璃等。

5.4.1 吸热玻璃

1. 定义

吸热玻璃是一种能控制热能透过的玻璃，可以显著吸收阳光中的红外线、近红外线，又能保持良好的透明度。吸热玻璃通常都带有一定的颜色，所以也称着色吸热玻璃。吸热玻璃常见的有蓝色、茶色、灰色、绿色、古铜色等颜色。

2. 特点

（1）吸收太阳的辐射热。吸热玻璃主要是遮蔽辐射热，随其颜色和厚度的不同，对太阳的辐射热吸收程度也不同。图 5-13 所示为透明浮法玻璃与吸热玻璃吸收太阳辐射热性能的比较。

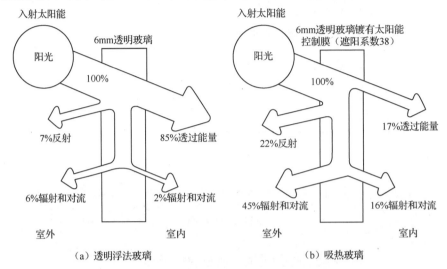

图 5-13　透明浮法玻璃与吸热玻璃吸收太阳辐射热性能的比较

从图 5-13 中可知，当太阳光照射到透明浮法玻璃上时，相当于太阳光全部辐射能的 87% 将进入室内，这些热量会在室内聚集，引起室内温度的升高，造成所谓的"暖房效应"；而吸热玻璃接收的总热量仅为太阳光全部辐射能的 33%，避免了室内温度的升高，造成所谓的"冷房效应"，减少了空调的能源消耗。

（2）吸收太阳的可见光。吸热玻璃比普通玻璃吸收的可见光要多得多，6mm 厚古铜色吸热玻璃吸收太阳的可见光是同厚度的普通玻璃的 3 倍。这一特点能使透过它的阳光变得柔和，有效地改善室内色泽。

（3）吸收太阳的紫外线。吸热玻璃能有效防止因紫外线对室内家具、日用器具、商品、档案资料与书籍等的照射而产生的褪色和变质。

（4）具有一定的透明度。透过吸热玻璃能清晰地观察室外景物，从室外也能看到室内，如图 5-14 所示。

（5）色泽经久不变，能增加建筑物外形的美观性。

图 5-14　吸热玻璃的应用

3. 用途

吸热玻璃在建筑装饰工程中应用得比较广泛，凡是有采光和隔热要求的场所均可使用。采用不同颜色的吸热玻璃能合理地利用太阳光，调节室内温度，节省空调费用，而且对建筑物的外表有很好的装饰效果。此外，它还可以按不同的用途进行加工，制成磨光玻璃、夹层玻璃、中空玻璃等。

特别提示

- 由于吸热玻璃对太阳辐射热的吸收，其温度也随之升高，容易产生玻璃不均匀性热膨胀而导致所谓的"热炸裂"现象，因此在使用中应注意采取构造性措施，减少不均匀性热膨胀，以避免玻璃破坏。

吸热玻璃应用实例

5.4.2 热反射玻璃

1. 定义

热反射玻璃由无色透明的平板玻璃镀覆金属膜或金属氧化物膜而制得，又称镀膜玻璃或阳光控制膜玻璃，其生产方法有热分解法、喷涂法、浸涂法、金属离子迁移法、真空镀膜法、真空磁控溅射法、化学浸渍法等。

2. 特点

（1）对光线的反射和遮蔽作用（也称阳光控制能力）。

热反射玻璃对可见光的透过率在 20%～65%的范围内，对阳光中热作用强的红外线和近红外线的反射率可高达 30%，而普通玻璃只有 7%～8%。这种玻璃可在保证室内采光柔和的条件下，有效地屏蔽进入室内的太阳辐射能。在建筑物上以热反射玻璃作窗玻璃，可以克服普通玻璃窗造成的"暖房效应"。

热反射玻璃的隔热性能可用遮阳系数表示。遮阳系数是指在相同条件下，太阳辐射能量透过某玻璃组件的量，与透过 3mm 厚普通透明玻璃的量的比值。遮阳系数越小，表明通过玻璃射入室内的光能越少，"冷房效应"越好。

（2）单向透视性。

热反射玻璃的镀膜层具有单向透视性。装有热反射玻璃幕墙的建筑，白天从室外看不到室内的人和物，但从室内可以清晰地看到室外的景色，如图 5-15 所示；晚间则因室内有灯光照明，就看不到玻璃幕墙外的事物了，给人以不受干扰的舒适感。

（3）镜面效应。

热反射玻璃具有强烈的镜面效应，因此也称其为镜面玻璃。用这种玻璃制作玻璃幕墙，可将周围的景观及天空的云彩映射在幕墙之上，使建筑物与自然环境达到完美和谐的结合，如图 5-16 所示。

图 5-15　热反射玻璃的单向透视性

图 5-16　热反射玻璃的镜面效应

3. 常用规格和性能要求

热反射玻璃一般带有颜色，常见的有灰色、青铜色、茶色、金色、浅蓝色和古铜色等，常用厚度为 6mm，尺寸规格有 1600mm×2100mm、1800mm×2000mm 和 2100mm×3600mm 等。热反射玻璃的技术性能要求见表 5-12。

表 5-12　热反射玻璃的技术性能要求

分项要求	指　　标
反射率高	200～2500nm 的光谱反射率高于 30%，最大可达 60%
耐擦洗性好	用软纤维或动物毛刷任意刷洗，涂层无明显改变
耐急冷急热性好	在-40～50℃温度变化范围内急冷急热，涂层无明显改变
化学稳定性好	在 5%的 HCl 溶液或 5%的 NaOH 溶液中浸泡 24h，表面涂层无明显改变

4. 用途

热反射玻璃可用作建筑门窗玻璃、幕墙玻璃，还可用于制作高性能中空玻璃、夹层玻璃等复合玻璃制品。热反射玻璃具有良好的节能和装饰效果,发展非常迅速,很多现代建筑都选用热反射玻璃做幕墙,如北京的长城饭店、首都机场航站楼等。

但热反射玻璃幕墙使用不当或使用面积过大,会造成光污染和建筑物周围温度升高,影响环境。

5.4.3 中空玻璃

1. 定义和特点

中空玻璃是将两片或多片平板玻璃用边框隔开,周边用胶接、焊接或熔接的方法密封,中间充入干燥空气或其他气体的玻璃制品,如图 5-17 所示。图 5-18 所示为成品中空玻璃。中空玻璃的隔热性能好,可避免冬季窗户结露,并有良好的隔声性能和装饰效果,能有效地降低噪声。

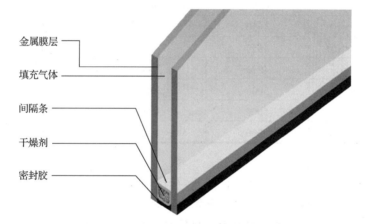

图 5-17 中空玻璃的构造

图 5-18 成品中空玻璃

2. 规格

常用中空玻璃的形状和最大尺寸见表 5-13。

表 5-13 常用中空玻璃的形状和最大尺寸

玻璃厚度/mm	间隔厚度/mm	长边最大尺寸/mm	短边最大尺寸（正方形除外）/mm	最大面积/mm^2	正方形边长最大尺寸/mm
3	6	2110	1270	2.40	1270
	9～12	2110	1271	2.40	1270
4	6	2420	1300	2.86	1300
	9～10	2440	1300	3.17	1300
	12～20	2440	1300	3.17	1300
5	6	3000	1750	4.00	1750
	9～10	3000	1750	4.80	2100
	12～20	3000	1815	5.10	2100
6	6	4550	1980	5.88	2000
	9～10	4550	2280	8.54	2440
	12～20	4550	2440	9.00	2440
10	6	4270	2000	8.54	2440
	9～10	5000	3000	15.00	3000
	12～20	5000	3180	15.90	3250
12	12～20	5000	3180	15.90	3250

3. 选用

中空玻璃由于具有许多优良性能，因此应用范围很广。无色透明的中空玻璃主要用于普通住宅、空调房间、空调列车、商用展柜等；有色中空玻璃主要用于建筑艺术要求较高的建筑物，如影剧院、展览馆、银行等；热反射中空玻璃主要用于热带地区的建筑物；夹层中空玻璃多用于防弹橱窗等方面；钢化中空玻璃、夹丝中空玻璃以安全为优先目的，主要用于玻璃幕墙、采光天棚等处。

5.5 装饰玻璃

5.5.1 玻璃锦砖

1. 定义及特点

玻璃锦砖又称玻璃马赛克，是指由不同色彩的小块玻璃镶嵌而成的平面装饰，如图 5-19 所示。它是将长度不超过 45mm 的各种颜色和形状的玻璃质小块铺贴在纸上而制成的一种装饰材料，其色彩绚丽、典雅美观，装饰效果非常好，并且质地坚硬、性能稳定，具有耐热、耐寒、耐候、耐酸碱等性能，此外还具有价格较低、施工方便等特点。

第 5 章 建筑装饰玻璃

 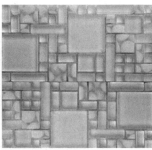 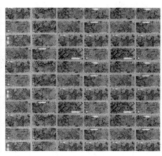 

图 5-19 玻璃锦砖

2. 尺寸规格

玻璃锦砖一般尺寸规格有 25mm×50mm、50mm×50mm、50mm×105mm 三种，其他尺寸规格、形状由供需双方协商。

3. 选用

玻璃锦砖主要用作宾馆、医院、办公楼、礼堂、住宅等建筑物的内外墙、卫生间或大型壁画的镶嵌材料，如图 5-20 所示。使用时，要注意应一次将货订齐，否则后追加部分颜色可能会有差异，特别是用废玻璃生产的玻璃锦砖，每批颜色差别较大。粘贴时，浅色玻璃锦砖应用白水泥黏结，因为装饰后的色调一般由锦砖和黏结砂浆的颜色综合决定。

图 5-20 玻璃锦砖应用实例

5.5.2 空心玻璃砖

1. 定义及特点

空心玻璃砖是一种带有干燥空气空腔的、周边密封的玻璃制品，如图 5-21 所示。它具有抗压、保温、隔热、不结霜、隔声、防水、耐磨、化学性能稳定、不燃烧和透光不透视等性能。

2. 分类

空心玻璃砖按外形，可分为正方形空心玻璃砖、长方形空心玻璃砖和异型空心玻璃砖；按颜色，可分为无色空心玻璃砖和本体着色空心玻璃砖两类。

3. 选用

空心玻璃砖可用于宾馆、商场、舞厅、展厅及办公楼等处的外墙、内墙、隔断（图 5-22）、天棚等处的装饰。空心玻璃砖不能作为承重墙使用，且不能切割。

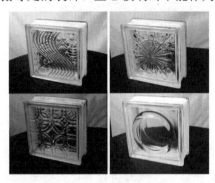

图 5-21 空心玻璃砖

图 5-22 空心玻璃砖隔断

5.5.3 压花玻璃

1. 定义及特点

压花玻璃又称花纹玻璃或滚花玻璃，是采用压延方法制造的一种平板玻璃。由于一般压花玻璃的一个或两个表面压有深浅不同的各种花纹图案，其表面凹凸不平，当光线通过玻璃时会产生无规则的折射，因而压花玻璃具有透光不透视的特点，并且呈低透光度，从玻璃的一面看另一面的物体时，物像模糊不清，如图 5-23 所示。压花玻璃由于表面具有各种花纹，还可以制成不同的色彩，因此具有一定的艺术效果。

图 5-23 压花玻璃

2. 分类

压花玻璃按外观质量，分为一等品及合格品，厚度有 3mm、4mm、5mm、6mm 和 8mm 几种。

3. 选用

压花玻璃是各种公共设施室内装饰和分隔的理想材料，用于门窗、室内间隔、浴厕等处，也可用于居室的门窗装配，起着采光但又阻隔视线的作用。

5.5.4 彩色玻璃

彩色玻璃有透明的和不透明的两种。透明的彩色玻璃是在玻璃原料中加入一定量的金属氧化物而制成；不透明的彩色玻璃又名釉面玻璃，是以平板玻璃、磨光玻璃或玻璃砖等为基料，在玻璃表面涂敷一层可熔性色釉，加热到色釉的熔融温度，使色釉与玻璃牢固地结合在一起，再经退火或钢化处理而成。彩色玻璃的彩面也可用有机高分子涂料制得。

彩色玻璃有红、黄、蓝、黑、绿、灰等十余种颜色，可用以镶拼成各种花纹图案，并有耐腐蚀、抗冲刷、易清洗等特点，主要用于建筑物的内外墙、门窗及对光线有特殊要求的部位，如图 5-24 所示。另外，在玻璃原料中加入乳浊剂（如萤石）可制得乳浊有色玻璃，这类玻璃透光而不透视，具有独特的装饰效果。

图 5-24 彩色玻璃应用实例

5.5.5 磨砂玻璃

磨砂玻璃又称毛玻璃，是将平板玻璃的表面用机械喷砂、手工研磨或氢氟酸溶蚀等方法处理成均匀的毛面，如图 5-25 所示。其特点是透光而不透视，且光线不刺眼，用于要求透光而不透视的部位，如卫生间、浴室、办公室等的门窗及隔断，安装时应将毛面朝向室内一侧。此外，磨砂玻璃还可用作黑板。

图 5-25 磨砂玻璃

5.5.6 冰裂纹玻璃

冰裂纹玻璃是用特殊工艺在玻璃表面形成连续的网状裂纹效果,如图 5-26 所示。

冰裂纹玻璃具有立体感强、花纹自然、质感柔和、透光而不透明、视感舒适等特点,其装饰效果优于压花玻璃,给人以典雅清新之感,是一种新型的室内装饰玻璃。可用其制成建筑玻璃和艺术玻璃,用于散光隔板、室内隔断、卫生间门窗,以及要采光而不宜透视的场所,如图 5-27 所示,还可用来作局部装饰。目前其最大尺寸规格为 2400mm×1800mm。

冰裂纹玻璃
图例

图 5-26 冰裂纹玻璃

图 5-27 冰裂纹玻璃的应用实例

5.5.7 激光玻璃

激光玻璃（图 5-28）是以玻璃为基材的新一代建筑装饰材料，其特征在于经特种工艺处理，玻璃背面出现全息或其他光栅，在阳光、月光、灯光等光源照射下，可形成物理衍射分光而出现艳丽的七色光，且在同一感光面上会因光线入射角的不同而出现色彩变化，使被装饰物显得华贵高雅、富丽堂皇。激光玻璃的颜色有银白、蓝、灰、紫、红等多种。

激光玻璃按其结构，有单层、普通夹层和钢化夹层之分；按其外形，有花形、圆柱形和图案产品等。激光玻璃适用于酒店、宾馆和各种商业、文化、娱乐设施的装饰，如内外墙面、商业门面、招牌、舞台地面、地台、桌面、吧台（图 5-29）、隔断、柱面、天棚、雕塑贴面、电梯间、艺术屏风、装饰画、高级喷泉、发廊、大中型灯饰及电子产品装饰等。

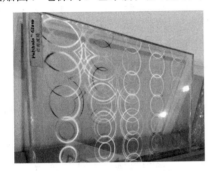
图 5-28 激光玻璃

图 5-29 激光玻璃吧台

知识链接

功能玻璃与建筑应用

近年来，随着电子学、通信技术、能源技术等各学科的发展，玻璃已被赋予了更多的性能，如自洁净、节能等，形成了各种功能玻璃，如光功能玻璃、热功能玻璃、机械功能玻璃、生物玻璃及近些年发展起来的自洁净玻璃。当前比较热门的用于建筑物的功能玻璃，主要有自洁净玻璃、热功能玻璃（如低辐射玻璃）和光功能玻璃（如光色玻璃）。

自洁净玻璃是通过在玻璃表面镀上一层 TiO_2 光催化膜而实现的。当镀 TiO_2 薄膜的表面与油污接触时，利用薄膜的光催化氧化作用，能够分解聚集在表面上的油污，同时因该表面有超亲水性，污物不易在表面附着，即使附着也是同表面的外层水膜结合，在水淋冲力的作用下，能自动从 TiO_2 表面剥离下来，而且干后也不会留下难看的水痕。利用阳光中的紫外线，就能维持 TiO_2 薄膜的光催化氧化作用和超亲水性，从而达到自清洁的目的。

2007 年 6 月，举世瞩目的中国国家大剧院终于掀开了神秘的面纱。国家大剧院以幕墙玻璃为穹顶结构的造型带给人们美的视觉享受。然而在被这美丽的椭圆形透明蛋壳震撼的同时，参观者不免纳闷：如何对大剧院所使用的面积达 $6000m^2$ 的玻璃外墙进行清洗？采用传统的人工清洗方式，需要在楼层顶端安装擦窗机，但这会破坏整体的外观美感；若使用机器人进行清洗，也需要找到安装机器人的"落脚点"，而穹顶设计使这些都无法实现。这里的答案是采用自洁净玻璃。自洁净玻璃既可以保持大面积玻璃表面的清洁，也能最大限度地避免灰尘的覆盖,在下雨的时候,玻璃幕墙表面的污迹还会自动去除。在见证了国家大剧院工程实施效果后,自洁净玻璃又经北京市科委推荐,被应用到了北京 2008 年奥运工程——五棵松体育馆上。

除了清洁功能外,在阳光和紫外线照射下,自洁净玻璃的 TiO_2 镀膜还有分解有机物的特性,可起到杀菌防霉、清除甲醛、除味、除臭、治理空气环境的作用,因此非常适合在医院、餐馆等对卫生器具有高要求的场所使用。由于水无法在基材表面形成水珠,而是形成均匀的水膜,因此可以用于玻璃表面的防雾,特别是在家庭卫生间、汽车后视镜和船舶上用于玻璃的自洁净、防雾与防浪。此外,镀了膜的自洁净玻璃还具有抗刮擦和耐久性,日晒雨淋对镀膜发挥其作用并不会造成什么影响。

进入 21 世纪后,TiO_2 光催化自洁净玻璃生产已经在国内外形成规模化。国内一些大企业与大专院校、科研院所等联合研发了这种玻璃。但利用 TiO_2 的光催化自洁净、抗菌是有条件的,一是必须有合适波段的光照射,主要是 300~400nm 的紫外光,而该波段范围的光线仅占到达地面的阳光辐射总量的 4%左右,且随着时间变化,能量变化明显,使得阳光使用效率较低;另一个条件是采用 TiO_2 光催化性质发挥抗菌作用,必须有氧气参与,导致 TiO_2 光催化型抗菌玻璃对部分厌氧菌的抑制很困难,使得其使用范围受到限制。但毕竟这种玻璃为我们的建筑设计增添了新的选择,有其独特的作用。

低辐射玻璃因其所镀的膜层具有极低的表面辐射率(低于 0.25)而得名。这种不到头发丝 1/100 厚的低辐射膜层对远红外波段的反射率很高,能将 80%以上的远红外热辐射反射回去(普通的浮法玻璃、吸热玻璃、阳光控制镀膜玻璃的远红外反射率仅在 11%左右),而在可见光波段,低辐射玻璃又具有高透过率、低反射率、低吸收率的特点。冬季,它对室内暖气及室内物体散发的热辐射,能像热反射镜一样将其中绝大部分热量反射回室内,同时能让太阳光中的可见光和近红外光进入室内,这样就能有效地阻止室内热量的散失,从而节约取暖费用;夏季,它可以阻止室外地面、建筑物发出的热辐射进入室内,节约空调制冷费用,从而达到冬暖夏凉和节能的效果。

光色玻璃是指当受到日光或紫外光照射时,能在可见光区产生光吸收而自动变色;当光照停止时,又能可逆地自动恢复到初始的透明状态的玻璃。这样的玻璃应用在窗户上,可以起到调节室内光线的作用,光强时颜色变深,阴天时颜色变浅,从而达到节能等目的。光色玻璃优于其他许多有机、无机光色材料,它可以长时间反复变色而无疲劳老化现象,而且机械强度好、化学稳定性好,因此近年来发展迅速。

由于功能玻璃具有这些奇特的功能,因此其发展潜力非常巨大。随着膜技术的发展,更多的以功能膜为基础的玻璃将会得到广泛的开发,也会有更多的功能玻璃用于建筑,以提高人们的居住和生活环境质量。

本章小结

本章主要介绍了玻璃的生产工艺、组成和分类,详细介绍了平板玻璃、安全玻璃、节能玻璃和常用的装饰玻璃的特点、技术标准及制品的应用,并介绍了一些新型玻璃。其中,玻璃制品的特点、技术标准及应用是本章的重点。

实训指导书

了解装饰玻璃的种类、规格、性能和技术要求等，重点掌握各类玻璃的应用情况。

一、实训目的

让学生自主地到建筑装饰材料市场和建筑装饰施工现场进行考察和实训，了解常用装饰玻璃的价格，熟悉装饰玻璃的应用情况，能够准确识别各种常用装饰玻璃的名称、规格、种类、价格、使用要求及适用范围等。

二、实训方式

1. 建筑装饰材料市场的调查分析

学生分组：以3~5人为一组，自主地到建筑装饰材料市场进行调查分析。

调查方法：以咨询为主，认识各种装饰玻璃，调查材料价格，收集材料样本图片，掌握材料的选用要求。

2. 建筑装饰施工现场装饰材料使用的调研

学生分组：以10~15人为一组，由教师或现场负责人指导。

调查方法：结合施工现场和工程实际情况，在教师或现场负责人的指导下，熟知装饰玻璃在工程中的使用情况和注意事项。

三、实训内容及要求

（1）认真完成调研日记。

（2）填写材料调研报告。

（3）写出实训小结。

第 6 章 建筑塑料装饰材料

教学目标

了解建筑塑料装饰材料的组成、特性及使用注意事项；掌握常用的各种建筑塑料装饰材料的名称、性能、用途和使用要求。

教学要求

能力目标	相关试验或实训	重点
了解塑料组成和特性		
能够识别当地市场各种塑料板材	铝塑板的应用	★
能够识别当地市场各种塑料卷材		
能够正确检测塑料门窗的质量	参观塑料门窗的制作	★

第 6 章 建筑塑料装饰材料

🏠 引例

观察周围建筑用的都是什么材料的门窗。思考一下：建筑门窗由木门窗发展到钢门窗，又发展到铝合金门窗，最后发展为今天的塑钢及彩板门窗，为什么塑钢及彩板门窗会成为建筑门窗的主流？

那么常用的建筑塑料有哪些？用于门窗、楼梯扶手、踢脚板、隔墙及隔断、塑料地砖、地面卷材、上下水管道、卫生洁具等部位的塑料材料有哪些？其特点、性能、技术指标有何要求？如何正确地选用这些材料呢？图 6-1 可以让我们找到答案。

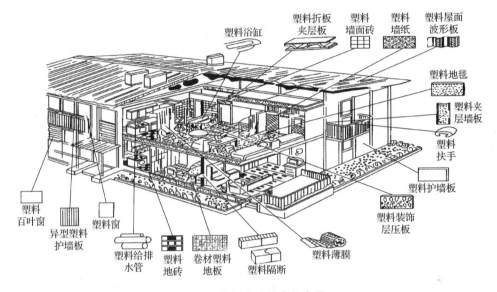

图 6-1 塑料在建筑中的应用

6.1 概　　述

塑料是指以合成树脂或天然树脂为主要基料，加入其他添加剂（如填料、增塑剂、稳定剂、润滑剂、色料等），经过混炼、塑化、成型，在一定温度和压力等条件下塑制成的具有一定形状，且在常温下保持形状不变的材料。其与合成橡胶、合成纤维并称为三大合成高分子材料。

6.1.1 塑料的主要特性

作为建筑材料，塑料的主要特性如下。

（1）自重轻。塑料的密度一般为 1000~2000kg/m³，特别是发泡塑料，因内部有微孔，质地更轻，密度仅为 10kg/m³。这种特性使得塑料可用于要求减轻自重的产品生产中。

（2）比强度高（强度除以密度就是比强度）。塑料及其制品的比强度高，远远超过水泥、混凝土，接近或超过钢材，是一种优良的轻质高强材料。但与其他材料相比，塑料也存在明显的缺点，如易燃烧、刚度不如金属高、耐老化性差、不耐热等。

（3）导热性低。塑料的导热性较低，泡沫塑料的微孔中含有气体，故其隔热、隔声、防振性好。如聚氯乙烯的导热系数仅为钢材的 1/357、铝材的 1/1250。在隔热能力上，单玻塑窗比单玻铝窗高 40%，双玻塑窗比单玻铝窗高 50%。将塑料窗体与中空玻璃结合起来在住宅、写字楼、病房、宾馆中使用，可节约能源，是良好的隔热、保温材料。

（4）电绝缘性好。塑料的导电性低，又因其热导率低，是良好的电绝缘材料，因而广泛用作装修电路的隐蔽管线。

（5）耐热性差、易燃。塑料一般是可燃的，燃烧时会产生大量烟雾，有时还会产生有毒气体，在使用时应特别注意，须采取必要的防护措施。

（6）易老化。塑料制品在阳光、空气、热，以及环境介质中的酸、碱、盐等作用下，其机械性能变差，易发生硬脆、破坏等现象，即产生所谓的老化。但经改进后的塑料制品的使用寿命可大大延长。

6.1.2 常用的塑料品种

1. 聚氯乙烯（PVC）塑料

聚氯乙烯塑料是由氯乙烯单体聚合而成的，是常用的热塑性塑料之一。它的商品名称简称"氯塑"。

聚氯乙烯塑料在建筑中应用广泛，可制成塑料地板、百叶窗、门窗框、楼梯扶手、踢脚板、密封条、管道、屋面采光板等。

硬质聚氯乙烯管材以聚氯乙烯树脂为主要原料，加入稳定剂、抗冲击改性剂、润滑剂等助剂，经捏合、塑炼、切粒、挤出成型加工而成。硬质聚氯乙烯管材广泛用作化工、造纸、电子、仪表、石油等工业的防腐蚀流体介质的输送管道（但不能用于输送芳烃、脂烃、芳烃的卤素衍生物、酮类及浓硝酸等），也用作农业上的排灌类管道，建筑、船舶、车辆的扶手及电线电缆的保护套管等。

2. 聚乙烯（PE）塑料

聚乙烯塑料是乙烯单体的聚合物，由于在聚合时压力、温度等聚合反应条件不同，可得出不同密度的树脂（低密度聚乙烯、中密度聚乙烯和高密度聚乙烯）。

3. 聚丙烯（PP）塑料

聚丙烯塑料是由丙烯聚合而制得的一种热塑性树脂，有等规物、无规物和间规物三种构型。聚丙烯塑料也包括丙烯与少量乙烯的共聚物在内，通常为半透明无色固体，无臭无毒；由于结构规整而高度结晶化，故熔点高达 167℃，耐热；密度为 0.90g/cm^3，是最轻的通用塑料；耐腐蚀；抗拉强度达 30MPa，强度、刚性和透明性都比聚乙烯塑料好。其缺点是耐低温冲击性差，较易老化，但可分别通过改性和添加抗氧剂予以克服。工程用聚丙烯纤维，可分为聚丙烯单丝纤维和聚丙烯网状纤维。聚丙烯网状纤维是以改性聚丙烯为原料，经挤出、拉伸、成网、表面改性处理、短切等工序加工而成的高强度束状单丝或者网状有机纤维。其因固有的耐强酸、耐强碱、弱导热性，具有极其稳定的化学性能，加入混凝土或砂浆中，可有效控制混凝土或砂浆因塑性收缩、干缩、温度变化等引起的微裂缝，防止及抑止裂缝的形成及发展，大大改善混凝土的阻裂抗渗性能、抗冲击及抗震能力，可广泛用于地下工程防水，工业与民用建筑工程的屋面、墙体、地坪、水池、地下室及道路和桥梁工程中，是混凝土或砂浆工程抗裂、防渗、耐磨、保温的新型理想材料。

4. ABS 塑料

ABS 塑料由丙烯腈、丁二烯和苯乙烯三种单体共聚而成，具有优良的综合性能，三种组分各显其能，如丙烯腈使 ABS 塑料有良好的耐化学性及表面硬度，丁二烯使 ABS 塑料坚韧，苯乙烯则使其具有良好的加工性能。其综合性能取决于这三种单体在 ABS 塑料中的比例。ABS 塑料是一种较好的建筑材料，可制作带有花纹图案的塑料装饰板材。

 知识链接

塑料品种简易鉴别方法

塑料的鉴别可以利用红外线光谱仪、顺磁共振波谱仪及 X 射线仪等先进设备，但也可以用以下较为简易的方法进行鉴别。

（1）看。先看制品的色泽和透明度。透明的制品有聚苯乙烯和有机玻璃，半透明的制品有低密度聚乙烯、纤维素塑料、聚氯乙烯、聚丙烯、环氧树脂和不饱和树脂，不透明的制品有高密度聚乙烯、聚氨酯及各种有色塑料。

（2）听。用硬质物品敲击时，其声响不同，聚苯乙烯似金属声，有机玻璃其声较粗、发闷。

（3）摸。用手摸产品，感觉像蜡状的，必定是聚烯烃材料。摸其软硬程度，塑料品种由硬到软的排列顺序大致为：聚苯乙烯→聚丙烯→聚酰胺→有机玻璃→高密度聚乙烯→硬聚氯乙烯→低密度聚乙烯→软聚氯乙烯。

测试表面硬度，用不同硬度铅笔划其表面，就能做出区别：聚乙烯塑料用 HB 铅笔能划出线痕，聚丙烯塑料用 ZH 铅笔能划出线痕。但由于人们生理情况的差异，感官鉴定所得结果并不完全相同，因此本办法仅做参考。

6.2 塑料板材

塑料板材是指以树脂为浸渍材料或以树脂为基材，采用一定的生产工艺制成的具有装饰功能的普通或异型断面的板材。其具有质轻、装饰性强、生产施工简单、易于保养、适合与其他材料复合等特点，主要用作护墙板、屋面板和平顶板。

6.2.1 塑料贴面板

塑料贴面板是将底层纸、装饰纸等用酚醛树脂或三聚氰胺甲醛等热固性树脂浸渍后，

经热压固化而成的薄型贴面材料。由于采用热固性塑料，因此其耐热性优良，经100℃以上的温度不软化、不开裂和不起泡，具有良好的耐烫、耐燃性；由于其骨架是纤维材料厚纸，因此有较高的机械强度，其抗拉强度可达90MPa，且表面耐磨。塑料贴面板表面光滑致密，具有较强的耐污、耐湿、耐擦洗性，并可耐酸、碱、油脂及酒精等溶剂的侵蚀，经久耐用。其表面可制成木材和石材的纹理图案，适用于室内外的门面、墙裙、柱面、台面、家具、吊顶等饰面工程。

6.2.2 聚碳酸酯采光板

聚碳酸酯采光板，又称PC阳光板，是以聚碳酸酯塑料为基材，添加各种助剂，采用挤出成型工艺制成的栅格状中空结构异型断面板材，其剖面如图6-2所示。聚碳酸酯采光板的厚度有4mm、6mm、8mm、10mm几种，常用的板面规格为5800mm×1210mm。其按产品结构分为双层板和三层板，按是否含防紫外线共挤层则分为含UV共挤层防紫外线型板和不含UV共挤层普通型板。

图6-2 聚碳酸酯采光板剖面图

聚碳酸酯采光板的特点是轻、薄、刚性大，不易变形，色彩丰富，外观美丽，透光性好，耐候性好，适用于遮阳棚、大厅采光天幕、游泳池和体育场馆的顶棚、大型建筑和蔬菜大棚的顶罩等，如图6-3所示。

图6-3 聚碳酸酯采光板的应用

6.2.3 铝塑板

铝塑板是以经过化学处理的铝合金薄板为表层材料，用聚乙烯塑料为芯材，在专用铝塑板生产设备上加工而成的复合材料。其厚度有3mm、4mm、5mm、6mm、8mm几种，常见规格为1220mm×2440mm。铝塑板表面铝板经过阳极氧化和着色处理，色泽鲜艳。由于铝塑板采取了复合结构，因此其兼有金属材料和塑料的优点，如图6-4所示。铝塑板的主要特点是质量轻、坚固耐久、可自由弯曲且弯曲后不反弹。由于铝塑板经过阳极氧化和着色、涂装表面处理，因此不但装饰性好，而且有较强的耐候性，可锯、铆、刨（侧边）、钻、冷弯、冷折，易加工、组装、维修和保养。

图 6-4　铝塑板

铝塑板优良的加工性能、绝佳的防火性和经济性、可选色彩的多样性、便捷的施工方法及高贵的品质，决定了其用途广泛，如可用于建筑物的外墙（图 6-5）和室内墙面、柱面及顶面的饰面处理，做广告招牌和展示台架等。铝塑板在国内已大量使用，属于一种新型金属塑料复合板材。为保护其表面在运输和施工时不被擦伤，铝塑板表面都贴有保护膜，施工完毕后再行揭去。

图 6-5　铝塑板装饰的外墙应用

铝塑板品种较多，按用途分为建筑幕墙用铝塑板、外墙装饰用铝塑板、广告用铝塑板和室内用铝塑板；按产品功能分为防火板、抗菌防霉铝塑板、抗静电铝塑板；按表面装饰效果分为涂层装饰铝塑板、氧化着色铝塑板、贴膜装饰复合板、彩色印花铝塑板、拉丝铝塑板、镜面铝塑板等。

6.2.4 生态木

生态木又称木塑装饰材料，是将树脂和木质纤维材料及高分子材料按一定比例混合，经高温、挤压成型等工艺制成的一定形状的板材、型材，是一种人造木，如图6-6所示。

生态木中木粉含量达到70%，几乎完美地再现了木材的天然质感，是一种新型的环保木塑产品。

图6-6 生态木

生态木的表观性能具有实木的特性，还具有防水、防蛀、防腐、保温隔热等特点，同时产品有很强的耐候性、耐老化性和抗紫外线性能，不易变形、龟裂，可长期在室内、室外的干燥、潮湿等多变环境中使用，不会产生变质、发霉、开裂、脆化，并可以循环利用。

生态木具有绿色环保、防水阻燃、安装快捷、质优价廉等优点，是一种有木质纹理但比原木更经济环保的新型木材，能够做钉、钻、磨、锯、刨、漆等加工，广泛应用于家装、工装等场合，如用于室内外墙板、室内天花吊顶、户外地板、室内吸声板、隔断、广告牌等，如图6-7和图6-8所示。

图6-7 生态木在室内的应用

图6-8 生态木在室外的应用

6.2.5 泡沫塑料板

泡沫塑料板是在树脂中加入发泡剂，经发泡、固化或冷却等工序制成的多孔塑料制品。其内部具有无数微小气孔，孔隙率高达95%～98%，且孔隙尺寸小于1.0mm，因此有优良的保温隔热性。泡沫塑料板根据软硬程度的不同，可分为软质泡沫塑料板、半硬质泡沫塑料板和硬质泡沫塑料板三种；根据气泡结构，又可分为开孔泡沫塑料板和闭孔泡沫塑料板。开孔泡沫塑料板的泡孔互相连通、互相通气，其特点是有良好的吸声性能和缓冲性能；闭孔泡沫塑料板的泡孔互不贯通、互不相干，其特点是有较低的导热性，吸水性较小，有漂浮性能。

建筑上常用的有聚苯乙烯、聚氯乙烯、聚氨酯、脲醛等泡沫塑料板。目前泡沫塑料板正逐步成为墙体保温的主要材料。

6.2.6 塑料地板

塑料地板是以聚氯乙烯及其共聚树脂为主要原料，加入填料、增塑剂、稳定剂、着色剂等辅料，经压延、挤出或热压工艺所生产的单层或同质复合型的半硬质塑料地板片材或软质塑料地板卷材。

1. 分类

（1）塑料地板按所使用的树脂，分为聚氯乙烯树脂型、氯乙烯-乙酸乙烯型、聚乙烯树脂型、聚丙烯树脂型、聚氨酯树脂型等。由于聚氯乙烯具有较好的阻燃性和自熄性，因此目前聚氯乙烯塑料地板使用面最广。

（2）塑料地板按生产工艺可分为两种，一种是同质透心的，就是从底到面的花纹材质都是一样的；还有一种是复层的，就是最上面一层为纯聚氯乙烯透明层，下面是印花层和基层，最下面是发泡层或弹性垫层。

（3）塑料地板按其使用状态，可分为塑料地板块材（片材）和塑料地板卷材（或地板革）两种。

塑料地板块材如图6-9所示，颜色有单色和拉花两个品种，厚度为1.5mm左右，属于中低档地板。塑料地板块材的主要优点是，在使用过程中如出现局部破损，可局部更换而不影响整个地面的外观，但接缝较多，施工速度较慢。

塑料地板卷材如图6-10所示，其主要优点是铺设速度快，接缝少，但局部破损修复不便。

2. 特点及应用

塑料地板具有色彩丰富、图案多样、平滑美观的特点，其柔韧性好、耐冲击、防滑、隔声、保温、耐水防潮、耐腐蚀、抗菌、抗静电、易清洗、耐磨损，并具有一定的电绝缘性，且价格低廉、施工简便。但与陶瓷、石材相比，其不耐高温、防火性较差、硬度低、耐刻划性能差、受重物挤压易变形。

聚氯乙烯塑料地板的优点

塑料地板适用于宾馆、饭店、写字楼、办公楼、医院、实验室、厂房、幼儿园、体育馆、商场等建筑物室内和车（船）的候车（船）室等的地面装修与装饰，如图6-11和图6-12所示。

聚氯乙烯塑料地板块材

图 6-9　塑料地板块材

图 6-10　塑料地板卷材

聚氯乙烯塑料地板卷材

图 6-11　塑料地板块材应用

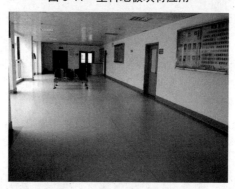

图 6-12　塑料地板卷材应用

3. 规格

塑料地板卷材宽度有 1.5m、1.83m、2m、3m、4m、5m 等，每卷长度有 7.5m、15m、20m、25m 等，总厚度为 1.6～3.2mm（仅限商用地板，运动地板更厚，可达 4mm、5mm、6mm 等）。

塑料地板块材的规格较多，主要分为条形材和方形材。

条形材规格有 101.6mm×914.4mm、152.4mm×914.4mm、203.2mm×914.4mm 等，厚度为 1.2～3.0mm。

方形材规格有 304.8mm×304.8mm、457.2mm×457.2mm、609.6mm×609.6mm 等，厚度为 1.2～3.0mm。

4. 性能要求

对塑料地板的性能要求，包括以下几个方面。

（1）外观质量。其包括颜色、花纹、光泽、平整度和伤裂等状态。一般在 60cm 的距离外，目测不可有凹凸不平、失去光泽、色调不匀和裂痕等现象。

（2）脚感舒适性。要求塑料地板能在长期荷载或疲劳荷载作用下保持较好的弹性回复率。地面带有弹性，行走会感到柔软和舒适。

（3）耐水性。要求耐冲洗，遇水不变形、失光、褪色等。

（4）尺寸稳定性。对块材地板的尺寸大小有严格的要求。

（5）质量稳定性。要求控制塑料中低分子的挥发，因为挥发不仅影响地板质量，而且对人体健康也有影响。质量稳定性合格是要求试件在（100±3）℃的恒温鼓风烘箱内 6h 的失重控制在 0.5%以下。

（6）耐磨性。这是地板的重要性能指标之一。人流量大的环境，必须选择耐磨性优良的材料。目前，耐磨性的技术指标一般是以直径 110mm 的试件在旋转式泰伯磨耗仪上的磨耗失重在 0.5g/1000r 以下和磨耗体积在 $0.2cm^3/1000r$ 以下为合格。

（7）耐刻划性。表面刻划性试验时，用不同硬度的铅笔在硬度刻划机中对试件表面做试验，要求达到 4H（铅笔硬度）以上。

（8）阻燃性。塑料在空气中加热容易燃烧、发烟、熔融滴落，甚至产生有毒气体。如聚氯乙烯塑料地板虽具有阻燃性，但一旦燃烧，会分解出氯化氢气体和浓烟，危害人体健康。因此从消防的要求出发，应选用阻燃、自熄性塑料地板。

（9）耐腐蚀性和耐污染性。质量差的地板遇化学药品会出现斑点、气泡，受污染时会褪色、失去光泽等，所以使用时必须谨慎选择。

（10）耐久性及其他性能。在大气的作用下，塑料地板可能会出现失光、变薄、龟裂及破损等老化现象。耐久性很难通过一次测定，必须通过长期使用来进行观测，但可通过模拟试验如人工老化加速试验、碳弧灯紫外光照射试验等方法，从白度值的变化和机械强度的衰减来对比和选择。其他性能如抗冲击、防滑、导热、抗静电、绝缘等性能，也应达到相应要求。

6.3 塑料管材

塑料管材具有质量轻、水流阻力小、不结垢、安装使用方便、耐腐蚀性好、使用寿命长等优点。其生产能耗低，如塑料上水管比传统钢管节能 62%～75%，塑料排水管比铸铁管节能 55%～68%；使用性价比高，塑料管安装费用约为钢管的 60%，材料费用仅为钢管的 30%～80%，生产能源可节省 80%。

目前我国生产的塑料管材质,主要有聚氯乙烯、聚乙烯、聚丙烯等通用热塑性塑料,酚醛、环氧、聚酯等热固性塑料,石棉酚醛塑料和氟塑料等。它们广泛用作房屋建筑的自来水供水系统配管,排水、排气和排污卫生管,地下排水管、雨水管及电线安装配套用的电缆管等。

6.3.1 聚烯管

聚烯管主要包括聚氯乙烯塑料管、聚乙烯塑料管和聚丙烯塑料管三类。

1. 聚氯乙烯塑料管

聚氯乙烯塑料管是建筑中广泛使用的一类塑料管道,系列产品有聚氯乙烯、氯化聚氯乙烯、硬聚氯乙烯等管道品种。

(1)由于聚氯乙烯树脂原料来源广、价格较低、产品性能佳,因此使用量很大。

(2)氯化聚氯乙烯塑料是一种应用前景广阔的新型工程塑料。氯化聚氯乙烯树脂由聚氯乙烯树脂氯化改性制得,有很好的耐热性及耐酸、碱、盐、氧化剂等的腐蚀性。氯化聚氯乙烯塑料主要用于生产板材、棒材、管材输送热水及腐蚀性介质,在不超过 100℃时可以保持足够的强度,而且在较高的内压下可以长期使用。

(3)硬聚氯乙烯是由氯乙烯单体经聚合反应而制成的无定形热塑性树脂加一定的添加剂(如稳定剂、润滑剂、填充剂等)组成,具有优良的抗酸碱性能,不导电,不受电解、电流的腐蚀,力学强度高,有很好的热稳定性、阻燃烧、耐候性,在建筑工程中,广泛使用的是硬聚氯乙烯管材。

建筑用硬聚氯乙烯管,管材外径为$\phi 20 \sim \phi 315$,工作压力为 1.0~2.5MPa,连接方式小口径采用承插式黏结,大口径采用承插胶圈连接,供水温度不高于 40℃,如图 6-13 所示。由于硬聚氯乙烯开发早,采用原料全部国产,因此造价低,国内市场较大。

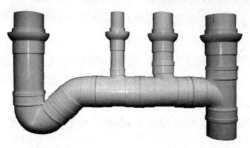

图 6-13 建筑用硬聚氯乙烯管

2. 聚乙烯塑料管

聚乙烯塑料管以聚乙烯树脂为原料,配以一定量的助剂,经挤出成型、加工而成,一般用于建筑物内外(架空或埋地)输送液体、气体、食用液(如给水)等。但标准规定聚乙烯塑料管不适用于作输送温度超过 45℃水的管道。

聚乙烯塑料管具有以下特点。

(1)连接可靠。聚乙烯塑料管道系统之间采用电热熔方式连接,接头的强度高于管道本体的强度。

（2）低温抗冲击性好。聚乙烯的低温脆化温度极低，可在-60～60℃范围内安全使用。冬季施工时，因材料抗冲击性好，不会发生管道脆裂现象。

（3）耐化学腐蚀性好。聚乙烯是电的绝缘体，因此不会发生腐烂、生锈或电化学腐蚀现象；此外，聚乙烯也不会促进藻类、细菌或真菌生长。

（4）耐老化，使用寿命长。含有2%～2.5%均匀分布的炭黑的聚乙烯塑料管道，能够在室外露天存放或使用50年，不会因遭受紫外线辐射而损坏。

（5）耐磨性好。耐磨性对比试验表明，高密度聚乙烯塑料管道的耐磨性为钢管的4倍，这意味着高密度聚乙烯塑料管道具有更长的使用寿命和更好的经济性。

（6）可挠性好。高密度聚乙烯塑料管道的柔性使得它容易弯曲，工程上可通过改变管道走向的方式绕过障碍物，减少管件用量并降低安装费用。

3．聚丙烯塑料管

聚丙烯塑料管以聚丙烯树脂为原料，加入适量的稳定剂，经挤出成型、加工而成。产品具有质轻、耐腐蚀、耐热性较高、施工方便等特点。

聚丙烯塑料管适用于化工、石油、电子、医药、饮食等行业及各种民用建筑输送流体介质（包括腐蚀性流体介质），也可作自来水管、农用排灌、喷灌管道及电器绝缘套管之用。

聚丙烯塑料管多采用胶粘剂黏结，目前市售胶粘剂种类很多，一般采用沥青树脂胶粘剂较为廉价。

6.3.2　三型聚丙烯管

三型聚丙烯管，简称PP-R管，系采用无规共聚聚丙烯经挤出成为管材，注塑成为管件，是欧洲在20世纪90年代初开发应用的新型塑料管道产品，其采用气相共聚工艺使5%左右的聚乙烯在聚丙烯的分子链中随机地均匀聚合（无规共聚）而成，具有较好的抗冲击性能和长期蠕变性能。

1．PP-R管的特点

PP-R管除了具有一般塑料管质量轻、耐腐蚀、不结垢、使用寿命长等特点外，还具有以下特点。

（1）无毒、卫生。PP-R管的原料分子只有碳、氢元素，没有有毒有害的元素存在，因而卫生可靠，不仅可用于冷热水管道，还可用于纯净饮用水系统。

（2）保温节能。PP-R管导热系数为0.21W/(m·K)，仅为钢管的1/200。

（3）较好的耐热性。PP-R管的最高工作温度可达95℃，可满足《建筑给水排水设计标准》(GB 50015—2019)中热水系统的使用要求。

（4）使用寿命长。PP-R管在工作温度70℃、工作压力1.0MPa的条件下，使用寿命可达50年以上；常温（20℃）下使用寿命可达100年以上。

（5）安装方便，连接可靠。PP-R管具有良好的焊接性能，管材、管件可采用热熔或电熔连接，安装方便，接头可靠，其连接部位的强度大于管材本身的强度。

2．PP-R管的用途

PP-R管主要用途如下。

（1）用于建筑物的冷热水系统，包括集中供热系统。

（2）用于建筑物内的采暖系统，包括地板、壁板及辐射采暖系统。

（3）用于可直接饮用的纯净水供水系统。

3. PP-R 管的选用

选用 PP-R 管的要领如下。

（1）注意管道总体使用系数 C（即安全系数）的确定：一般场合，若长期连续使用温度低于 70℃，可选 $C=1.25$；在重要场合，若长期连续使用温度不低于 70℃，并有可能较长时间在更高温度运行，可选 $C=1.5$。

（2）用于冷水（≤40℃）系统时，选用承压能力为 1.0～1.6MPa 的管材、管件；用于热水系统时，选用承压能力不低于 2.0MPa 的管材、管件。

（3）在考虑上述原则后，管件的标准尺寸比应不大于管材的标准尺寸比，即管件的壁厚应不小于同规格管材的壁厚。

6.3.3 铝塑复合管

铝塑复合管是以聚乙烯（PE）或交联聚乙烯（PEX）为内外层，在中间芯层的铝管表面涂覆胶粘剂与塑料层黏结，通过一次或两次复合工艺成型的管材，如图 6-14 所示。铝塑复合管具有较高的耐压、耐冲击、抗破裂能力，在相当大的范围内可以任意弯曲，不回弹；其耐腐蚀性好，不渗透，气密性高，耐寒耐热性、保温性好；抗静电能力强，用作通信线路时具有屏蔽作用，可以防止各种变频器、磁场的干扰，同时可用于输送煤气或天然气，且其安装方便，综合费用低。但铝塑复合管也有很难回收、生产成本高、管件价格较贵、管结构复杂、质量控制难度大、受成型工艺影响大等缺点。

图 6-14 铝塑复合管

根据中间铝层成型方式不同，铝塑复合管分为采用对接焊法和采用搭接焊法两类，焊接方式有超声波焊接（适于 $\phi 32$ 以下）、氩弧焊接（熔融焊接）和激光焊接三种；根据采用的材料不同，铝塑复合管可分为非交联型（采用普通高密度聚乙烯或中密度聚乙烯作塑料层，结构为 PE/Al/PE）和交联型（采用 PEX 作塑料层）两种。交联型铝塑复合管又有两种：一种是内外均交联的，结构为 PEX/Al/PEX；另一种为仅内层交联的，结构为 PE/Al/PEX。

铝塑复合管主要用作室内冷热水配管、煤气与天然气输送管道、中压（2MPa）以下压缩空气管道，以及化工、食品工业的酸、碱、盐流体输送管道等，另外可用作通信、电信等的电气屏蔽导管。

第 6 章　建筑塑料装饰材料

 知识链接

如何选购铝塑复合管

铝塑复合管根据用途不同通常做成不同颜色，以便用户区分。冷水管一般为白色或蓝色，热水管一般为红色，燃气管一般为黄色。铝塑复合管因其优越性能而为广大消费者所接受，但价格相对较高，使其使用受到一定限制。目前市场上也出现了大量以次充好的伪劣产品，价格低廉，选购时应注意。

（1）用户选择铝塑复合管时，首先应考虑塑料层是聚乙烯还是交联聚乙烯。如果用于冷水管道系统，可选用非交联型铝塑复合管；如果用于低温（≤60℃）采暖系统（如地板采暖等），可选用仅内层交联型铝塑复合管；如果用于高温集中供暖系统，则一定要选用内外层均交联型铝塑复合管。

（2）应考虑铝层是搭接焊还是对接焊。搭接焊铝塑复合管铝层一般较薄，为 0.2～0.3mm，产品主要集中在 32mm 以下的小口径管材，其生产设备结构简单、成本较低，产品的整体壁厚不均匀（尤其是焊缝处），对管件的连接质量有影响，并易产生应力集中，因此用户应按用途的重要性来适当选择；而对接焊铝塑复合管一般采用氩弧焊接工艺，铝管壁厚均匀，厚度为 0.2～2mm，且铝材强度较高，具有金属管在强度和可靠性方面的优势，目前生产出的最大尺寸铝塑复合管为直径 63mm 的复合管，但其成本偏高。

（3）目前南方市场出现了一种价格低廉的铝塑复合管，其实际为塑料夹铝管，该管在铝层和聚乙烯层之间根本没有黏结层。仅江浙一带就有近百家企业生产这种管子，最便宜的 1m 仅卖 2 元，而正规铝塑复合管 1m 在 10 元以上。因此用户选择时要特别注意。判断此类产品与正规铝塑复合管的差别时，简单的方法是用小刀切开塑料外层，观察塑料外层与铝层之间是否有黏结，好的铝塑复合管即使借助工具也很难将粘在铝层上的塑料剥干净。另外有的企业生产的这种塑料夹铝管甚至连铝层都没有焊接，用户也可用切开的方法来检查。这种塑料夹铝管如果用在农业滴灌上，应该还是可以的，但在饮水工程上则决不可用，因其耐压性能尤其是高温耐压性远远达不到要求。

想一想

党的二十大报告提出，把保障人民健康放在优先发展的战略位置，完善人民健康促进政策。为了保障人民健康，在进行建筑管道安装和设计时，比如给排水输送管道的设计，应选择哪种无毒、无害、环保的塑料管材？

6.4　塑料卷材

6.4.1　塑料壁纸

壁纸和墙布是目前国内外广泛使用的墙面装饰材料之一。目前国产的塑料壁纸均为聚氯乙烯壁纸，它是以纸为基材，以聚氯乙烯为面层，用压延或涂覆方法复合，再经印刷、压花或发泡而制成，其花色有套花并压纹的，有仿锦缎、仿木纹、仿石材的，也有仿各种

织物、仿清水砖墙并有凹凸质感及静电植绒的，等等。

1. 塑料壁纸的特点

塑料壁纸是目前使用广泛的室内墙面装饰材料之一，也可用于顶棚、梁柱等处的贴面装饰。塑料壁纸与传统装饰材料相比具有一定的伸缩性和耐裂强度，装饰效果好；其性能优越，根据需要可加工成具有难燃、隔热、吸声、防霉等特性，不怕水洗、不易受机械损伤的产品。塑料壁纸的湿纸状态强度仍较好，耐拉耐拽，易于粘贴，且透气性能好，施工简单，表面可清洗，对酸、碱有较强的抵抗能力，陈旧后易于更换，且使用寿命长，易维修保养。

总之，与其他的装饰材料相比，塑料壁纸的艺术性、经济性和功能性综合指标极佳，其图案色彩多样，可适应不同用户丰富多彩的个性要求。选用时应以色调和图案为主要指标，综合考虑其价格和技术性质，以保证达到装饰效果。

2. 塑料壁纸的分类

壁纸和墙布的品种繁多，有各种分类方法。如按外观装饰效果分类，有印花壁纸、压花壁纸、浮雕壁纸；按功能分类，有装饰性壁纸、耐水壁纸、防火壁纸等；按施工方法分类，有现裱壁纸和背胶墙纸；按结构及加工方法分类，有普通壁纸、发泡壁纸和特种壁纸。

（1）普通壁纸。

普通壁纸是以 $80g/m^2$ 的纸作基材，以 $100g/m^2$ 左右聚氯乙烯糊状树脂为面材，经印花、压花而成。这种壁纸花色品种多，适用面广，价格低，一般住房、公共建筑的内墙装饰都用这类壁纸，是生产最多、使用最普遍的品种。

① 单色压花壁纸：经凸版轮转热轧花机加工而成，可制成仿丝绸、仿锦缎等多种花色。

② 印花压花壁纸：经多套色凹版轮转印刷机印花后再轧花，可制成印有各种色彩图案并压有布纹、隐条凹凸花纹等的双重花纹，也称艺术装饰壁纸。

③ 有光印花壁纸和平光印花壁纸：前者是在抛光辊轧光的面上印花，其表面光洁明亮；后者是在消光辊轧平的面上印花，其表面平整柔和，以适应用户的不同要求。

（2）发泡壁纸。

发泡壁纸是以 $100g/m^2$ 的纸作基材，涂有 $300\sim400g/m^2$ 掺有发泡剂的聚氯乙烯糊状树脂，经印花后再加热发泡而成，是一种具有装饰和吸声功能的多功能壁纸。这类壁纸有高发泡印花、低发泡印花和发泡印花压花等品种。其中高发泡印花壁纸表面有弹性凹凸花纹，有仿木纹、仿瓷砖、拼花等效果，图案逼真、色彩多样、立体感强，浮雕艺术效果及柔光装饰效果好，适用于室内墙裙、客厅和楼内走廊等的装饰。但发泡壁纸的图案上易落灰尘，容易脏污陈旧，因此不宜用在灰尘较大的候车室等场所。

（3）特种壁纸。

特种壁纸（也称功能壁纸）是指具有特定功能的壁纸，常见的有耐水壁纸、防火壁纸、特殊装饰壁纸等。

① 耐水壁纸：是用玻璃纤维毡作为基材，配以具有耐水性的胶粘剂（其他工艺与塑料壁纸的相同）而制成，以适应卫生间、浴室等墙面的装饰要求；它能进行洒水清洗，但使用时若接缝处渗水，则水会将胶粘剂溶解，导致耐水壁纸脱落。

② 防火壁纸：是用 $100\sim200g/m^2$ 的石棉纸作为基材，同时在面层的聚氯乙烯中掺入阻燃剂而制成。该种壁纸具有很好的阻燃防火功能，适用于防火要求很高的建筑室内装饰。另外，防火壁纸燃烧时，不会放出浓烟或毒气。

③ 特殊装饰壁纸：其面层采用金属彩砂，壁纸可使墙面产生光泽、散射、珠光等艺术效果，可用于大厅、柱头、走廊、顶棚等的局部装饰。

3. 塑料壁纸的规格

《聚氯乙烯壁纸》（QB/T 3805—1999）规定了塑料壁纸的规格及性能要求。

（1）宽度和每卷长度。壁纸的宽度为（530±5）mm 或[（900～1000）±10]mm。530mm 宽的壁纸，每卷长度为（10±0.05）m；900～1000mm 宽的壁纸，每卷长度为（50±0.50）m。

（2）每卷壁纸的段数和段长。10m/卷者，以每卷为一段；50m/卷者，每卷的段数及段长应符合相应国标的要求。壁纸的宽度和长度可用最小刻度为 1mm 的铜卷尺测量。

特别提示

- 塑料壁纸的燃烧等级应予以重视，同时应注意其老化特性，防止其老化褪色或老化开裂。使用塑料壁纸作墙面装饰时，还应注意其封闭性，即这种材料的水密性及气密性。有时常出现由于塑料墙面材料具有封闭性，破坏了砖墙体及混凝土墙体的呼吸效应，使室内空气干燥，空气新鲜程度下降，令人产生不适的现象。

6.4.2 塑料卷材地板

塑料卷材地板是以聚氯乙烯树脂为主要原料，加入适当助剂，在片状连续基材上经涂覆工艺生产的地面和楼面覆盖材料，简称卷材地板；其具有耐磨、耐水、耐污、隔声、防潮、色彩丰富、纹饰美观、行走舒适、铺设方便、清洗容易、质量轻及价格低廉等特点，适用于宾馆、饭店、商店、会客室、办公室、家庭厅堂及居室等的地面装饰。

6.4.3 玻璃贴膜

玻璃贴膜是以金属氧化物纳米材料，用先进的有机无机杂化技术合成的一种无毒、无刺激、耐酸碱的水性液体在常温下 20min 成膜的材料，其表干 5～7d 完全固化，成膜后玻璃表面形成一层 8～10μm 的膜，可分为建筑玻璃贴膜、家居玻璃贴膜、电脑膜、汽车膜等。玻璃贴膜能为家居环境起到隔热、保温、防辐射、防紫外线、防眩光、保护隐私的作用，材质为五层膜体，含金属高分子纳米技术，是现代企业建筑和家居生活节能、环保、实用的优质产品。

知识链接

塑料的发展趋势

塑料的发展趋势可概括为两方面：一是提高性能，即以各种方法对现有品种进行改性，使其综合性能得到提高；二是发展功能，即发展具有光、电、磁等物理功能的高分子材料，使塑料能够具有光电效应、热电效应、压电效应等。

从当前塑料研发情况来看，德国和瑞典居首位，日本和欧洲一些国家次之，美国较慢。目前，国外塑料包装呈现以下发展趋势。

（1）共聚复合包装膜。当前欧美一些国家大量投资开发非极性、极性乙烯共聚物等，这将大大提高塑料薄膜的拉伸和共挤性能，并提高透明度、密封强度、抗应力、抗龟裂能力，以及增强稳定性能、改善分子量均匀性与挤塑流变性能。专家们认为当前世界塑料行业的发展重点是塑料改性技术、塑料制品的涂布技术、废塑的快速生物降解技术和塑料的回收再利用综合技术。如欧美一些厂商采用以线性乙烯-α烯共聚物与乙烯-乙酸乙烯共聚物混料制作的 PA 袋，适合包装冰淇淋、乳脂类等食品。

（2）多功能性复合薄膜。国外大量开发多功能性复合薄膜，使其作用进一步细化。如耐寒薄膜可耐-18～-35℃低温环境；对PP做防潮处理制成的防潮薄膜，其系列产品可分为防潮、防结露、防蒸冷、可调节水分等类型；防腐膜可包装易腐、酸度大、甜度大的食品；摩擦薄膜堆垛稳定；特种 PE 薄膜耐化学腐蚀；防蛀薄膜中添加了无异味防虫剂；以双向拉伸尼龙66 的耐热薄膜取代双向拉伸尼龙6 包装食品，可耐140℃高温；新型专用食品包装膜可提高食品包装的保香性；非结晶尼龙薄膜透明度类似于玻璃，高屏蔽薄膜可保色、香、味等营养指标及口感质量的稳定性；金属保护膜采用 LDPE 改性薄膜包装液态产品，在低温环境下可热封；PP 合成纸可提高包装的耐光性、耐寒性、耐热性、耐水性、耐潮性、抗油脂性、抗酸性、抗碱性及抗冲击性等。

6.5 塑料门窗

6.5.1 塑料门窗的概念

目前塑料门窗主要采用改性聚氯乙烯，并适量加入各种添加剂，经混炼、挤出等工序而制成异型材，再将异型材用切割、焊接的方式制成门窗框、扇，装配上玻璃、橡胶密封条、五金配件等附件，即可制成塑料门窗。

6.5.2 塑料门窗的性能

目前塑料门窗被誉为继木、钢、铝之后崛起的新一代建筑门窗，尤其在发达国家已形成规模巨大、技术成熟、标准完善、社会协作周密、高度发展的产业。与传统的木窗和钢窗相比，塑料窗有如下优点。

（1）耐水性和耐腐蚀性好。塑料门窗具有良好的耐水性和耐腐蚀性，这使它不仅可以用于多雨湿热的地区，还可用于地下建筑和有腐蚀性的工业建筑。

（2）隔热性能好。虽然塑料的传热系数与木材的接近，但由于塑料窗的框料是由中空的异型材拼装而成的，因此塑料窗的隔热性比钢窗木窗的好得多。表 6-1 所列为几种材料传热系数的比较；表 6-2 所列为几种窗传热系数的比较，从中可以看出塑料窗具有良好的隔热性能。

表 6-1 几种材料传热系数的比较　　　　　　　　单位：W/（m²·K）

材料	铝	钢	松、杉木	塑料	空气
传热系数	150	50	0.15～0.30	0.11～0.25	0.04

表 6-2　几种窗传热系数的比较　　　　　单位：W/(m²·K)

窗类型	铝窗	木窗	塑料窗
传热系数	5.20	1.479	0.378

（3）气密性和水密性好。塑料窗异型材设计时就考虑了气密性和水密性的要求，在窗扇和窗框之间设有密封毛条，因此密封、隔声性能很好。

（4）装饰性好。塑料可以着色，目前较多的为白色，但也可以根据设计要求生产成不同的颜色，对建筑物起到美化作用。

（5）保养方便。塑料窗不锈不腐，不像木窗和钢窗那样需要涂漆保护，其表面光洁，清理方便，部分配件可换可调，维修方便。

（6）耐候性好。塑料型材采用了特殊配方，通过人工加速老化试验表明，塑料门窗可长期使用于温差较大的环境中（-50~+70℃），烈日暴晒、潮湿都不会使之出现变质、老化、脆化等现象。

（7）防火性能好。塑料门窗不自燃、不助燃、能自熄、安全可靠，这一性能更扩大了塑料门窗的使用范围。

6.5.3 塑钢门窗

塑钢门窗是一种新型的门窗产品，由塑料与金属材料复合而成，既具有钢门窗的刚度和耐火性，又具有塑料门窗的保温性和密封性，其隔声、隔热效果很好，耐腐蚀性很强。塑钢窗的断面构造如图 6-15 所示。塑钢门按其结构形式，分为镶嵌门、框板门和折叠门；塑钢窗按其结构形式分为平开窗、上旋窗、下旋窗、垂直滑动窗、垂直旋转窗、垂直推拉窗、水平推拉窗和百叶窗等。

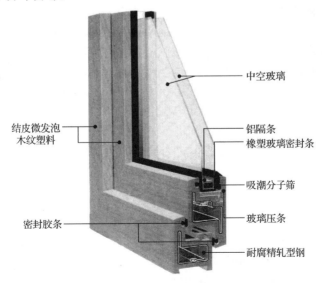

图 6-15　塑钢窗的断面构造

 综合应用案例

铝塑板在幕墙装修工程中的应用实例

1. 工程名称

某办公楼室外幕墙装修工程。

2. 工程概况

建筑面积：5000m^2。

幕墙面积：2360m^2。

建筑结构：四层砖混结构。

设计要求：建筑外墙勒脚处粘贴1.2m高蘑菇石，勒脚上部墙面为铝塑板金属幕墙与点式玻璃幕墙相结合，入口为高档复古铜门，台阶、雨篷及入口墙面采用进口花岗石饰面装修（干挂），花岗石机刨台阶石，窗采用彩色铝合金推拉窗。

3. 材料选用

（1）幕墙骨架的选用：选用铝合金幕墙骨架，壁厚为2.0mm。密封胶、配件及连接件等符合幕墙设计要求。

（2）铝塑板的选用：选用外墙铝塑板（双面），板材规格为1220mm×2440mm，板材厚度为4mm，铝板厚度为0.5mm；市场参考价为300.00元/张。板材与龙骨之间采用铝铆钉和硅酮耐候胶黏结。

本章小结

本章介绍了塑料装饰材料的组成、分类、性能及应用，重点为塑料装饰材料中各种塑料板材、塑料卷材和塑料门窗。理论教学部分要求掌握塑料的组成及特性，学会利用理论知识解释各种塑料装饰材料的性能特点及使用注意事项；实践教学部分要求掌握常用的塑料装饰材料的性能和使用要求，对每种材料，应结合在实际工程中的使用情况来掌握其名称、规格、性能、价格和用途等。

实训指导书

了解塑料装饰板材的种类、规格、性能、价格和使用情况等。重点掌握铝塑板的规格、性能、价格及应用情况。

一、实训目的

让学生自主地到建筑装饰材料市场和建筑装饰施工现场进行考察和实训，了解塑料装饰材料的价格，熟悉塑料装饰材料的应用情况，能够准确识别各种材料的名称、规格、种类、价格、使用要求及适用范围等。

二、实训方式

1. 建筑装饰材料市场的调查分析

学生分组：以3～5人为一组，自主地到建筑装饰材料市场进行调查分析。

调查方法：以咨询为主，认识各种塑料装饰板材，调查材料价格、收集材料样本、掌握材料的选用要求。

2. 建筑装饰施工现场装饰材料使用的调研

学生分组：以10～15人为一组，由教师或现场负责人指导。

调查方法：结合施工现场和工程实际情况，在教师或现场负责人指导下，熟知塑料在工程中的使用情况和注意事项。

三、实训内容及要求

（1）认真完成调研日记。

（2）填写材料调研报告。

（3）写出实训小结。

第 7 章 建筑装饰涂料

教学目标

了解建筑装饰涂料的组成及特性；掌握常用的建筑装饰涂料的性能、特点和使用注意事项，并根据装饰工程的具体情况选用建筑装饰涂料。

教学要求

能力目标	相关试验或实训	重点
了解涂料的分类、性能和用途		
能够正确进行外墙涂料的选择及应用		★
能够正确进行内墙涂料的选择及应用		★
能够根据国家有关标准正确进行涂料的质量检测及简易质量评价	了解涂料黏度试验	★

第 7 章　建筑装饰涂料

引例

在进行建筑装修时，如何根据建筑空间界面要求，选择合适的墙面材料？市场上有哪些材料可以使用？它们有什么区别和独有的装饰效果？若选用内墙乳胶漆、壁纸、石材、木质材料、软包材料、装饰玻璃等，如何从众多品种中进行筛选？

7.1　涂料的基本知识

涂料是指涂敷于建筑物表面，能与建筑物黏结牢固，形成完整而坚韧的保护膜的一种材料，属装饰工程中的常用材料。其施工方法简单方便，具有装饰性好、工期短、工效高、自重轻、维修方便等特点，使用范围非常广泛。

知识链接

涂料名称的由来

涂料最早以天然植物油脂、天然树脂（如亚麻籽油、桐油、松香、生漆等）为主要原料，故以前称之为油漆。现代石油化学工业的飞速发展，为各种新型涂料的生产提供了丰富的原材料，以合成树脂、有机稀释剂为主要原料的涂料品种繁多，甚至出现了以水为稀释剂的乳液型涂料（乳胶漆），所以人们通常称呼的"涂料"和"油漆"均与传统概念中的"油漆"有了很大的区别。现在人们仍把溶剂涂料称为油漆，而把用于建筑物上涂饰的涂料统称为建筑涂料。

7.1.1　涂料的组成

按涂料中各组分所起的作用，可将其分为主要成膜物质、次要成膜物质和辅助成膜物质。

1. 主要成膜物质

主要成膜物质也称胶粘剂或固化剂，是涂膜的主要成分，包括合成树脂（如醇酸树脂、氨基树脂、丙烯酸树脂、环氧树脂、聚氨酯等）、人造树脂（如松香甘油酯、硝化纤维）、天然树脂（如松香、虫胶和沥青等）和植物油料（干性油、半干性油）。它是使涂料牢固附着于被涂物表面形成坚韧的保护膜的主要物质，是构成涂料的基础，决定着涂料的基本特性。

2. 次要成膜物质

次要成膜物质的主要组分是颜料和填料（有的称为着色颜料和体质颜料），它们能提高涂膜的机械强度和抗老化性能，使涂膜具有一定的遮盖能力和装饰性，但其不能离开主要成膜物质而单独构成涂膜。

(1) 颜料。

颜料在建筑涂料中不仅能使涂层具有一定的遮盖能力,增加涂层色彩,而且还能增强涂膜本身的强度。颜料还有防止紫外线穿透的作用,从而可以提高涂层的耐老化性及耐候性,同时还能使涂膜抑制金属腐蚀,具有耐高温等特殊效果。

颜料的品种很多,按化学组成,可分为有机颜料和无机颜料两大类;按所起的作用,可分为着色颜料、防锈颜料和体质颜料等。

(2) 填料。

填料是白色粉末状物质,在涂料中起骨架和填充的作用,它能提高膜层的某些性能(如耐磨性、抗老化性和耐久性等),降低涂料的制作成本。常用的填料有碱金属盐和硅酸盐等。

3. 辅助成膜物质

辅助成膜物质不能构成涂膜(或不是构成涂膜的主体),但对涂膜的成膜过程有很大影响(或对涂膜的性能起一些辅助作用)。辅助成膜物质主要包括溶剂和辅助材料两大类。

(1) 溶剂。

溶剂又称稀释剂,是液态建筑涂料的主要成分。常用的有机溶剂有松香水、酒精、汽油、苯、二甲苯、丙酮等。

对于乳液型涂料而言,它是借助具有表面活性的乳化剂,以水为稀释剂,而不采用有机溶剂,因此不会污染周围环境,环保低毒,且不易发生火灾,施工方便、成本低,是涂料的发展方向。

(2) 辅助材料。

为了改善涂膜的性能,诸如涂膜干燥时间、柔韧性、抗氧化性、抗紫外线作用、耐老化性能等,还常在涂料中加入一些辅助材料。辅助材料又称助剂,它们掺量很小,但作用显著。建筑装饰涂料使用的助剂品种繁多,常用的有催干剂、固化剂、催化剂、引发剂、增塑剂、紫外光吸收剂、抗氧剂、防老剂等。某些功能性涂料还需采用具有特殊功能的助剂,如防火涂料用的阻燃剂、膨胀型防火涂料用的发泡剂等。

7.1.2 涂料的分类方法

(1) 按使用部位分类:内墙涂料(现多用乳胶漆)、外墙涂料、地面涂料、家具涂料、屋面(或地面)防水涂料。

(2) 按主要成膜物质的溶解类型分类:水性涂料(现多用乳胶漆)、溶剂型涂料(包括清漆和色漆)。

(3) 按膜层状态和表面质感分类:高光型涂料、哑光型涂料、半哑光型涂料、肌理型涂料(丝光涂料、布纹涂料、砂壁状涂料、多彩涂料、复层凸凹内墙涂料、金属色涂料等)。

(4) 按主要成膜物质的名称分类:醇酸漆、硝基漆、聚氨酯漆、聚酯漆、环氧树脂漆、丙烯酸树脂漆、过氯乙烯涂料、乳化沥青防水涂料、氯化橡胶防水涂料等。

(5) 按使用功能分类:普通涂料、特种功能性涂料(如防火涂料、防水涂料、防霉涂料、道路标线涂料等)。

 知识链接

涂料的发展

涂料本身有着悠久的历史。中国是世界上使用以天然树脂作为成膜物质的涂料——大漆最早的国家。早期的画家使用的矿物颜料为水的悬浊液或是用水或蛋清来调配的,这就是最早的水性涂料。真正使用溶剂来溶解固体的天然树脂,制得快干的涂料,是从19世纪中叶才开始的,所以溶剂型涂料的使用历史远没有水性涂料那么久远。最简单的水性涂料是石灰乳液,大约在一百年前就曾有人向其中加入乳化亚麻仁油来进行改良,这就是最早的乳胶漆。从20世纪30年代中期开始,德国开始把以聚乙烯醇作为保护胶的聚乙酸乙烯酯乳液作涂料使用;到了50年代,纯丙烯酸酯乳液在欧洲和美国就已经有销售,但是由于价格昂贵,产量没有太大增加;进入60年代,在所有研发的乳状液中,最突出的是乙酸乙烯酯-乙烯,乙酸乙烯酯与高级脂肪酸乙烯共聚物也有所发展,产量有所增加;70年代以来,由于环境保护法的制定和人们环保意识的加强,各国限制了有机溶剂及有害物质的排放,从而使油漆的使用受到种种限制,75%的制造油漆的原料来自石油化工,出于节约能源资源的需求,水性涂料特别是乳胶漆越来越引起人们的重视;70—80年代作为当代水性涂料代表的乳胶漆得到了一定的发展,但其推广应用却陷入低谷;从90年代至今,乳胶漆的质量及性能大大提高,在价格上也慢慢被人们所接受。

7.2 外墙涂料

外墙涂料的主要功能是装饰和保护建筑物的外墙面,使建筑物外貌整洁美观,从而达到美化环境的目的,并能够起到保护建筑物外墙的作用。外墙涂料一般要求具有以下特点。

(1)装饰性好。外墙涂料色彩丰富,保色性好,能较长时间保持良好的装饰性。

(2)耐水性好。外墙面暴露在大气中,经常受到雨水的冲刷,因而外墙涂料应具有很好的耐水性能。某些防水型外墙涂料的耐水性能更佳,当基层墙面产生小裂缝时,涂层仍有良好的防水功能。

(3)耐污性好。大气中的灰尘及其他物质污染涂层后,涂层会失去装饰效能,因而要求外墙装饰层耐污性好。

(4)耐候性好。暴露在大气中的涂层,要经受日光、雨水、风沙、冷热变化等作用,在这类因素的反复作用下,一般的涂层会发生开裂、剥落、脱粉、变色等现象,使涂层失去原有的装饰和保护功能。因此作为外墙装饰的涂层,要求在规定的年限内不发生上述破坏,即有良好的耐候性。

此外,外墙涂料还应有施工及维修方便、价格合理等特点。

1. 溶剂型外墙涂料

溶剂型外墙涂料是以高分子合成树脂为主要成膜物质，以有机溶剂为稀释剂，加入一定量的颜料、填料及助剂，经混合、搅拌溶解、研磨而配制成的一种挥发性外墙涂料。当其涂刷在外墙面以后，随着涂料中所含溶剂的挥发，成膜物质与其他不挥发组分共同形成均匀连续的薄膜，即涂层。

常用的过氯乙烯外墙涂料具有耐候性好、耐化学腐蚀性强、耐水和耐霉性好、干燥快、施工方便等特点，但它的附着力较差，在配制时应添加适当的合成树脂，以增强其附着力。在涂料中常加入醇酸树脂、酚醛树脂、丙烯酸树脂、顺丁烯二酸酐树脂等合成树脂，以改善过氯乙烯外墙涂料的附着力、光泽、耐久性等性能。过氯乙烯树脂溶剂释放性差，因而涂膜虽然表干很快，但完全干透很慢，只有到完全干透之后才能变硬并很难剥离。常用的增塑剂是邻苯二甲酸二丁酯，其加入量为30%～40%；常用的稳定剂是二甲基亚磷酸铅，其用量为2%左右，其他稳定剂还有蓖麻油酸钡、低碳酸钡、紫外线吸收剂UV-9等。过氯乙烯树脂在光和热的作用下容易分解，加入稳定剂的目的是阻止树脂分解，延长涂膜的寿命。其常用的颜料及填料有氧化锌、钛白粉、滑石粉等。

由于涂膜较紧密，因此此类涂料通常具有较好的硬度、光泽、耐水性、耐酸碱性、耐候性及耐污染性等，但由于施工时有大量有机溶剂挥发，容易污染环境。涂膜透气性差，又有疏水性，如在潮湿基层上施工，易产生起皮、脱落等现象。由于这些原因，国内外这类外墙涂料的用量低于乳液型外墙涂料。国内近年来发展起来的溶剂型丙烯酸酯外墙涂料，其耐候性及装饰性都很突出，耐用年限在10年以上，施工周期也较短，且可以在较低温度下使用。国外尚有耐候性、耐水性都很好且具有高弹性的聚氨酯外墙涂料，耐用年限可达15年以上。

2. 乳液型外墙涂料（外墙乳胶漆）

以高分子合成树脂乳液为主要成膜物质的外墙涂料，称为乳液型外墙涂料。其以水为分散介质，不会污染周围环境，不易发生火灾，对人体的毒性小，且施工方便，可刷涂，也可滚涂或喷涂；涂料透气性好，耐候性良好，尤其是高质量的丙烯酸酯外墙乳液涂料，其光亮度、耐候性、耐水性及耐久性等各种性能可与溶剂型丙烯酸酯类外墙涂料媲美。乳液型外墙涂料存在的主要问题是其在太低的温度下不能形成优质的涂膜，通常必须在10℃以上施工才能保证质量，因而冬季一般不宜应用。

按乳液制造方法不同，此类涂料可以分为两类：一类是由单体通过乳液聚合工艺直接合成的乳液，另一类是由高分子合成树脂通过乳化方法制成的乳液。目前，大部分乳液型外墙涂料是由按乳液聚合方法生产的乳液作为主要成膜物质的。

按涂料的质感，此类涂料又可分为薄型乳液外墙涂料、厚质外墙涂料及彩色砂壁状外墙涂料等。

（1）薄型乳液外墙涂料（以苯-丙乳液涂料为例）。

苯-丙乳液涂料是以苯乙烯-丙烯酸酯共聚乳液（简称苯-丙乳液）为主要成膜物质，加入颜料、填料及助剂等，经分散、混合配制而成的乳液型外墙涂料。

纯丙烯酸酯乳液配制的涂料，具有优良的耐候性和保光、保色性，适于外墙涂装，但价格较贵。以一部分或全部苯乙烯代替纯丙烯酸酯乳液中的甲基丙烯酸甲酯制成的苯-丙乳液涂料，具有优良的耐碱性、耐水性，其外观细腻，色彩艳丽，质感好，仍然具有良好的耐候性和保光、保色性，但价格有较大的降低，从资源和造价分析，是更合适的外墙乳液涂料，目前生产量较大。用苯-丙乳液配制的各种类型外墙乳液涂料，性能优于乙-丙乳液涂料，用于配制有光涂料时，光泽度高于乙-丙乳液涂料，而且由于苯-丙乳液的颜料结合力好，可以配制高颜（填）料体积浓度的内用涂料，性能较好，故经济上也是有利的。

（2）厚质外墙涂料（以乙-丙乳液涂料为例）。

乙-丙乳液涂料是以乙酸乙烯-丙烯酸共聚物乳液为主要成膜物质，掺入一定量的粗集料组成的一种厚质外墙涂料。该涂料的装饰效果较好，属于中档建筑外墙涂料，使用年限为8~10年，其主要技术性能指标见表7-1。乙-丙乳液涂料具有涂膜厚实、质感好，耐候、耐水、冻融稳定性好，保色性好、附着力强，以及施工速度快、操作简便等优点。

表 7-1 乙-丙乳液涂料的主要技术性能指标

性　能	指　标
干燥时间	≤30min
固体含量	≥50%
耐水性（500h）	无异常
耐碱性（500h）	无异常
冻融循环（50次）	无异常

（3）彩色砂壁状外墙涂料。

彩色砂壁状外墙涂料又称彩砂涂料，是以合成树脂乳液为主体，外加着色骨料、增稠剂及各种助剂材料配制而成的，有真石漆和珍珠漆两个品种。彩色砂壁状外墙涂料的色彩丰富，有较强的质感，其耐候性、耐久性和色牢度等性能要好于同类型的其他涂料，且施工方法简便。其由于采用高温烧结的彩色砂粒、彩色陶瓷或天然带色石屑作为骨料，使制成的涂层具有丰富的色彩及质感，如图7-1所示。其保色性及耐候性比其他类型的涂料有较大的提高，耐久性达10年以上，主要技术性能指标见表7-2。

图 7-1 彩色砂壁状外墙涂料

表7-2　彩色砂壁状外墙涂料的主要技术性能指标

性　　能	指　　标	性　　能	指　　标
骨料沉降率	<10%	常温储存稳定性（3个月）	不变质
干燥时间	≤2h	黏结力	5kg/cm²
低温安定性（-5℃）	不变稠	耐水性（500h）	无异常
耐热性（60℃恒温8h）	无异常	耐碱性（300h）	无异常
冻融循环（30次）	无异常	耐酸性（300h）	无异常
耐老化（250h）	无异常		

3. 无机高分子涂料

无机高分子涂料是近年来发展起来的新型建筑涂料，广泛应用的有碱金属硅酸盐和硅溶胶两类。有机高分子建筑涂料一般都有耐老化性较差、耐热性差、表面硬度小等缺点，而无机高分子涂料恰好在这些方面性能较佳，耐老化性、耐高温性、耐腐蚀性、耐久性等性能较好，涂膜硬度大、耐磨性好，若选材合理，耐水性也好，且原材料来源广泛、价格便宜，因而近年来受到国内外的普遍重视，发展较快。

硅溶胶涂料是以胶体二氧化硅（硅溶胶）为主要成膜物质，以有机高分子乳液为辅助成膜物质，加入颜料、填料和助剂等，经搅拌、研磨、调制而成的水分散性涂料，是近年来新开发的性能优良的涂料品种。其以水为分散介质，具有无毒、无臭，不污染环境等特点；以硅溶胶为主要成膜物质，具有耐酸、耐碱、耐沸水、耐高温等性能，且不易老化，耐久性好；施工性能好，对基层渗透性强，附着性好，遮盖力强；涂膜细腻，颜色均匀明快，装饰效果好，不产生静电、不易吸附灰尘，耐污染性好。硅溶胶涂料原材料资源丰富，价格较低，故广泛用于外墙装饰，若加入粗填料，可配制成薄质、厚质、黏砂等多种质感和花纹的建筑涂料，具有广阔的应用前景。

7.3　内　墙　涂　料

内墙涂料的主要功能是装饰及保护室内墙面，使其美观整洁，获得良好的装饰效果。内墙涂料耐碱性、耐水性、耐粉化性良好，透气性好，且色彩丰富，涂刷容易，价格合理。

1. 内墙乳胶漆

内墙涂料

常用的内墙乳胶漆根据主要成膜物质的类型，有乙-丙乳胶漆、苯-丙乳胶漆等。

（1）内墙乳胶漆的特点。

① 以水为分散介质，价格低，施工方便。

② 安全、环保、低毒。由于不使用有机溶剂，施工中不会产生影响工人健康的挥发性气体，不会引起火灾的发生，不用采取强制排风措施，因此

内墙乳胶漆很安全。

③ 涂膜的透气性好，无结露现象。

④ 可以在较潮湿的基层上施工，无鼓泡现象。

⑤ 涂膜的耐刷洗性较好。

（2）内墙乳胶漆的应用。

① 注意最大加水量，内墙乳胶漆使用时加水量一般不超过 1/3，加水量过多则不会成膜。

内墙乳胶漆施工

② 注意最低施工温度，一般为 5℃左右，低于此温度施工则不会成膜。

③ 涂刷方法可采用刷涂、滚涂、喷涂等，最少要涂两遍。一般第一遍涂刷完成后，等 3h 左右可涂刷第二遍。

④ 内墙乳胶漆如果需要调色，必须将对应的色浆用足量的清水化开后搅匀，过滤后缓慢加入内墙乳胶漆中，充分搅匀再使用。要根据需要一次调好足量的色漆，因为如果色漆不够，再次调出同一种颜色的色漆几乎不可能。

2. 隐形变色发光内墙涂料

隐形变色发光内墙涂料是一种能隐形、变色和发光的内墙涂料，由成膜物质、溶剂、发光材料、稀土隐色材料等助剂组成，可采用刷、喷、滚或印制的方法直接涂饰在某种材料表面上形成某一种图案，在普通光线照射下呈白色，但在紫外线照射下可呈现各种美丽的色彩，原来看不见的图案也会呈现出来。因此这种涂料可用于舞厅、迪厅、酒吧、咖啡屋等场所的墙面和顶棚装饰，还可用于广告、舞台背景、道具设计等方面。

3. 梦幻内墙涂料

梦幻内墙涂料是一种水溶性涂料，不燃、无毒，属环保型装饰材料，其施工工艺比较简单，可用喷、滚、印、刮、抹等方式进行施工。该涂料的色调非常丰富，颜色可现场调配，并可进行套色处理，各种颜色能互相搭配，涂膜表面呈现梦幻般的装饰效果，且涂膜的韧性、耐久性、耐磨性和耐洗刷性能较好。这种涂料的涂层由底层、中层和面层组成，面层有两种，一种是半丝光质或珠光丝质的面层涂料（表面装饰效果类似云雾、大理石、蜡染等图案），另一种是闪光树脂金属颗粒涂料或彩色树脂纤维面层涂料。这种涂料可用于家庭的各个房间、宾馆的标准间、办公楼的会议室和办公室、酒店等场所的内墙装饰。

4. 纤维质内墙涂料

纤维质内墙涂料又称"好涂壁"，是在各种材料的纤维材料中加入胶粘剂和辅助材料而制成，具有立体感强、质感丰富、阻燃、防霉变、吸声效果好等特性，但涂层表面的耐污染性和耐水性较差。该涂料可用于多功能厅、歌舞厅和酒吧等场所的墙面装饰。

5. 硅藻泥涂料

硅藻是生活在数百万年前的一种单细胞的水生浮游生物，其死后沉积水底，经过亿万年的积累和地质变迁而成为硅藻土。硅藻土的主要成分为蛋白石，质地轻柔、多孔。硅藻泥是以硅藻土为主要原料，添加多种助剂而制成的粉末装饰涂料，可以代替墙纸和乳胶漆使用，其采用粉体包装，并非液态桶装。

硅藻泥属一种内墙装饰材料，适用范围广泛，其肌理面的装饰效果如图 7-2 所示，可用于家庭（客厅、卧室、书房、婴儿房、天花等墙面）、公寓、幼儿园、老人院、医院、疗养院会所、主题俱乐部、高档饭店、度假酒店、写字楼、风格餐厅等场所。

图 7-2　硅藻泥肌理面的装饰效果

（1）硅藻泥的优点。

① 健康环保。因其属于多种无机矿物组成的粉体材料，不含任何有害物质及有害添加剂，材料本身为纯绿色环保产品。现场加进去的是洁净水，挥发出来的也仅是水，可谓一种真正健康环保的零 VOC（挥发性有机物）涂料。

② 呼吸调湿。随着不同季节及早晚环境空气温度的变化，硅藻泥可以吸收或释放水分，自动调节室内空气湿度，使之达到相对平衡。所以人们把硅藻泥墙壁称为"会呼吸的墙壁"，应用它可适量调节空气湿度，创造舒适的生活空间。

③ 吸声降燥。由于硅藻泥自身的分子结构，因此其具有很强的降低噪声功能，可以有效吸收对人体有害的高频音段，并衰减低频噪声。其功效为同等厚度的水泥砂浆和石板的两倍以上，同时能缩短 50% 的余响时间，大幅度减少了噪声对人体的危害，可为人们创建一个宁静的睡眠环境。好的硅藻泥用在一些歌厅、KTV 房，吸声效果是很明显的。

④ 墙面自洁。墙壁挂尘，一般是由于空气过分干燥，浮尘携带静电吸附而引起的。硅藻泥对空气湿度有调节平衡作用，表面是亲水的，可以有效减少静电现象，所以与其他材质饰面相比，硅藻泥墙面不容易挂尘，具有一定的自清洁功能。

⑤ 保温隔热。硅藻泥的主要成分硅藻土的热传导率很低，本身是理想的保温隔热材料，具有非常好的保温隔热性能，其隔热效果是同等厚度水泥砂浆的 6 倍。

⑥ 减少光污染。硅藻泥表面粗糙有序，不同的肌理图案、不同的颜色及材料中的吸光物质改变了光的反射、折射，减少了光污染，令光线显得自然柔和，非常适合室内装饰。其温馨柔和的色彩使空间环境更加和谐、优雅。

⑦ 丰富的表面肌理。硅藻泥的施工可根据客户不同的要求和喜好，采用传统匠艺工法和特殊工具完成，其饰面肌理丰富、效果亲切自然、质感生动真实，具有很强的艺术感染力。

（2）硅藻泥的施工方法。

① 搅拌。在容器中加入 90% 的施工用水（清水），然后倒入硅藻泥干粉浸泡几分钟，

再用电动搅拌机搅拌约 10min，搅拌的同时用另外 10%的清水调节施工黏稠度。泥性涂料需充分搅拌均匀后方可使用。

② 涂抹。需要涂抹两遍，第一遍（厚度约 1.5mm）完成后约 50min（根据现场气候情况而定，以表面不粘手为宜，有露底的情况用料补平），再涂抹第二遍（厚度约 1.5mm）。总厚度为 1.5~3.0mm。

③ 肌理图案制作。根据实际环境干湿情况，掌握干燥时间，依据工法制作所要求的肌理图案。

④ 收光。制作完肌理图案后，用收光抹子沿图案纹路压实收光。

知识链接

硅藻简介

海藻有绿藻、红藻、褐藻、裸藻、甲藻（或称涡鞭毛藻）、硅藻、隐藻等 10000 多种，其中硅藻种类最多，达 6000 余种，且数量大，因而被称为海洋中的"草原"。海水中含有 45 种以上的无机元素，硅藻生长在海水里，吸收无机元素作营养成分，其中以钠、钾、铁、钙含量最多。硅藻死后沉积在海底，经过亿万年的积累和地质变迁而成为硅藻类沉积矿物质，其主要成分是蛋白石及其变种。硅藻类沉积矿物质通常呈浅黄色或浅灰色，质软、多孔而轻，吸水性和渗透性强，具体颜色取决于黏土矿物及有机质等的含量，不同矿源的硅藻类矿物成分不同。近年来，人们利用硅藻类沉积矿物的多种特性再添加一些功能助剂应用于健康家居涂料行业中。

硅藻泥好坏评判标准

硅藻

7.4 地面涂料

地面涂料的主要功能是装饰与保护室内地面，使地面显得清洁美观。地面涂料具有耐碱性、耐磨性、耐水性较好的特点，其抗冲击力强、耐水洗刷，施工方便、重涂容易，且价格合理。

以下主要介绍适用于水泥砂浆地面的有关涂料品种。

1. 过氯乙烯地面涂料

过氯乙烯地面涂料是将合成树脂用作建筑物室内地面装饰的早期材料之一，是以过氯乙烯树脂为主要成膜物质，掺入少量其他树脂，并添加一定量的增塑剂、填料、颜料、稳定剂等物质，经捏和、混炼、切粒、溶解、过滤等工艺过程而配制成的一种溶剂型地面涂料。其具有干燥快、施工方便、耐水性好、耐磨性较好、耐化学腐蚀性强等特点，但由于含有大量易挥发、易燃的有机溶剂，因此在配制涂料及涂刷施工时应注意防火、防毒。

2. 氯-偏乳液涂料

氯-偏乳液涂料属于水乳型涂料，是以氯乙烯-偏氯乙烯共聚乳液为主要成膜物质，掺入少量其他合成树脂水溶液胶（如聚乙烯醇水溶液等）共聚液体为基料，添加适量的不同品种的颜料、填料及助剂等配制而成的涂料。氯-偏乳液涂料品种很多，除了地面涂料外，还有内墙涂料、顶棚涂料、门窗涂料等。氯-偏乳液涂料无味、无毒、不燃、快干、施工方便、黏结力强，涂层坚固光洁、不脱粉，有良好的耐水、防潮、耐磨、耐酸、耐碱、耐一般化学药品侵蚀及寿命较长等特性，且产量大，在乳液类涂料中价格相对较低，故在建筑内外装饰中有着广泛的应用。

3. 环氧树脂涂料

环氧树脂涂料是以环氧树脂为主要成膜物质的双组分常温固化型涂料，其与基层黏结性能优良，涂膜坚韧、耐磨，具有良好的耐化学腐蚀、耐油、耐水等性能，以及优良的耐老化性和耐候性，装饰效果良好，是近年来国内开发的耐腐蚀地面和高档外墙装饰涂料的新品种。其主要技术性能指标见表7-3。

表7-3 环氧树脂涂料的主要技术性能指标

性能	指标	
	清漆	色漆
色泽外观	浅黄色	各色，涂膜平整
细度	—	≤30μm
黏度（涂-4黏度计）	14～26s	14～40s
干燥时间（温度25℃±2℃，湿度≤65%）	表干：2～4h 实干：24h 全干：7d	表干：2～4h 实干：24h 全干：7d
抗冲击性	5N·m	5N·m
柔韧性	1mm	1mm
硬度（摆杆法）	≥0.5	≥0.5

4. 聚乙酸乙烯地面涂料

聚乙酸乙烯地面涂料是由聚乙酸乙烯水乳液、普通硅酸盐水泥及颜料、填料配制而成的一种地面涂料，可用于新旧水泥地面的装饰，是一种有机、无机复合的水性地面涂料。其质地细腻，早期强度高，与水泥地面基层的黏结牢固，所形成的涂层具有优良的耐磨性、抗冲击性，色彩美观大方，表面有弹性，外观类似塑料地板，且对人体无毒害，施工性能良好，原料来源丰富、价格便宜，涂料配制工艺简单。该涂料适用于民用住宅室内地面的装饰，也可取代塑料地板或水磨石地坪用于某些实验室、仪器装配车间的地面，涂层耐久性约为10年。

7.5 木器漆

木器漆主要用于木制品、钢制品等材料表面的装饰和保护。

1. 木器漆的分类

木器漆的种类很多，可以按以下方式分类。

（1）按成膜物质分类，木器漆可分为醇酸漆、硝基漆、聚酯漆、聚氨酯漆等。不同类型的木器漆使用的稀料不同，不能混用。

（2）按使用的稀料性能分类，木器漆可分为水性漆和溶剂型漆。

（3）按光泽分类，木器漆可分为高光漆、半哑光漆和哑光漆。

（4）按作用分类，木器漆可分为底漆和面漆。

（5）按使用部位分类，木器漆可分为家具漆和地板漆等。

2. 常用的木器漆

（1）醇酸漆。

醇酸漆分为醇酸清漆和醇酸瓷漆（因漆膜光亮如陶瓷，所以称瓷漆或磁漆），因其涂刷方便、价格便宜，成为目前市场上常用的油漆，用于木材面及金属面的中低档装修。

（2）硝基漆。

硝基漆属挥发性木器漆，又称手扫漆，涂膜干燥速度极快，施工速度快，因此漆膜表面平滑细腻，可用于木制品表面做中高档的饰面装饰。

但硝基漆也有缺点：高湿天气易泛白、丰满度低，干燥时会产生大量有毒溶剂，故施工现场应有良好的通风条件；硝基漆的固含量低，施工时涂刷遍数多（通常需要 6 遍以上），且硝基漆的耐光性较差，在紫外线长时间作用下，漆膜会出现龟裂，环境气温的剧烈变化会引起膜面开裂与剥落。

（3）聚酯漆。

聚酯漆的主要原料是聚酯树脂，其中以不饱和聚酯树脂用得较多，属于高档油漆。不饱和聚酯漆干燥快，漆膜丰满厚实，硬度较高，有较高的光泽度和保光性，且耐磨性、耐热性、抗冻性和耐酸碱性较好。但不饱和聚酯漆的漆膜损伤后修复困难，施工时由于配比成分较复杂，因此只适合在静置的平面上涂饰；由于垂直面、边线和凹凸线条处涂饰易产生流挂现象，因此其施工操作比较麻烦。

聚酯漆施工过程中需要进行固化，这些固化剂的分量占了木器漆总分量的 1/3，固化剂中游离 TDI（即甲苯二异氰酸酯）是对人体有害的物质，国际上对于其限制标准是控制在 0.5%以下。

（4）水性木器漆。

水性木器漆以水为稀释剂，常用的有丙烯酸酯型和聚氨酯型。

水性木器漆无任何有害挥发，是目前最安全、最环保的家具漆涂料，以其无毒、无气味、可挥发物极少、不燃不爆的高安全性、不黄变、涂刷面积大等优点，越来越受到市场的欢迎。

7.6 特种涂料

特种涂料对被涂物不仅具有保护和装饰作用，还有其他特殊功能，如防水、防火、防霉、防虫、隔热、隔声、发光等。

1. 防火涂料

防火涂料可以有效延长可燃材料（如木材）的引燃时间，阻止非可燃结构材料（如钢材）因表面温度升高引起的强度急剧丧失，阻止或延缓火焰的蔓延和扩展，使人们争取到灭火和疏散的宝贵时间。

根据防火原理，可把防火涂料分为非膨胀型防火涂料和膨胀型防火涂料两种。非膨胀型防火涂料由不燃性或难燃性合成树脂、难燃剂和防火填料组成，其涂层不易燃烧；膨胀型防火涂料是在上述配方基础上加入成碳剂、脱水成碳催化剂、发泡剂等成分制成，在高温和火焰作用下，这些成分迅速膨胀，形成比原涂料厚几十倍的泡沫状碳化层，从而阻止高温对基材的传导作用，使基材表面温度降低。

防火涂料可用于钢材、木材、混凝土等材料上，常用的阻燃剂有含磷化合物和含卤素化合物，如氯化石蜡、十溴联苯醚等。

裸露的钢结构耐火极限仅为0.25h，在火灾中钢结构温升超过500℃时，其强度会明显降低，导致建筑物迅速垮塌。

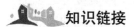知识链接

涂料的简易鉴别方法

（1）看。选购涂料时，首先要从产品包装、说明书、检测报告中看清两个重要指标，一个是耐刷洗次数，另一个是VOC和甲醛含量。前者是涂料漆膜性能的综合指标，不仅代表着涂料的易清洁性，更代表着涂料的耐水性、耐碱性和漆膜的坚韧状况；后者是涂料的环保健康指标，通常代表了涂料的环保性能，该指标越低越好。

（2）闻。闻一下要买的涂料，味道越小越好，如有刺鼻气味或香味都是可疑的。真正的净味涂料应该只有淡淡的味道，而不是靠添加香料来遮盖气味。好的涂料，其VOC为零或非常低，因此味道很小。

（3）摸。可以通过查看或触摸涂料的样板，来辨别漆膜的质量。好的乳胶漆漆膜通常比较致密、细腻，有光泽；差的乳胶漆漆膜通常都比较粗糙。

（4）试。各种品牌的专卖店通常都陈列有产品的样板，可以通过各种不同测试方法查看漆膜的性能，如耐擦、耐污染性。

（5）刷。如果可能的话，最好自己动手试一下涂料。打开涂料桶盖，用木棍搅动涂料，

看看内部是否有结块，如有结块说明该涂料已坏；用木棍挑出一点涂料，观察其下淌状态，如果该涂料成丝状连续下淌，而不是断成一块一块，说明其流动性好，装饰效果好；用手捻一捻涂料，可以感觉出它的细腻度，越细越好；如果商店有刮板器，可以借来刮一下，细度越细越好；用刮板器在黑白纸上刮一下膜，比较其对白色和黑色的遮盖情况，对黑色遮盖得越好，说明其遮盖力越强。

钢结构必须采用防火涂料进行涂饰，才能使其达到《建筑设计防火规范（2018年版）》（GB 50016—2014）的要求。

根据涂层厚度及特点，可将钢结构防火涂料分为两类。

（1）B类：薄涂型钢结构防火涂料，涂层厚度为2～7mm，有一定的装饰效果；高温时涂层膨胀增厚，起到耐火隔热的作用，耐火极限可达0.5～1.5h，又称钢结构膨胀防火涂料。

（2）H类：厚涂型钢结构防火涂料，涂层厚度一般为8～50mm，为粒状表面，密度较小；其热导率低，耐火极限可达0.5～3.0h，又称钢结构隔热防火涂料。

除钢结构防火涂料外，其他基材也有专用防火涂料品种，如木结构防火涂料、混凝土楼板隔热防火涂料等。

2. 防水涂料

防水涂料用于地下工程、卫生间、厨房等场合。早期的防水涂料以熔融沥青及其他沥青加工类产物为主，现在仍广泛使用。近年来以各种合成树脂为原料的防水涂料逐渐发展起来，按其状态可分为溶剂型防水涂料、乳液型防水涂料和反应固化型防水涂料三类。

（1）溶剂型防水涂料是以各种高分子合成树脂溶于溶剂中制成的防水涂料，其干燥快速，可低温操作施工。常用的树脂种类有氯丁橡胶沥青、丁基橡胶沥青、SBS改性沥青、再生橡胶改性沥青等。

（2）乳液型防水涂料是应用最多的涂料，它以水为稀释剂，有效降低了施工污染、毒性和易燃性，主要品种有改性沥青系防水涂料（各种橡胶改性沥青）、氯偏共聚乳液或丙烯酸乳液防水涂料、改性煤焦油防水涂料、涤纶防水涂料和膨润土沥青防水涂料等。

（3）反应固化型防水涂料是以化学反应型合成树脂（如聚氨酯、环氧树脂）配以专用固化剂制成的双组分涂料，是具有优异耐水性、变形性和耐老化性能的高档防水涂料。

3. 防霉涂料

在我国南方夏季和地下室、卫生间等潮湿场所，在霉菌作用下，木材、纸张、皮革等有机高分子材料的基材会发霉，有些涂层（如聚乙酸乙烯酯乳胶漆）也会发霉，在涂膜表面出现斑点或凸起，严重时会产生穿孔和针眼。底层霉变逐渐向中间层和表层发展，会破坏整个涂层，导致涂层粉末化。

防霉涂料以不易发霉材料（如硅酸钾水玻璃涂料和氯-偏共聚乳液）为主要成膜物质，加入两种或两种以上的防霉剂（多数为专用杀菌剂）制成。涂层中含有一定量的防霉剂就可以达到预期的防霉效果。它适用于食品厂、卷烟厂、酒厂及地下室等易产生霉变的内墙墙面。

4. 防虫涂料

防虫涂料是在以合成树脂为主要成膜物质的基料中，加入各种专用杀虫剂、驱虫剂、助剂合成的涂料。这种涂料色泽鲜艳，遮盖力强，耐湿擦性能好，对蚊蝇、蟑螂等害虫有很好的速杀作用，适用于城乡住宅、医院、宾馆等的内墙墙面，也可用于粮库、食品等储藏室的涂饰。

7.7 涂料的主要技术性能

7.7.1 涂料成膜前的主要技术性能

涂料成膜前的主要技术性能要求，包括其在容器中的状态、黏度、含固量、细度、干燥时间、最低成膜温度等。

1. 在容器中的状态

其在容器中的状态反映涂料体系在储存时的稳定性。各种涂料在容器中储存时均应无硬块，搅拌后应呈均匀状态。

2. 黏度

涂料应有一定的黏度，使其在涂饰作业时易于流平而不流挂。建筑涂料的黏度取决于主要成膜物质本身的黏度和含量。

3. 含固量

含固量是指涂料中不挥发物质在涂料总量中所占的百分比。含固量的大小不仅影响涂料的黏度，同时也影响涂膜的强度、硬度、光泽及遮盖力等性能。薄质涂料的含固量通常不小于45%。

4. 细度

细度是指涂料中次要成膜物质的颗粒大小，它影响涂膜颜色的均匀性、表面平整性和光泽。薄质涂料的细度一般不大于 $60\,\mu m$。

5. 干燥时间

涂料的干燥时间分为表干时间和实干时间，是影响涂饰施工的时间。一般而言，涂料的表干时间不应超过 2h，实干时间不应超过 24h。

6. 最低成膜温度

最低成膜温度是乳液型涂料的一项重要性能。乳液型涂料是通过涂料中的分散介质——水分的蒸发，使细小颗粒逐渐靠近、凝结成膜的，这一过程只有在某一最低温度以上才能实现，此温度称为最低成膜温度。乳液型涂料只有在高于这一温度时才能进行涂饰作业，其最低成膜温度都在 10℃ 以上。

此外，对不同类型的涂料还有一些不同的特殊要求，如砂壁状涂料的骨料沉降性、合成树脂乳液型涂料的低温稳定性等。

> **知识链接**
>
> **涂料毒性认识误区**
>
> 人们对涂料的毒性认识误区，主要表现在以下方面。
>
> （1）认为涂料的毒性在一段短时间内就挥发完了，只要过几周就没有危害了。这是不科学的。在常温下，这些有毒物质的挥发是一个漫长的过程，而长期低剂量接触有毒物质，会产生严重的非急性危害（由于是非急性的，故往往不被人察觉）。
>
> （2）认为涂料中VOC的多少可以代表毒性的大小。VOC只是涂料毒性大小的一个来源，而且也不是所有的VOC都有很高的毒性，有些VOC并没有很大的毒性，这是开发新一代低毒产品的基础。作为一类化学指标，VOC并不等同于毒性。
>
> 此外应注意，涂料的毒性只有通过生物检测才能表达，理化检验并不能完整表达毒性。涂料的毒性控制是针对同类产品相互比较而言的，因此它不能和蒸馏水的无毒相提并论。好的涂料产品，科学的表达应是低毒，而不是无毒。

7.7.2 涂膜的主要技术性能

涂膜的技术性能，主要是指物理力学性能和化学性能，包括涂膜颜色、遮盖力、附着力、黏结强度、耐冻融性、耐污染性、耐候性、耐水性、耐碱性及耐刷洗性等。

1. 涂膜颜色

与标准样品相比，涂膜颜色应符合色差范围。

2. 遮盖力

遮盖力反映涂膜对基层材料颜色遮盖能力的大小，与涂料中着色颜料的着色力及含量有关，通常用能使规定的黑白格遮盖所需涂料的单位面积质量表示，单位为g/m^2。建筑涂料的遮盖力范围为$100\sim300g/m^2$。

3. 附着力

附着力是表示薄质涂料的涂膜与基层之间黏结牢固程度的性能，通常用画格法测定。将涂料制成标准的涂膜样本，然后用锋利的刀片，沿长度和宽度方向每隔1mm画线，共切出100个方格，画线时应使刀片切透涂膜；然后用软毛刷沿对角线方向反复刷5次，在放大镜下观察被切出的小方格涂膜有无脱落现象。用未脱落小方格涂膜的百分数表示附着力的大小。质量优良的涂膜，其附着力指标应为100%。

4. 黏结强度

黏结强度是表示厚质建筑材料涂料和复层建筑涂料的涂膜与基层黏结牢固程度的性能指标。黏结强度高的涂料其涂膜不易脱落，耐久性好。

5. 耐冻融性

外墙涂料的涂膜表面毛细管内含有吸收的水分，在冬季可能发生反复冻融，导致涂膜开裂、粉化、起泡或脱落，因此对外墙涂料的涂膜有一定的耐冻融性要求。涂膜的耐冻融性用涂膜标准样板在-20～+23℃之间能承受的冻融循环次数表示，该次数越多，表明涂膜的耐冻融性越好。

6. 耐污染性

耐污染性是指涂料抵抗大气灰尘污染的能力，是外墙涂料的一项重要性能。暴露在大气环境中的涂料，受到的灰尘污染有三类：第一类是沉积性污染，即灰尘自然沉积在涂料表面，污染程度与涂膜的平整度有关；第二类是侵入性污染，即灰尘、有色物质等随同水分浸入涂膜的毛细孔中，污染程度与涂膜的致密性有关；第三类是吸附性污染，即由于涂膜表面带有静电或油污而吸引灰尘造成污染。其中以第二类污染对涂膜的影响最为严重。涂料的耐污染性用涂膜经污染剂反复污染至规定次数后，对光的反射系数下降率的百分数表示，下降率越小，涂料的耐污染性越好。

7. 耐候性

有机涂料的主要成膜物质在光、热、臭氧的长期作用下，会发生高分子的降解或交联，使涂料发黏、变脆或变色，失去原有的强度、柔韧性和光泽，最终导致涂膜的破坏，这种现象称为涂料的老化。涂料抵抗老化的能力称为耐候性，通常用经给定的人工加速老化处理时间后，涂膜粉化、裂化、起鼓、剥落及变色等的状态指标来表示。

8. 耐水性

涂料与水长期接触会产生起泡、掉粉、失光、变色等破坏现象，涂膜抵抗水产生的这种破坏作用的能力，称为涂料的耐水性。涂料的耐水性用浸水试验法测定，即将已经实干的涂膜试件的2/3面积浸入（25±1）℃的蒸馏水或沸水中，达到规定时间后检查涂膜有无上述破坏现象。耐水性差的涂料，不得用于潮湿的环境中。

9. 耐碱性

大多数建筑涂料是涂饰在水泥混凝土、水泥砂浆等含碱材料的表面上，在碱性介质的作用下涂膜会产生起泡、掉粉、失光和变色等破坏现象。因此，涂料必须具有一定的抵抗碱性介质破坏的能力，即耐碱性。涂料的耐碱性测定方法：将涂膜试样浸泡在$Ca(OH)_2$饱和水溶液中一定时间后，检查涂膜表面是否产生上述破坏现象及破坏程度，以此来评价涂料的耐碱性。

10. 耐刷洗性

耐刷洗性表示涂膜受水长期冲刷而不破坏的性能。涂料耐刷洗性的测定方法：用浸有规定浓度肥皂水的鬃刷，在一定压力下反复擦刷试板的涂膜，刷至规定的次数，观察涂膜是否破损露出试板底色。外墙涂料的耐刷洗次数一般要求达到1000次以上。

上述对涂膜的各项性能要求并非对所有涂料都是必需的，如耐冻融性、耐污染性、耐候性对于外墙涂料是重要的技术性能，但对于内墙涂料则往往不做要求。此外，对于不同的涂料还有一些特殊的性能要求，如地面涂料要求具有较高的耐磨性，高层建筑涂料则要求有耐冷热循环性及耐冲击性等。

第 7 章　建筑装饰涂料

7.8　建筑装饰涂料的选用原则

1. 建筑装饰涂料的选用要点

建筑装饰涂料直接关系人类的健康和生存环境。首先应根据使用部位、环境，选用无毒、无害或低毒无害的水性类、乳液型或溶剂型中低 VOC 类环保型涂料；其次要选用有信誉的品牌涂料，对非品牌涂料要深入了解其各项技术性质及质量保证书；再次要考虑经济原则，选用的涂料品牌档次与装饰档次及其装饰材料要相匹配。

2. 根据不同部位选用装饰涂料

建筑装饰涂料的使用部位不同，所受的外界环境因素的作用也不同，如外墙长年经受风吹、日晒、雨淋、冻融和灰尘等作用，地面则经常受到摩擦、刻划、水洗等作用。因此所选用的涂料应具备相应的性能，以保证涂膜的装饰性和耐久性，即应按不同使用部位来选用涂料。

房间的功能有区别，所以应选择相应特点的乳胶漆。例如，卫生间、地下室最好选择耐霉菌性较好的产品，厨房、浴室则应选择耐污渍及耐擦洗性较好的产品；如果居住环境较为潮湿，可选用防霉功能较佳的墙面漆（如各品牌 5 合 1 乳胶漆、金装全效合一产品）；如果家中有喜欢在墙上画画的小孩，容易清洗的墙面漆（如各品牌第三代超耐洗或儿童乳胶漆）则最适合不过。

3. 按基层材料选用建筑装饰涂料

基层材料有很多种，如混凝土、水泥砂浆、石灰砂浆、钢材和木材等，其组成和性质不同，对涂料的作用和要求也不同。选用涂料时，首先应考虑涂膜与基层材料的黏附力大小，黏附力大小与涂料组成和基层材料组成的关系极为密切，只有两者之间的黏附力较大时，才能保证涂膜耐久和不脱落。有些基层材料具有较高的碱性，所以涂料也必须具有较强的耐碱性。钢铁构件易生锈，因而应选用防锈漆。另外，在强度很低的基层材料上不宜使用强度高且涂膜收缩较大的涂料，以免造成基层剥落。因此，按基层材料正确选用建筑装饰涂料是获得良好装饰效果和耐久性的前提，选用时可参考表 7-4。

表 7-4　按基层材料选用建筑装饰涂料

基层材料	水性涂料	水泥系涂料	无机涂料	乳液型涂料							溶剂型涂料							
	聚乙烯醇涂料	聚合物水泥涂料	硅酸盐系涂料	硅溶胶无机涂料	聚乙酸乙烯乳液涂料	乙-丙乳液涂料	氯-偏共聚乳液漆	苯-丙乳液漆	丙烯酸酯乳胶漆	水乳型环氧树脂涂料	油漆	过氯乙烯	聚乙烯醇缩丁醛涂料	氯化橡胶涂料	丙烯酸酯涂料	聚氨酯系涂料	环氧树脂涂料	苯乙烯涂料
混凝土	√	☆	√	√	√	√	√	√	√	√	×	√	√	√	√	√	√	√

续表

基层材料	水性涂料	水泥系涂料	无机涂料		乳液型涂料						溶剂型涂料						
	聚乙烯醇涂料	聚合物水泥涂料	硅酸盐系涂料	硅溶胶无机涂料	聚乙酸乙烯乳液	乙-丙乳液涂料	氯-偏共聚乳液	苯-丙乳胶漆	丙烯酸酯乳胶漆	水乳型环氧树脂涂料	过氯乙烯油漆	聚乙烯醇缩丁醛涂料	氯化橡胶涂料	丙烯酸酯涂料	聚氨酯系涂料	环氧树脂涂料	苯乙烯涂料
砂浆	√	☆	√	√	√	√	√	√	√	√	×	√	√	√	√	√	√
石棉水泥板	√	☆	√	√	√	√	√	√	√	√	√	√	√	√	√	√	√
石灰浆	☆	×	√	√	√	√	√	√	√								
木材	×	×	×	√	×	×	×	×	√	√	☆	☆	☆	☆	☆	☆	☆
金属	×	×	×	×	×	×	√	√	×		☆	☆	☆	☆	☆	☆	☆

注：☆表示优先选用，√表示可以选用，×表示不可选用。

知识链接

纳米涂料

1. 纳米涂料的概念

纳米技术是用原子和分子创制纳米级新物质的技术，纳米材料则相应是在纳米量级（1～100nm）范围内调控物质结构研制而成、具有优良理化性能的新材料。利用纳米技术及纳米材料生产的具有优异功能的新涂料，称为纳米涂料。

2. 纳米涂料的特点

（1）不含甲醛、苯类、铅、镉、铬等挥发和有害物质，无毒、洁净。传统涂料含有各种有机物，时间一长便容易挥发，释放出对人体有害的成分，而纳米涂料则利用纳米材料的吸附作用，能提高涂层周围的空气净度（减少 CO_2，产生负离子）。纳米负离子多元涂料和纳米抗菌涂料的一个显著特点是克服了传统涂料对人体的危害，具有抗菌、除臭等优点，并有自洁能力，是真正的绿色环保涂料。

（2）比表面积大、界面原子体积大、遮盖力强、附着力强、光洁度高，且抗老化、不褪色。利用高科技产品纳米 Ag 系、纳米 SiO_2 作为载体，其表面、界面原子比率高，配位不全，不饱和键、悬键较多，活力、扩散力大，能吸收紫外光波，充分发挥其表面效应、体积效应和量子尺寸效应，涂层固化、致密速度快，涂膜呈三维网络结构；其耐候性强，能经日晒、雨淋、冰冻；纳米涂料分散性和相容性好，颗粒能深入墙体，因而比传统涂料具有强得多的黏附力，且光洁度高；其耐洗刷性由原来的一千多次可提高到上万次，且抗紫外线老化时间从原来的250h提高到600h，色鲜不褪。

（3）具有优异的防藻、防潮、防霉、防腐及长效抗菌的作用。当MFS350涂料在水中的浓度为 0.315%时，对葛兰氏阳性代表菌种与葛兰氏阴性代表菌种的抗菌能力可以非常明显地表露出来，抑菌圈达 2～3mm。根据银的抗菌机理，Ag^+可以强烈地吸附在细菌中的蛋白酶上，并迅速与其结合，使蛋白酶丧失活性，导致细菌死亡；当细菌死亡后，Ag^+从细菌中游离出来，再与其他菌落接触，这样的过程可周而复始。因此，纳米涂料具有长久防菌、防霉、防腐的功能，其他传统涂料很难达到此效果。

总之纳米涂料具有突出的质量、性能优势，价格又比传统涂料高不了多少，经实际使用，效果优异，现已投放市场，可逐步取代传统涂料，其带来的经济、环保效益巨大。

总结起来，纳米涂料有以下七大特点。

（1）自洁、耐污染，气味清新。

（2）耐洗刷次数高（10000～35000 次）。

（3）附着力强、韧性好、耐冲击，涂膜饱满均匀。

（4）抗菌防毒，苯系物（致癌物质）含量为零。

（5）有荷叶般的奇特疏水效果，使墙面更爽洁。

（6）有超强的弹性功能，能弥补墙壁面的细微裂痕。

（7）有卓越的耐碱性，能够抵抗底材的碱性侵蚀。

本章小结

本章介绍了建筑装饰涂料的分类、组成和技术性质，较详细地论述了各种外墙涂料和内墙涂料的种类、技术性能指标、特点及主要使用场合。应重点掌握各类涂料的技术性能指标及应用范围，学会选用建筑装饰涂料。

实训指导书

了解涂料的种类、规格、品牌、价格和使用情况等。重点掌握内墙涂料和木器漆的种类、规格、品牌、价格及施工工艺。

一、实训目的

让学生自主地到建筑装饰材料市场和建筑装饰施工现场进行考察或实训，了解内墙涂料和木器漆的价格，熟悉其应用情况，能够掌握不同品牌内墙涂料和木器漆的价格、使用要求及适用范围等。

二、实训方式

1. 建筑装饰材料市场的调查分析

学生分组：以 3～5 人为一组，自主地到建筑装饰材料市场进行调查分析。

调查方法：以咨询为主，认识不同品牌的内墙涂料和木器漆，调查其价格、收集样本、掌握相关的选用要求。

2. 建筑装饰施工现场涂料使用的调研

学生分组：以 10～15 人为一组，由教师或现场负责人指导。

调查方法：结合施工现场和工程实际情况，在教师或现场负责人的指导下，熟悉内墙涂料和木器漆在工程中的使用情况和注意事项。

三、实训内容及要求

（1）认真完成调研日记。

（2）填写材料调研报告。

（3）写出实训小结。

第 8 章　建筑装饰木材

教学目标

了解木材的分类和结构,以及各种木材装饰材料的种类;掌握木材的基本性能,木材装饰材料及其制品的主要特点及质量要求,学会挑选各种木材装饰制品;了解木材防腐和防火的方法。

教学要求

能力目标	相关试验或实训	重点
能识别木地板的品种,正确选购木地板		★
能根据人造板材的性能和特点,正确识别与选购各种人造板材	到当地有关市场识别与选购各种人造板材	★
能正确选购常用的木装饰制品	到当地有关市场选购木地板、门窗套、木墙裙及木线等	★

引例

木材应用于房屋建筑已有悠久的历史，可见于中国古建筑的屋架、梁枋、雀替、门窗、屏风，以及室内家具、陈设等。在现代建筑中，木材主要应用于建筑装饰工程中。那么如何根据建筑空间的功能、室内环境的创意、空间界面及家具和陈设的配置要求，结合木材、人造木质板材的特性（如色泽、纹理、质感）及技术指标等要素，来合理选用木材及其制品呢？

8.1 木材的基本知识

木材是人类最早使用的一种建筑材料，时至今日，在建筑工程中仍占有一定的地位。由于它具有美观的天然纹理，装饰效果较好，因此仍被广泛用作装饰与装修材料。因为木材具有构造不均匀、各向异性、易吸湿变形、易腐易燃等缺点，且树木生长周期长、成材不易等原因，在应用上受到了很多限制，所以对木材的节约使用和综合利用就显得十分重要。

8.1.1 木材的分类方法

常用实木材料

红木

1. 按树种分类

木材是由树木加工而成的，树木种类不同，木材的性质及应用就不一样。一般木材可分为针叶树木材和阔叶树木材。

（1）针叶树木材。针叶树树干通直高大，表观密度小，质软，纹理直，易加工。针叶树木材胀缩变形较小，强度较高，常含有较多的树脂，比较耐腐朽。针叶树木材是主要的建筑用材，广泛用作各种构件、装修和装饰部件，常用的有落叶松、红松、马尾松、樟子松、云杉、冷杉、杉木、柏木等树种。

（2）阔叶树木材。阔叶树树干通直部分一般较短，大部分树种的表观密度大，质硬。这种木材较难加工，胀缩变形大，易翘曲、开裂，建筑上常用作尺寸较小的零部件。有的硬木经加工后，出现美丽的纹理，适用于室内装修、制作家具和胶合板等。常用的树种有柚木、榉木、水曲柳、樟木、桦木、柞木、榆木等。

特别提示

- "红木家具"为使用名贵硬木材料，采用传统榫卯工艺制作的家具的统称。"红木"是江浙一带及北方流行的名称，广东一带称"酸枝木"，为热带地区豆科檀属木材，以小叶紫檀、红酸枝木、海南黄花梨、缅甸花梨、非洲鸡翅木等最为名贵。红木生长缓慢、材质坚硬，生长期都在几百年以上。原产于我国南部的很多红木，早在明、清时期就被砍伐得所剩无几，如今的红木大多产于东南亚和非洲。

🏠 **想一想**

党的二十大报告提出，大自然是人类赖以生存发展的基本条件。林业资源是一项极其宝贵的资源，对改善人类生存环境具有十分重要的意义。肆意砍伐树木容易造成水土流失和风沙肆虐，严重破坏植被，导致生活环境质量下降。为了保护环境，实现人与自然的和谐共生，国家针对砍伐树木相关违法行为进行了处罚。因此，在日常生活中，我们要注意保护林业资源。

2. 按加工程度和用途分类

木材按加工程度和用途的不同，可分为原条、原木、板方材等。

（1）原条。原条是指已经去除根、皮、树梢，但尚未按一定尺寸加工成相应规格的木材，主要用于建筑脚手架、小型用材、家具等。

（2）原木。原木是指已经除去根、皮、树梢，并已按一定尺寸加工成规定长度和直径的木材，主要用于建筑工程的桩木、胶合板等。

（3）板方材。板方材是指已经加工锯解成材的木料，一般用于建筑工程、桥梁、家具等。

8.1.2 木材的力学性能

木材的力学性能是指木材抵抗外力的能力。木构件在外力作用下，在构件内部单位截面积上所产生的内力称为应力。木材抵抗外力至破坏时的应力，称为木材的极限强度。根据外力在木构件上作用的方向、位置不同，木构件的工作状态分为受拉、受压、受弯、受剪等，其力学性能包括抗拉强度、抗压强度、抗弯强度、抗剪强度等。

1. 抗拉强度

木材的抗拉强度有顺纹抗拉强度和横纹抗拉强度两种。

（1）顺纹抗拉强度：即外力与木材纤维方向平行的抗拉强度。由木材标准小试件测得的顺纹抗拉强度，是所有强度中最大的。但木节、斜纹、裂缝等木材缺陷对抗拉强度的影响很大，因此在实际应用中，木材的顺纹抗拉强度反而比顺纹抗压强度低。木屋架中的下弦杆、竖杆均为顺纹受拉构件。工程中，对于受拉构件应选用一等材。

（2）横纹抗拉强度：即外力与木材纤维方向垂直的抗拉强度。木材的横纹抗拉强度远小于顺纹抗拉强度，对于一般木材，前者为后者的 1/10～1/4。所以，在承重结构中不允许木材横纹承受拉力。

2. 抗压强度

木材的抗压强度有横纹抗压强度和顺纹抗压强度两种。

（1）横纹抗压强度：即外力与木材纤维方向相垂直的抗压强度。木材的横纹抗压强度远小于顺纹抗压强度。

（2）顺纹抗压强度：即外力与木材纤维方向相平行的抗压强度。由木材标准小试件测得的顺纹抗压强度，为顺纹抗拉强度的 40%～50%。由于木材的缺陷对顺纹抗压的影响很小，因此木构件的受压工作要比受拉工作可靠得多。屋架中的斜腹杆、木柱、木桩等均为顺纹受压构件。

3. 抗弯强度

木材的抗弯强度介于横纹抗压强度和顺纹抗压强度之间。木材受弯时，在木材的横截面上有受拉区和受压区。

梁在工作状态时，截面上部产生顺纹压应力，截面下部产生顺纹拉应力，且越靠近截面边缘，所受的压应力或拉应力也越大。由于木材的缺陷对受拉影响大，对受压影响小，因此对大梁、格栅、檩条等受弯构件，不允许在其受拉区内存在木节、斜纹、裂缝等缺陷。

4. 抗剪强度

外力作用于木材，使其一部分脱离邻近部分而滑动时，在滑动面上单位面积所能承受的外力，称为木材的抗剪强度。木材的抗剪强度有顺纹抗剪强度、横纹抗剪强度和剪断强度三种。

（1）顺纹抗剪强度：即剪力方向和剪切面均与木材纤维方向平行时的抗剪强度。木材顺纹受剪时，绝大部分是破坏受剪面中纤维的联结部分，因此木材的顺纹抗剪强度比较小。

（2）横纹抗剪强度：即剪力方向与木材纤维方向垂直，而剪切面与木材纤维方向平行时的抗剪强度。木材的横纹抗剪强度只有顺纹抗剪强度的 1/2 左右。

（3）剪断强度：即剪力方向和剪切面都与木材纤维方向垂直时的抗剪强度。木材的剪断强度约为顺纹抗剪强度的 3 倍。

木材的裂缝如果与受剪面重合，将会大大降低木材的抗剪承载能力，常为构件结构破坏的主要原因。这种情况在工程中必须避免。

为了增强木材的抗剪承载能力，可以增大剪切面的长度或在剪切面上施加足够的压紧力。

5. 影响因素

木材强度除因树种、产地、生产条件与时间、部位的不同而变化外，还与含水率、温度、负荷时间及木材缺陷有很大的关系。

（1）含水率的影响。当木材含水率低于纤维饱和点时，含水率越高，则木材强度越低；当木材含水率高于纤维饱和点时，含水率的增减，只是胞腔中的自由水的变化，而细胞壁不受影响，因此木材强度不变。试验表明，含水率的变化，对受弯、受压的影响较大，对受剪的影响次之，而对受拉的影响较小。

（2）温度的影响。温度升高时，木材的强度将会降低。当温度由 25℃升高到 50℃时，针叶树木材的抗拉强度降低 10%～15%，抗压强度降低 20%～24%；当温度超过 140℃时，木材的颜色逐渐变黑，其强度显著降低。

（3）负荷时间的影响。木材对长期荷载与短期荷载的抵抗能力是不同的。木材在长期荷载作用下，不致引起破坏的最大应力称为持久强度。木材的持久强度比木材标准小试件测得的瞬时强度小得多，一般为瞬时强度的 50%～60%。

在实际结构中，荷载总是全部或部分长期作用在结构上。因此，在计算木材的承载能力时，应以木材的长期强度为依据。

（4）木材缺陷的影响。缺陷对木材各种受力性能的影响是不同的。木节对受拉的影响较大，对受压的影响较小，对受弯的影响则视木节位于受拉区还是受压区而不同，对受剪的影响很小；斜纹将严重降低木材的顺纹抗拉强度，对顺纹抗弯强度的影响次之，对顺纹抗压强度的影响较小；裂缝、腐朽、虫害会严重影响木材的力学性能，甚至使木材完全失去使用价值。

8.1.3 木材的物理性质

木材的物理性质对木材的选用和加工有非常重要的意义。

1. 含水率

木材的含水率指木材中所含水的质量占干燥木材质量的百分比。木材内部所含水分，可以分为以下三种。

（1）自由水：指存在于细胞腔和细胞间隙中的水分。自由水影响木材的表观密度、保存性、燃烧性、干燥性和渗透性。

（2）吸附水：指吸附在细胞壁内的水分，其含量大小是影响木材强度和胀缩的主要因素。

（3）化合水：指木材化学成分中的结合水，对木材的性能无太大影响。

当木材中细胞壁内被吸附水充满，而细胞腔与细胞间隙中没有自由水时，该木材的含水率被称为纤维饱和点。纤维饱和点因树种而异，一般为25%～35%，平均值约为30%。

纤维饱和点的重要意义在于它是木材物理力学性质发生改变的转折点，是木材含水率是否影响其强度和湿胀干缩的临界值。

干燥的木材能从周围的空气中吸收水分，潮湿的木材也能在干燥的空气中失去水分。当木材的含水率与周围空气相对湿度达到平衡状态时，此含水率称为平衡含水率。平衡含水率随周围环境的温度和相对湿度而改变。

新伐木材含水率常在35%以上，风干木材含水率为15%～25%，室内干燥的木材含水率常为8%～15%。

2. 密度和表观密度

（1）密度。不同树种木材的密度相差不大，平均约为1550kg/m³。

（2）表观密度。木材的表观密度因树种的不同而不同。中国木材中最轻的是台湾的二色轻木，表观密度只有186kg/m³；最重的木材是广西的蚬木，表观密度高达1125kg/m³；大多数木材的表观密度在400～600kg/m³范围内，平均为500kg/m³。一般将表观密度小于400kg/m³的木材称为轻材，表观密度在500～800kg/m³的木材称为中等材，而将表观密度大于800kg/m³的木材称为重材。

3. 湿胀干缩

木材具有显著的湿胀干缩特征。当木材的含水率在纤维饱和点以上时，含水率的变化并不会改变木材的体积和尺寸，因为只是自由水在发生变化。但当木材的含水率在纤维饱和点以内时，含水率的变化会引起吸附水的变化。当吸附水增加时，细胞壁纤维间距离增大，细胞壁厚度增加，导致木材体积膨胀，尺寸增加，直到含水率达到纤维饱和点时为止，此后木材随含水率继续提高也不再膨胀；当吸附水蒸发时，细胞壁厚度减小，导致木材体积收缩，尺寸减小。也就是说，只有吸附水的变化，才能引起木材的变形，即湿胀干缩。

木材的湿胀干缩因树种不同而异，一般来讲，表观密度大、夏材含量高者胀缩性较大。

由于木材构造不均匀，各方向的胀缩也不一致，同一木材弦向胀缩最大，径向次之，纤维方向最小。木材干燥时，弦向收缩为6%～12%，径向收缩为3%～6%，顺纤维纵向收缩仅为0.1%～0.35%。弦向胀缩最大，主要是受髓线影响所致。

木材的湿胀干缩对其使用影响较大，湿胀会造成木材凸起，干缩会导致木结构连接处松动。如长期湿胀交替作用，会使木材产生翘曲开裂。为了避免这种情况，通常在加工使用前将木材进行干燥处理，使木材的含水率达到使用环境湿度下的平衡含水率。

知识链接

购买装饰木材要"三看"

一要看产品是否正宗。制假者多将国产板假冒进口板、低等级板假冒高等级板销售，尤其是冒充国际名牌，用户购板时首先要认清整件包装上的商标、厂址、等级和防伪标识；确认真实后再看质量，低劣板四周多有毛刺，而正宗板整齐光滑，夹层匀称密实，板面平整、色泽一致，很少有节眼和接补。刨花板、中密度板和塞比利板有多种厚度和等级，价格差异较大。好板材不仅厚而且压得密实，在水中不易膨胀变形。

二要看原木料质量是否可靠。市场上假冒的原木料泛滥，其作假手段可谓五花八门，消费者购买时要确认货真价实后再出手。成材木料应是经过烘干处理的优质材，不弯曲变形，无断裂、腐朽，木纹斜度小，无树脂痕、白斑和蜂窝眼，且木节小而少。

三要看木材半成品料用材是否一致。一些不法厂商利用人们喜购不油漆的半成品木料之机，掺杂使假，表面用好料，背面和夹层里用差料，更有甚者让顾客看样时用好货，交钱提货时则用差货，这在购买木地板、木门窗、木墙裙、木线条、格栅等时经常会发生。用户在购买这类产品时，一定要仔细检查，不仅里外要一致，还要外表层与内芯一致，尤其是成捆的木线条和地板，要防止中间夹短料、差料。门窗要加工精细、接合牢靠，应多运用榫接合，少用钉接合。

8.2 人造板材

人造板材

人造板材是目前在建筑装饰工程中使用量最大的一种材料。在当前我国可采伐森林资源日渐短缺的情况下，充分利用林业"剩余物""次小材"和人工速生丰产商品林等资源，发展人造板以替代大径级木材产品，对保护天然林资源、保护环境、满足经济建设和社会发展需求有着十分重要的意义。凡以木材为主要原料或以木材加工过程中剩下的边皮、碎料、刨花、木屑等废料进行加工处理而制成的板材，通常称为人造板材，主要包括胶合板、细木工板、密度板、刨花板和三胺板等。

8.2.1 胶合板

胶合板是用原木旋切成薄片，再用胶粘剂按奇数层数，以各层纤维互相垂直的方向黏合热压而制成的人造板材。我国常用的原木有桦木、杨木、水曲柳、松木、椴木、马尾松及部分进口原木。

胶合板板材幅面大，易于加工；板材的纵向和横向的抗拉、抗剪强度均匀，适应性强；板面平整，收缩性小，不翘不裂；板面具有美丽的木纹，是装饰工程中使用最频繁、数量最多的一种板材，既可以做饰面板的基材，又可以直接用于装饰面板，能获得天然木材的质感。

1. 普通胶合板

（1）普通胶合板的规格。

普通胶合板的层数一般为奇数，按层数可分为三夹（合）板、五夹（合）板，当板材厚度超过 5mm 时，一般用厚度代替层数命名，如七厘板（厚度 7mm）、九厘板（厚度 9mm）、十二厘板（厚度 12mm，见图 8-1）、十五厘板（厚度 15mm）等，其中三夹板、五夹板、九厘板、十二厘板最常用。胶合板的厚度规格有 2.7mm、3.0mm、3.5mm、4.0mm、5.0mm、5.5mm、6.0mm 等，自 6mm 起按 1mm 递增，厚度小于或等于 4mm 的为薄胶合板。胶合板的幅面尺寸最为常见的是 2440mm×1220mm。

图 8-1　普通胶合板（十二厘板）

（2）普通胶合板的分类。

普通胶合板根据使用环境分为以下三类。

① Ⅰ类胶合板，即耐气候胶合板，供室外条件下使用，能通过煮沸试验。

② Ⅱ类胶合板，即耐水胶合板，供潮湿条件下使用，能通过 63℃±3℃热水浸渍试验。

③ Ⅲ类胶合板，即不耐潮湿胶合板，供干燥条件下使用，能通过干燥试验。

（3）普通胶合板的质量要求。

普通胶合板的质量应符合《普通胶合板》（GB/T 9846—2015）的规定。

① 产品等级：根据可见的材质缺陷和加工缺陷，将其分为优等品、一等品和合格品。
② 尺寸偏差：长度及宽度方向≤1.5mm/m。
板内厚度允许偏差（砂光板）如下。
板厚≤3mm 时，为±0.2mm；
3mm＜板厚≤7mm 时，为±0.3mm；
7mm＜板厚≤25mm 时，为±0.6mm；
板厚＞25mm 时，为±0.8mm。
垂直度偏差≤1mm/m。
边缘直度偏差≤1mm/m。
平整度偏差≤30mm（当厚度≥7mm 时，应检测平整度偏差）。
③ 含水率：Ⅰ类、Ⅱ类为 5%～14%，Ⅲ类为 5%～16%。
④ 甲醛释放量：按《室内装饰装修材料 人造板及其制品中甲醛释放限量》（GB 18580—2017）的规定，室内用胶合板的甲醛释放限量值为 0.124mg/m³，限量标识为 E_1。

知识链接

如何挑选胶合板

选择胶合板时要注意以下几点。
（1）夹板有正反两面的区别。挑选时，胶合板应木纹清晰，正面光洁平滑、不毛糙，平整无滞手感。
（2）不应有破损、碰伤、硬伤、节疤等疵点。
（3）应无脱胶现象。
（4）有的胶合板是将两个不同纹路的单板贴在一起制成的，所以在选择时要注意夹板拼缝处应严密，没有高低不平现象。
（5）应挑选不散胶的夹板。如果手敲胶合板各部位时声音发脆，证明胶合板质量良好，若声音发闷，则表明胶合板已出现散胶现象。
（6）要注意胶合板板面颜色统一、纹理一致，并且木材色泽与家具油漆颜色相协调。

2. 装饰单板贴面胶合板

装饰单板贴面胶合板又称装饰面板，是用天然木质装饰单板贴在胶合板上制成的人造板，如图 8-2 和图 8-3 所示。装饰单板贴面胶合板是用优质木材经刨切或旋切加工方法制成的薄木片，所以比普通胶合板具有更好的装饰性能，是室内装修最常使用的材料之一，在建筑装饰工程中常用作装饰贴面，经过清水油漆后可显示木纹路的天然质朴、自然高贵，营造出一种亲和高雅的居室环境。

（1）装饰单板贴面胶合板的分类。
装饰单板贴面胶合板按装饰面板的应用，可分为单面装饰单板贴面胶合板和双面装饰单板贴面胶合板；按耐水性能，可分为Ⅰ类装饰单板贴面胶合板、Ⅱ类装饰单板贴面胶合板和Ⅲ类装饰单板贴面胶合板；按装饰单板的纹理，可分为径向装饰单板贴面胶合板和弦向装饰单板贴面胶合板。在建筑装饰工程中常见的是单面装饰单板贴面胶合板。装饰单板贴面胶合板常用的材种有桦木、枫木、红榉木、红橡木、水曲柳、榆木、胡桃木、樱桃木等。

图 8-2 装饰单板贴面胶合板（水曲柳面）　　图 8-3 装饰单板贴面胶合板（黑胡桃面）

（2）装饰单板贴面胶合板的质量要求。

《装饰单板贴面人造板》（GB/T 15104—2021）对装饰单板贴面胶合板在外观质量、理化性能等方面规定了指标要求，其中理化性能指标有含水率、表面胶合强度、浸渍剥离特性等。

① 装饰单板贴面胶合板的含水率指标为 3%～14%。

② 表面胶合强度反映的是装饰单板层与胶合板基材间的胶合强度。标准规定该项指标应不小于 0.4MPa，且达标试件数不少于 80%。若该项指标不合格，说明装饰单板与基材胶合板的胶合质量较差，在使用中可能造成装饰单板层开胶鼓起。

③ 浸渍剥离特性反映的是装饰单板贴面胶合板各胶合层的胶合性能。若该项指标不合格，说明板材的胶合质量较差，在使用中可能造成开胶。

④ 《室内装饰装修材料　人造板及其制品中甲醛释放限量》中规定，装饰单板贴面胶合板甲醛释放限量值为 $0.124mg/m^3$，限量标识为 E_1。

知识链接

如何选购合适的贴面板

选购贴面板可以从以下四个方面着手，这也是衡量贴面板质量优劣的四大标准。

（1）表皮厚度。表皮越厚，耐用性能越好，油漆施工后实木感强，纹理清晰，色泽鲜艳饱和。表皮厚度的鉴别方法为观察板边有无砂透、渗胶现象，涂水试验有无泛青、透底等现象，如果存在上述问题，则通常该表皮较薄。

（2）底板材质。底板材质以柳桉木为佳，但市场上多是杨木芯的。具体判定时，一看底板的质量密度，重者大都为柳桉木或其他硬杂木，轻者为杨木；二看中板颜色，很均匀的白色或中板经染色掩盖处理的一般为杨木；三看板是否翘曲变形、能否垂直竖立，自然平放即发生翘曲或板质松软不挺括、无法竖立者，为劣质底板。

（3）制造工艺。制造工艺可从表皮刨切、拼接复贴、拼缝处理、缺陷修补工艺、砂光缺陷、底板缺陷、其他外观损伤及污染等方面去判断。一般以视力正常者在 1～1.5m 距离目测，无影响装饰美观的工艺缺陷、底板缺陷、人为损伤、污染者为优等，明显可视较严重缺陷者降为一等品或合格品。

（4）板面美观及装饰性。板面纹理清晰且排布规则、美观、色泽协调者为优，色泽不协调，出现有损美观的不规则色差乃至变色、发黑者，则要视其严重程度降为一等品或合格品。天然缺陷如黑点、节疤等，一般在正常光源下，由视力正常者在1.5～2m距离目测，看不到有损美观装饰性的天然缺陷者为优等品，明显可视缺陷者则要降为一等品，缺陷较严重者应降为合格品。另外，选择有品牌、有质检合格证、包装规范、符合国家规定的等级标准、由正规厂家生产的贴面板，是落实前面四项标准的重要前提。

8.2.2 细木工板

细木工板又称大芯板，是建筑装饰用人造板材的主要品种之一。它是以原木条为芯，外贴面材加工而成的木质板材，如图 8-4 所示。细木工板具有密度小、变形小、强度高、尺寸稳定性好、握钉力强等优点，是墙体、顶部装修和制作家具时必不可少的木材制品。

图 8-4　细木工板

细木工板的中间木条材质一般有杨木、桐木、杉木、柳桉木、白松木等。按表面加工状态不同，可分为单面砂光、双面砂光和不砂光三种；按板芯拼接状况不同，可分为拼接细木工板、不拼接细木工板；按层数不同，可分为三层细木工板、五层细木工板、多层细木工板。优质产品板面平整光滑，无脱胶、砂伤、压痕，厚度偏差小，锯开后无明显空芯。

细木工板的质量应符合《细木工板》（GB/T 5849—2016）中对产品技术性能的规定，同时甲醛释放限量应符合《室内装饰装修材料　人造板及其制品中甲醛释放限量》的规定，即甲醛释放限量值为 0.124mg/m³，限量标识为 E_1。

细木工板的规格如下。

（1）细木工板的公称厚度为 15～18mm 等。

（2）细木工板的幅面尺寸为 2440mm×1220mm。

 知识链接

如何挑选细木工板

细木工板几乎在每一个家装工程中都用得到。细木工板质量的好坏直接影响装饰的效果，下面讲一下挑选细木工板的要点。

（1）最好选择机拼板。细木工板的中间夹层为实木木方，制作时有手工拼装和机器拼装两种，机器拼装的拼缝更均匀。

（2）板缝最好不超过3mm。中间夹板的木方间距越小越好，最大不能超过3mm，检验时可锯开一段板来查看。

（3）中间夹层的材质最好为杨木和松木，不能是硬杂木，因为硬杂木不"吃钉"。

（4）看表面砂光度。优质的细木工板是双面砂光，用手摸时手感非常光滑。

（5）看含水率。如北京地区木材含水率应为8%～12%。优质细木工板为蒸气烘干，含水率可达标，而劣质细木工板含水率常不达标。

（6）核对环保指标。细木工板是用胶复合而成的，胶的有害成分主要是甲醛，其含量应低于50mg/kg。有少量品牌，所用胶为非甲醛类胶，其甲醛含量完全达标。查看检验报告，按照细木工板边上标注的查询电话进行确认。

（7）宜选购有品牌的产品。货比三家，相信"一分钱一分货"的道理，并结合自己的经济实力。不要轻信某些厂家名牌低价的吹嘘。

8.2.3 密度板

密度板是常用的纤维板之一，是以木质纤维或其他植物纤维为原料，施加树脂或其他合成树脂，在加热加压条件下压制而成的一种板材，如图8-5所示。密度板比一般的板材要致密，按其密度的不同可分为高密度板、中密度板和低密度板，现在市场上常用的是中密度板。

中密度板的结构均匀、密度适中、力学强度较高、尺寸稳定性好、变形小、表面光滑、边缘牢固，且板材表面的装饰性能好，所以可制成各种型面，用于制造强化地板、家具、船舶和车辆，以及隔断、隔墙、门等的建筑装饰材料。

8.2.4 刨花板

1. 特点

刨花板是以木材加工中的刨花、碎片及木屑为原料，使用专用机械切断粉碎使其呈细丝状纤维，经烘干、施加胶料、拌和铺膜、预压成型、再通过高温、高压压制而成的一种人造板材，如图8-6所示。它具有质量轻、强度低、隔声、保温等特点。

图 8-5 密度板

图 8-6 刨花板

2. 分类

刨花板的分类见表 8-1。

表 8-1 刨花板的分类

分类方法	种类
按功能分	阻燃刨花板、防虫害刨花板、抗真菌刨花板等
按用途分	P1 型：在干燥状态下使用的普通型刨花板 P2 型：在干燥状态下使用的家具型刨花板 P3 型：在干燥状态下使用的承载型刨花板 P4 型：在干燥状态下使用的重载型刨花板 P5 型：在潮湿状态下使用的普通型刨花板 P6 型：在潮湿状态下使用的家具型刨花板 P7 型：在潮湿状态下使用的承载型刨花板 P8 型：在潮湿状态下使用的重载型刨花板 P9 型：在高湿状态下使用的普通型刨花板 P10 型：在高湿状态下使用的家具型刨花板 P11 型：在高湿状态下使用的承载型刨花板 P12 型：在高湿状态下使用的重载型刨花板

3. 主要技术指标

刨花板的质量应符合《刨花板》（GB/T 4897—2015）的规定，其主要技术指标见表 8-2。

4. 刨花板的规格

（1）刨花板的公称厚度为 4mm、6mm、8mm、10mm、12mm、14mm、16mm、19mm、22mm、25mm、30mm 等。

（2）刨花板幅面尺寸为 2440mm×1220mm。

5. 刨花板的选用

刨花板适合作为地板、隔墙、墙裙等处装饰用基层（实铺）板，还可采用单板复面、塑料或纸贴面工艺加工成装饰贴面刨花板，用作家具、装饰饰面板材。

表 8-2 刨花板的主要技术指标

项目		基本厚度范围	
		≤12mm	>12mm
厚度偏差	未砂光板	+1.5mm -0.3mm	+1.7mm -0.5mm
	砂光板	±0.3mm	
长度和宽度		±2mm/m，最大偏差值±5mm	
板边缘直度偏差		≤1mm/m	
垂直度		<2mm/m	
平整度		≤12mm	
含水率		3%～13%	
密度		0.4～0.9g/cm^3	
板内平均密度偏差		±10%	
甲醛释放量（穿孔萃取法）		0.124mg/m^3	

8.2.5 三胺板

三胺板全称为三聚氰胺树脂浸渍纸贴面人造板，一般是将带有不同颜色或纹理的纸放入三聚氰胺树脂胶粘剂中浸泡，然后干燥到一定固化程度，将其热压在刨花板、中密度纤维板或硬质纤维板表面而制成，如图 8-7 所示。也有将调好颜色的三聚氰胺树脂直接喷涂在人造板的表面固化后制成的三胺板。

1. 特点

三胺板令家具外表坚强，这种胶膜纸与基材热压成一体后的表面有着很好的耐磨、防火、耐热耐烫、防水、耐酸碱、耐刻划、耐污染、易于清洁等性能，用它打制的家具不必上漆，表面自然形成保护膜，且表面平整、不易变形、图案颜色多样，可充分按个性化需要进行设计。

其缺点是锯切时锯口易崩边，锯口边沿需要进行封边处理。手工封边胶水痕迹较明显，现在基本都用封板机进行机械封边处理，如图8-8所示。

图 8-7 三胺板

图 8-8 三胺板板边的封边处理

2. 分类

（1）按三胺板的基材分类，可分为刨花板、中密度纤维板、细木工板、胶合板等基材类型。

（2）按表面分类，可分为单面三胺板及双面三胺板。

（3）按表面颜色分类，可分为单色三胺板、仿木纹三胺板、艺术图案三胺板等。

3. 应用

三胺板被广泛应用于板式家具生产、室内装饰装修、车辆船舶制作等，是一种有较好性能的新材料。

8.3 常用木质装饰制品

8.3.1 实木地板

1. 特点

实木地板是指用木材直接加工而成的地板，如图8-9所示。实木地板由于其天然的木材质地，具有润泽的质感、柔和的触感、自然温馨、冬暖夏凉、脚感舒适、高贵典雅等特点，深受人们的喜爱。实木地板铺装效果如图8-10所示。

图8-9 实木地板

图8-10 实木地板铺装效果

2. 分类

实木地板主要有企口实木地板、平口实木地板（多为松木、杉木等制成）、拼花实木地板、竖木地板等。根据实木的材质，有高级硬木地板、普通松木地板及普通杉木地板等。高级硬木地板可分为国产材地板和进口材地板，国产材常用的有桦木、水曲柳、柞木、水青岗、榉木、榆木、槭木、核桃木、枫木、色木等，最常见的是桦木、水曲柳、柞木；进口材常用的有甘巴豆、印茄木、摘亚木、香脂木豆、重蚁木、柚木、古夷苏木、李叶苏木、二翅豆、蒜果木、四籽木、铁线子等。

目前市场上常见的是企口硬木免漆地板，其中最常见的是UV漆地板和高级聚酯清漆地板，有亮光漆和亚光漆等种类，以UV漆地板漆面质量最好。

3. 质量要求

《实木地板 第 1 部分：技术要求》（GB/T 15036.1—2018）中对实木地板的技术要求如下。

（1）平面实木地板根据产品的外观质量、理化性能，分为优等品和合格品；非平面实木地板不分等级。

（2）规格尺寸及其偏差。

① 尺寸偏差应符合表 8-3 的要求。

表 8-3 尺寸偏差要求

项　　目	允许偏差
长度偏差	公称长度与每个测量值之差绝对值≤1.0mm
宽度偏差	公称宽度与平均宽度之差绝对值≤0.50mm，宽度最大值与最小值之差≤0.30mm
厚度偏差	公称厚度与平均厚度之差绝对值≤0.30mm，厚度最大值与最小值之差≤0.40mm

② 形状位置偏差应符合表 8-4 的要求。

表 8-4 形状位置偏差要求

名　　称	允许偏差
翘曲度	宽度方向翘曲度≤0.20%，长度方向翘曲度≤1.00%
拼装离缝	最大值≤0.30mm
拼装高度差	最大值≤0.20mm

注：非平面实木地板拼装高度差不做要求。

（3）理化性能。实木地板的理化性能应符合表 8-5 的要求。

表 8-5 理化性能要求

检验项目		单　位	优等品	合格品
含水率		%	6.0≤含水率≤我国各使用地区的木材平衡含水率 同批地板试样间平均含水率最大值与最小值之差不得超过 3.0，且同一板内含水率最大值与最小值之差不得超过 2.5	
漆膜表面耐磨		—	≤0.08 g/100 r，且漆膜未磨透	≤0.12 g/100 r，且漆膜未磨透
漆膜附着力		级	≤1	≤3
漆膜硬度		—	≥H	
漆膜表面耐污染		—	无污染痕迹	
重金属含量（限色漆）	可溶性铅	mg/kg	≤30	
	可溶性镉	mg/kg	≤25	
	可溶性铬	mg/kg	≤20	
	可溶性汞	mg/kg	≤20	

实木地板

4. 选用

平口实木地板除作地板外,也可用于拼花板、墙裙装饰及天花板吊顶等室内装饰;企口实木地板适用于办公室、会议室、会客室、休息室、旅馆、宾馆客房、住宅起居室、卧室、幼儿园及仪器室等场所;拼花实木地板适用于高级楼宇、宾馆、别墅、会议室、展览室、体育馆和住宅等场所。

知识链接

怎样选购实木地板

选购实木地板时,应从以下几个方面考虑。

(1)检查标志、包装和质检报告。标志应有生产厂名、厂址、电话、木材名称(树种)、等级、规格、数量、检验合格证、执行标准等,包装应完好无破损,并查验质检报告是否有效。

(2)确定地板材种和颜色深浅。不同材种的实木地板价格差异可能很大,材种的不同也往往决定了地板颜色的深浅和纹理图案。消费者应根据自己的经济能力和对颜色、纹理的喜好决定购买何种地板。挑选地板颜色要考虑与房间整体色调相协调,一般原则是要避免色调头重脚轻。

(3)挑选地板的尺寸。地板的尺寸影响地板抗变形的能力,其他条件相同时较小尺寸的地板更不易变形,因此地板尺寸宜短不宜长,宜窄不宜宽。此外,地板的尺寸还影响价格和房间的大小,大尺寸的地板价格较高,面积小的房间也不适宜铺大尺寸的地板。

(4)挑选外观质量。外观质量应符合表8-6的要求。

表8-6 外观质量要求

名称	正面		背面
	优等品	合板品	
活节	直径≤15mm 不计,15mm<直径<50mm,地板长度≤760mm,≤1个;760mm<地板长度≤1200mm,≤3个;地板长度>1200mm,5个	直径≤50mm,个数不限	不限
死节	应修补,直径≤5mm,地板长度≤760mm,≤1个;760mm<地板长度≤1200mm,≤3个;地板长度>1200mm,≤5个	应修补,直径≤10mm,地板长度≤760mm,≤2个;地板长度>760mm,≤5个	应修补,不限尺寸或数量
蛀孔	应修补,直径≤1mm,地板长度≤760mm,≤3个;地板长度>760mm,≤5个	应修补,直径≤2mm,地板长度≤760mm,≤5个;地板长度>760mm,≤10个	应修补,直径≤3mm,个数≤15个
表面裂纹	应修补,裂纹长≤长度的15%,裂纹宽≤0.50mm,条数≤2条	应修补,裂纹长≤长度的20%,裂纹宽≤1.0mm,条数≤3条	应修补,裂纹长≤长度的20%,裂纹宽≤2.0mm,条数≤3条

续表

名称	正面		背面
	优等品	合板品	
树脂囊	不得有	长度≤10mm，宽度≤2mm，≤2个	不限
髓斑	不得有	不限	不限
腐朽	不得有		腐朽面积≤20%，不剥落，也不能捻成粉末
缺棱	不得有		长度≤地板长度的30%，宽度≤地板宽度的20%
加工波纹	不得有	不明显	不限
榫舌残缺	不得有	缺榫长度≤地板总长度的15%，且缺榫宽度不超过榫舌宽度的1/3	
漆膜划痕	不得有	不明显	
漆膜鼓泡	不得有		—
漏漆	不得有		
漆膜皱皮	不得有		
漆膜上针孔	不得有	直径≤0.5mm，≤3个	—
漆膜粒子	长度≤760mm，≤1个；长度>760mm，≤2个	长度≤760mm，≤3个；长度>760mm，≤5个	—

注：① 在自然光或光照度300~600 lx范围内的近似自然光（如40W日光灯）下，视距为700~1000mm内，目测不能清晰地观察到的缺陷即为不明显。
② 非平面地板的活节、死节、蛀孔、表面裂纹、加工波纹不做要求。

（5）挑选加工精度。消费者可通过简易办法挑选地板加工精度，如将10块地板在地上模拟铺装，用手摸和目测的方法观察其拼缝是否平整、光滑，榫槽咬合是否紧密。

（6）挑选油漆质量。现在常见的是UV漆地板，有亮光漆和亚光漆等种类。应观察漆膜是否均匀、丰满、光洁，有无漏漆、气泡、孔眼。同时还要满足以下要求：一是地板漆膜附着力须合格，最好选择达到国家标准的产品；二是地板表面耐磨性能要好，选择磨耗值必须达到在0.15g/100r以内的产品；三是漆膜硬度要高，必须选择达到国家标准H以上的产品。

（7）挑选含水率合格的地板。实木地板含水率是直接影响地板变形的最重要因素，所选用地板的含水率应在7%至当地平衡含水率之间。可采用专用仪器现场测定实木地板的含水率，并注意所测地板含水率的均匀一致性。特别要注意的是地板的含水率要低于购买地的平衡含水率，最好接近购买地的平衡含水率。

8.3.2 实木复合地板

实木复合地板是以实木拼板或单板为面层,以实木拼板、单板或胶合板为芯层或底层,经不同组合层压加工而成的地板,如图8-11所示。实木复合地板多为企口板,通常以面板的树种来确定地板的名称,且根据制作工艺,可分为两层实木复合地板、三层实木复合地板和多层实木复合地板。

(1)两层实木复合地板:以实木拼板或单板为面层,以实木拼板或单板为底层的两层结构的实木复合地板。

(2)三层实木复合地板:以实木拼板或单板为面层,以实木拼板为芯层,以实木单板为底层的三层结构的实木复合地板。

(3)多层实木复合地板:以实木拼板或单板为面层,以胶合板为基材制成的多层结构的实木复合地板。

图8-11 实木复合地板

1. 特点

实木复合地板表层为优质珍贵木材,不但保留了实木地板木纹优美、自然的特性,而且大大节约了优质珍贵木材的资源。实木复合地板表面大多涂五遍以上的优质UV漆涂层,不仅有较理想的硬度、耐磨性、抗刮性,而且阻燃、光滑,便于清洗。

实木复合地板既有实木地板木纹自然美观、脚感舒适、隔声保温、护理简捷、不嵌污垢、易于打扫等优点,同时又克服了实木地板易变形的缺点,且规格多,铺设方便。

2. 分类

实木复合地板的分类见表8-7。

表8-7 实木复合地板的分类

分类方法	种 类
按面板材料分	(1)以天然整张单板为面层的实木复合地板; (2)以天然拼接或拼花单板为面层的实木复合地板; (3)以重组装饰单板为面层的实木复合地板; (4)以调色装饰单板为面层的实木复合地板

续表

分类方法	种 类
按结构分	（1）两层实木复合地板； （2）三层实木复合地板； （3）多层实木复合地板
按表面涂层方式分	（1）油饰面实木复合地板； （2）油漆饰面实木复合地板； （3）未涂饰实木复合地板

3. 规格

实木复合地板的规格尺寸如下。

（1）长度为300～2200mm。

（2）宽度为60～220mm。

（3）厚度为8～22mm。

经供需双方协议，可生产其他规格尺寸的实木复合地板。

4. 主要技术要求

《实木复合地板》（GB/T 18103—2022）对实木复合地板的技术要求如下。

（1）面层材质：拼花地板的面层允许使用不同树种，如水曲柳、桦木、柚木、栎木、楸木、樱桃木等。

（2）面层厚度：两层实木复合地板和三层实木复合地板的面层厚度应不小于2.0mm，多层实木复合地板的面层厚度应不小于0.6mm，或按供需双方约定生产。

（3）三层实木复合地板芯层：同一批地板芯层木材的树种应一致或材性相近；芯层板条之间的缝隙应不大于3mm。

（4）实木复合地板用胶合板的质量：应符合《实木复合地板用胶合板》（LY/T 1738—2020）的规定。

（5）实木复合地板的尺寸允许偏差：应符合表8-8的规定。

表8-8 实木复合地板的尺寸允许偏差

项 目	要 求
厚度偏差	公称厚度t_n与平均厚度t_a之差绝对值≤0.5mm； 厚度最大值t_{max}与最小值t_{min}之差≤0.5mm
面层净长偏差	公称长度l_n≤1500mm时，l_n与每个测量值l_m之差绝对值≤1.0mm； 公称长度l_n>1500mm时，l_n与每个测量值l_m之差绝对值≤2.0mm
面层净宽偏差	公称宽度w_n与平均宽度w_a之差绝对值≤0.1mm； 宽度最大值w_{max}与最小值w_{min}之差≤0.2mm
直角度	q_{max}≤0.2mm
边缘直度	s_{max}≤0.3mm/m
翘曲度	宽度方向翘曲度f_w≤0.20%； 长度方向翘曲度f_l≤1.00%

续表

项　目	要　求
拼装离缝	拼装离缝最大值 o_{max}≤0.20mm
拼装高度差	拼装高度差最大值 h_{max}≤0.15mm

（6）实木复合地板的理化性能指标：相关要求见表8-9。

表8-9　实木复合地板的理化性能指标

检验项目	单　位	要　求
浸渍剥离	—	任一边的任一胶层开胶的累计长度不超过该胶层长度的1/3
静曲强度	MPa	平均值：≥30；最小值：≥24.0
弹性模量	MPa	≥4000
含水率	%	≥5.0%，且小于或等于使用木材平衡含水率
漆膜附着力	—	≤2级
漆膜表面耐磨	g/100r	≤0.15，且漆膜未磨透
漆膜硬度	—	≥2H
表面耐污染	—	≥4级

5. 选用

实木复合地板主要适用于会议室、办公室、实验室、中高档宾馆或酒店等的地面铺设，也适用于民用住宅的地面装饰。由于新型实木复合地板尺寸较多，因此不仅可用于地面装饰，也可用于顶棚、墙面的装饰，如吊顶和墙裙等。

8.3.3　强化地板

强化地板是浸渍纸层压木质地板的商品名，是以一层或多层专用纸浸渍热固性氨基树脂，铺装在刨花板、中密度纤维板、高密度纤维板等人造板基材表面，背面加平衡层，正面加耐磨层，经热压压制而成的地板，如图8-12所示。

图8-12　强化地板

强化地板由表层耐磨层、装饰层、基材层（芯层）和平衡层（底层）四层构成，如图 8-13 所示。其表层可选用热固性树脂装饰层压板和浸渍胶膜纸两种材料；基材层（芯层）材料通常是刨花板、中密度纤维板或高密度纤维板；平衡层（底层）材料通常采用热固性树脂装饰层压板、浸渍胶膜纸或单板，起平衡和稳定产品尺寸的作用。与实木地板相比，强化地板的特点是耐磨性强，表面装饰花纹整齐、色泽均匀，抗压性强，抗冲击、抗静电、耐污染、耐光照、耐香烟灼烧，且安装方便、保养简单、价格便宜，便于清洁护理。但其弹性和脚感不如实木地板，水泡损坏后不可修复，另外其胶粘剂中含有一定的甲醛，应严格控制在国家标准范围内。不过从木材资源的综合有效利用的角度看，强化地板更有利于木材资源的可持续利用。

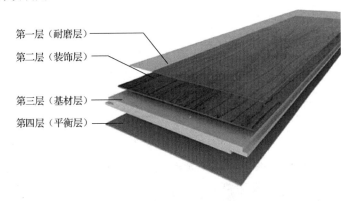

图 8-13 强化地板的构造层

1. 强化地板的分类方法

（1）按地板基材分类，可分为以刨花板为基材的强化地板、以中密度纤维板为基材的强化地板、以高密度纤维板为基材的强化地板。

（2）按表面的模压形状分类，可分为浮雕强化地板和光面强化地板。

（3）按用途分类，可分为商用级强化地板、家用Ⅰ级强化地板、家用Ⅱ级强化地板。

（4）按甲醛释放量分类，可分为 E_0 级强化地板、E_1 级强化地板。

2. 强化地板的质量要求

（1）强化地板的质量应符合《浸渍纸层压木质地板》（GB/T 18102—2020）的规定。

（2）根据产品的外观质量、理化性能，强化地板分为优等品和合格品两个等级。

（3）强化地板的外观质量应符合表 8-10 的规定。

表 8-10 强化地板的外观质量

缺陷名称	正面		背面
	优等品	合格品	
干、湿花	不允许	总面积不超过板面的 3%	允许
表面划痕	不允许		不允许露出基材
表面压痕	不允许		

续表

缺陷名称	正 面		背 面
	优等品	合格品	
透底	不允许		
光泽不匹配	明显的不允许		允许
污斑	不允许		允许
鼓泡	不允许		≤10mm²，允许1个/块
鼓包	不允许		≤10mm²，允许1个/块
纸张撕裂	不允许		≤100mm，允许1处/块
局部缺纸	不允许		≤20mm²，允许1处/块
崩边	明显的不允许		长度≤10mm且宽度≤3mm，允许
颜色不匹配	明显的不允许		允许
表面龟裂	不允许		
分层	不允许		

（4）强化地板的尺寸允许偏差应符合表8-11的要求。

表8-11 强化地板的允许尺寸偏差

项 目	要 求
厚度偏差	公称厚度 t_n 与平均厚度 t_a 之差绝对值≤0.5mm； 厚度最大值 t_{max} 与最小值 t_{min} 之差≤0.5mm
面层净长偏差	公称长度 l_n≤1500mm 时，l_n 与每个测量值 l_m 之差绝对值≤1.0mm； 公称长度 l_n＞1500mm 时，l_n 与每个测量值 l_m 之差绝对值≤2.0mm
面层净宽偏差	公称宽度 w_n 与平均宽度 w_a 之差绝对值≤0.10mm； 宽度最大值 w_{max} 与最小值 w_{min} 之差≤0.20mm
直角度	q_{max}≤0.20mm
边缘直度	s_{max}≤0.30mm/m
翘曲度	宽度方向凸翘曲度 f_{w_1}≤0.20%，宽度方向凹翘曲度 f_{w_2}≤0.15%； 长度方向凸翘曲度 f_1≤1.00%，长度方向凹翘曲度 f_2≤0.50%
拼装离缝	拼装离缝平均值 o_a≤0.15mm； 拼装离缝最大值 o_{max}≤0.20mm
拼装高度差	拼装高度差平均值 h_a≤0.10mm； 拼装高度差最大值 h_{max}≤0.15mm

注：表中要求是指拆包检验的质量要求。

（5）强化地板的物理力学性能应符合表8-12的规定。

表 8-12 强化地板的物理力学性能

检验项目		单 位	指 标			
			家用级		商用级	
			Ⅱ级	Ⅰ级	Ⅱ级	Ⅰ级
密度		g/cm³	≥0.82			
含水率		%	3.0～10.0			
吸水厚度膨胀率	t_n≥9mm	%	≤15.0	≤12.0	≤8.0	
	t_n<9mm		≤17.0	≤14.0	≤12.0	
内结合强度		MPa	≥1.0			
表面胶合强度		MPa	≥1.0	≥1.2	≥1.5	
表面耐划痕		—	4.0N 表面装饰花纹未划破			
表面耐冷热循环		—	无龟裂、无鼓泡			
尺寸稳定性		mm	≤0.9			
表面耐磨		r	≥4000	≥6000	≥9000	≥12000
表面耐香烟灼烧		—	无黑斑、无裂纹、无鼓泡			
表面耐干热		—	不低于 4 级			
表面耐污染		—	无污染、无腐蚀			
表面耐龟裂		—	5 级			
锁合力		N/mm	—	≥2.5（侧边拼接） ≥2.5（端头拼接）		
抗冲击		mm	≤10.0			
耐光色牢度		—	大于或等于灰色样卡 4 级			
表面耐水蒸气		—	无突起、无龟裂			
甲醛释放量		mg/m³	甲醛释放量应符合 GB 18580 要求 甲醛释放量分级按 GB/T 39600 规定执行			

8.3.4 竹集成材地板

竹集成材地板是近年来开发的一种新型装饰材料，是将精刨竹条纤维方向相互平行，宽度方向拼宽，厚度方向层积一次胶合、加工成的或层板厚度方向层积胶合、加工成的企口地板。它采用天然竹材和先进加工工艺，经制材、脱水、防虫、高温高压碳化处理，再经压制、胶合、成型、开槽、砂光、油漆等工序精制加工而成，具有质地坚硬、色泽鲜亮、竹纹清晰、清新高雅、冬暖夏凉、防虫防霉、无毒无害、光而不滑、耐磨、耐腐蚀、不变形、不干裂等优良品质，深受广大消费者喜爱。

竹集成材地板

1. 竹集成材地板的分类方法

（1）按结构不同，可分为水平型竹集成材地板、垂直型竹集成材地板和组合型竹集成材地板。

（2）按表面有无涂饰，可分为涂饰竹集成材地板、未涂饰竹集成材地板。

（3）按表面颜色，可分为本色竹集成材地板、漂白竹集成材地板和炭化竹集成材地板。

2. 竹集成材地板的主要技术要求

（1）竹集成材地板的质量应符合《竹集成材地板》（GB/T 20240—2017）的规定。

（2）竹集成材地板分为优等品、一等品及合格品三个等级。

（3）原材料要求：采用无虫孔、霉变、腐朽等缺陷的竹材；竹材应纹理通直，无明显弯曲；竹材应经防虫、防霉、干燥处理。

（4）外观质量要求如下：

① 应表面平整，油漆涂刷光泽、漆膜丰满均匀，无针粒状，无压痕、刨痕；

② 表面材质无明显缺陷，包括无腐朽、死节、节孔、虫孔、裂缝等缺陷；

③ 周边榫、槽应完整。

竹集成材地板的外观质量应符合表 8-13 的规定。

表 8-13 竹集成材地板的外观质量规定

项　　目		优等品	一等品	合格品
漏刨	表面、侧面	不允许		
	背面	不允许	轻微	允许
榫舌残缺		不允许	残缺长度≤板长的 5%，残缺宽度≤1mm	
腐朽		不允许		
色差	表面	不明显	轻微	允许
	背面	允许		
裂纹	表面、侧面	不允许	允许 1 条宽度≤0.2mm、长度≤100mm	
	背面	允许，应进行腻子修补		
虫孔		不允许		
波纹		不允许		不明显
缺棱		不允许	允许 1 条宽度≤0.2mm	
宽度方向拼装离缝	表板	不允许	允许，宽度≤1mm	
	背板	允许		
污染		不允许		≤板面积的 5%（累计）
霉变		不允许		不明显
鼓泡（ϕ≤0.5mm）		不允许	每块不超过 3 个	每块不超过 5 个
针孔（ϕ≤0.5mm）		不允许	每块不超过 3 个	每块不超过 5 个
皱皮		不允许		≤板面积的 5%（累计）
漏漆		不允许		
粒子		不允许		轻微
胀边		不允许		轻微

注：① 不明显，指正常视力在自然光下，距地板 0.4m，肉眼观察不易辨别。

② 轻微，指正常视力在自然光下，距地板 0.4m，肉眼观察不显著。

③ 鼓泡、针孔、皱皮、漏漆、粒子、胀边为涂饰竹地板检测项目。

④ 竹条厚度局部不足按漏刨处理。

（5）竹集成材地板的允许尺寸偏差应符合表8-14的要求。

表8-14 竹集成材地板的允许尺寸偏差

项 目	要 求
面层净长偏差	公称长度 l_n 与每个测量值 l_m 之差绝对值≤0.50mm
面层净宽偏差	公称宽度 w_n 与平均宽度 w_a 之差绝对值≤0.15mm；宽度最大值 w_{max} 与最小值 w_{min} 之差≤0.20mm
直角度	q_{max}≤0.15mm
边缘直度	s_{max}≤0.20mm/mm
翘曲度	宽度方向翘曲度 f_w≤0.20%
	长度方向翘曲度 f_t≤1.00%
拼装离缝	拼装离缝平均值 o_a≤0.15mm
	拼装离缝最大值 o_{max}≤0.2mm
拼装高度差	拼装高度差平均值 h_a≤0.15mm
	拼装高度差最大值 h_{max}≤0.20mm

（6）竹集成材地板的物理力学性能应符合表8-15的规定。

表8-15 竹集成材地板的物理力学性能

项 目			指标值
含水率			6.0%～15.0%
静曲强度	面板纤维方向与芯板纤维方向相互平行	厚度≤15mm	≥80MPa
		厚度＞15mm	≥75MPa
	面板纤维方向与芯板纤维方向相互垂直	厚度≤15mm	≥75MPa
		厚度＞15mm	≥70MPa
浸渍剥离试验	水平型竹集成材地板		4个侧面的各层层板之间的任一胶层的累计剥离长度≤该胶层全长的1/3，6个试件中至少5个试件达到上述要求
	组合型竹集成材地板		
	垂直型竹集成材地板		两端面胶层剥离长度大于胶层全长的1/3的胶层数≤总胶层数的1/3。6个试件中至少5个试件达到上述要求
表面漆膜耐磨性	磨耗转数		磨100r后表面未磨透
	磨耗值		≤0.12g/100r
表面漆膜耐污染性			5级，无明显变化
表面漆膜附着力			不低于2级
表面抗冲击性能			压痕直径≤10mm，无裂纹

3. 竹集成材地板的主要特点

竹集成材地板的色差比较小，因为竹子的成材周期短，直径也比树木小得多，所以竹子受日照影响不严重,没有明显的阴阳面的差别,因此竹集成材地板有丰富的竹纹,且色泽匀称;表面硬度高也是竹集成材地板的一个特点,竹集成材地板因为是植物粗纤维结构,其自然硬度比木材高出一倍多,且不易变形,理论上的使用寿命可达20年以上;在稳定性上,竹集成材地板的收缩和膨胀变形都比实木地板小;由于竹子热导率比较低,因此能给人以冬暖夏凉的感觉;另外,竹集成材地板的格调清新高雅,在装饰效果上能产生古朴自然的特有效果。

8.3.5 软木地板

软木并非木材,而是从栓皮栎(属阔叶树种,俗称橡树)树干剥取的树皮层,因为其质地轻软,故称软木。软木地板如图8-14所示,是一种性能独特的天然材料,具有多种优良的物理性能和稳定的化学性能,如密度小、热导率低、密封性好、回弹性强、无毒无臭、不易燃烧、耐腐蚀不霉变,并具有一定的耐强酸、耐强碱、耐油等性能。

1. 软木地板的性能

(1)静音。软木具有良好的弹性及吸声效果,每个软木细胞都是最小的声音隔绝器。

(2)隔热。软木蜂窝式的结构还能起到隔热防水的作用,每个软木细胞都是最小的热量隔绝器。

(3)舒适。每个软木细胞都是最小的振动吸收器。

(4)耐磨。每个软木细胞都是最小的压力吸收器。

图8-14 软木地板

2. 软木地板的分类

目前市场上有3种软木地板:第一种为纯软木地板,厚度仅有4~5mm;第二种软木地板,从剖面上看有3层,表层与底层为软木,中间层夹了块带锁扣的中密度板,厚度可达10mm左右;第三种称为软木静音地板,是软木与复合地板的结合体,中间层同样夹了一层中密度板,厚度达13.4mm,有吸声降噪的作用,保温性能也较好。

8.3.6 木装饰线条

木装饰线条简称木线,是选用质硬、结构细密、材质较好的木材,经过干燥处理后,再经机械加工或手工加工而成。木线可用油漆涂饰成各种色彩和木纹本色,又可进行对接、拼接,还可弯曲成各种弧线,在室内装饰中主要起着固定、连接、加强装饰面的作用。

木线种类繁多,且有多种断面形状,其外形如图 8-15 所示。木线按材质不同,可分为硬度杂木线、进口洋杂木线、白元木线、水曲柳木线、山樟木线、核桃木线、柚木线等;按功能不同,可分为压边线、柱角线、压角线、墙角线、墙腰线、上楣线、覆盖线、封边线、镜框线等;按外形不同,可分为半圆线、直角线、斜角线、指甲线等;从款式上又可分为外凸式、内凹式、凸凹结合式、嵌槽式等。各种木线的常用长度为 2~5m。

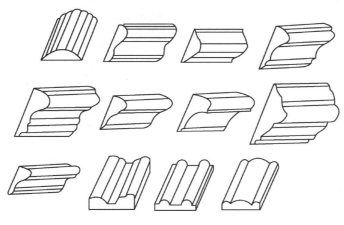

图 8-15 木线外形

木线具有表面光滑、棱角、棱边、弧面弧线垂直,轮廓分明、耐磨、耐腐蚀、不劈裂、上色性、黏结性好等特点,在室内装饰中应用广泛,主要用作天花线和天花角线。

(1) 天花线:用于天花上不同层次面的交接处封边,天花上各不同材料面的对接处封口,天花平面上的造型线、天花上设备的封边。

(2) 天花角线:用于墙面上不同层次面的交接处封边,墙上各不同材料面的对接处封口,平面上的造型线、天花上设备的封边。

8.3.7 木花格

木花格既有用方木制成的,如图 8-16 所示,也有用木板(实木或人造板)通过电脑雕刻的方法制成的,如图 8-17 所示。这些分格的尺寸、形状各不相同,具有良好的装饰效果。实木木花格一般选用硬木或杉木树材制作,并要求材质木节少、颜色好、无虫蛀腐蚀等。

木花格具有加工制作比较简单、饰件轻巧纤细、表面纹理清晰等特点,适用于建筑物室内的花窗、隔断、博古架等,能起到调节室内设计格调、改进空间效能和提高室内艺术效果等作用。

图8-16 方木木花格

图8-17 板雕木花格

8.4 木材的防腐与防火

木材是天然生成的有机物，容易腐蚀和燃烧是它的两大缺点，这不仅影响木结构的使用寿命，也影响使用安全。在工程中使用木材时，必须考虑木材的防腐和防火措施。

8.4.1 木材的防腐

木材的腐朽是由于真菌侵害所致，侵害木材的真菌常见的有变色菌、霉菌和腐朽菌三类。变色菌和霉菌对木材的强度无大的影响，而腐朽菌能分泌酵素，将细胞壁中的纤维素等分解成简单的物质来作为自身繁殖的养料，致使木材腐朽而破坏。腐朽菌在木材中生存和繁殖的条件有3个：适宜的水分、空气和温度。若含水率在35%~50%，温度在25~35℃，又有足够的空气，木材最易腐朽。除真菌菌害外，木材还会遭到诸如白蚁、天牛等昆虫的蛀蚀。

木材防腐通常采用两种措施：一种是破坏真菌生存的条件，主要是保持木材干燥，使其含水率小于20%，在木材表面涂刷各种油漆，不仅美观，而且可以隔绝空气和水分；另一种是注入防腐剂，用化学防腐剂对木材进行处理，使真菌无法寄生，这是一种比较有效的防腐措施。防腐剂主要有水溶性防腐剂、油溶性防腐剂和浆膏防腐剂3种，其中油溶性防腐剂还具有一定的防水作用。注入防腐剂的方法很多，有表面涂刷法、表面喷涂法、常压浸渍法、压力渗透法及冷热槽浸透法等。前两种方法施工简单，但防腐剂不能渗入木材内部，防腐效果较差；后3种方法能使防腐剂充满木材内部，能取得更好的防腐效果。

8.4.2 木材的防火

木材的耐燃性较差，木材防火处理的方法主要有表面涂敷法和溶液浸注法两种。

1. 表面涂敷法

表面涂敷法就是在木材的表面涂敷一层防火涂料，能起到既防火又防腐和装饰的作用。这种做法施工简单、投资较低，但对木材内部的防火效果不理想。

木材防火涂料的种类也很多，主要分为溶剂型防火涂料和水乳型防火涂料两大类。防火涂料的防火机理如下。

（1）隔绝可燃基材与空气的接触。
（2）释放惰性气体抑制燃烧。
（3）遇热膨胀形成碳质泡沫隔热层。

2. 溶液浸注法

木材用防火溶液浸注处理，可分为常压浸注和加压浸注两种。经过阻燃剂浸注处理后，可改变木材燃烧特性，使木材着火时内部温度大幅度下降，从而起到阻燃效果。木材常用的阻燃剂类别如下。

（1）磷-氮系阻燃剂。
（2）硼系阻燃剂。
（3）卤系阻燃剂。
（4）含铝、镁、锑等金属氧化物或氢氧化物的阻燃剂。
（5）其他阻燃剂。

本 章 小 结

本章介绍了木材的分类和物理力学性质，详细讲解了木质装饰材料的种类及选用，人造板材的分类及特点。另外介绍了木材的防腐与防火常识。其中，常用木质装饰材料的特点及选用、人造板材的选用是本章的重点。

实训指导书

了解木材的种类、力学及物理性能等，熟悉其特点和技术要求，重点是掌握各类装饰木材的应用情况。根据装修要求，能够正确合理地选择装饰木材，并判断出质量的好坏。

一、实训目的

让学生自主地到建筑装饰材料市场和建筑装饰施工现场进行考察和实训，了解常用装饰木材的价格，熟悉装饰木材的应用情况，能够准确识别各种常用装饰木材的名称、规格、种类、价格、使用要求及适用范围等。

二、实训方式

1. 建筑装饰材料市场的调查分析

学生分组：以3~5人为一组，自主地到建筑装饰材料市场进行调查分析。

调查方法：以咨询为主，认识各种装饰木材，调查材料价格、收集材料样本图片、掌握材料的选用要求。

重点调查：各类装饰板材的常用规格，及其外观等的允许缺陷。

2. 建筑装饰施工现场装饰材料使用的调研

学生分组：以10~15人为一组，由教师或现场负责人指导。

调研方法：结合施工现场和工程实际情况，在教师或现场负责人指导下，熟知装饰木材在工程中的使用情况和注意事项。

重点调研：施工现场装饰木材、板材防腐和防火的操作及检测方法。

三、实训内容及要求

（1）认真完成调研日记。

（2）填写材料调研报告。

（3）写出实训小结。

第 9 章 建筑金属装饰材料

教学目标

通过对常用金属装饰材料的学习，了解铝、铜及其制品的性能特点、分类及牌号，掌握轻钢龙骨、不锈钢及彩色涂层钢板的性能特点和应用。

教学要求

能力目标	相关试验或实训	重点
了解常用金属装饰材料的性能特点、分类、牌号及表面处理方法		
能够根据铝合金的性能特点正确检测铝合金及有关门窗制品的质量		
掌握不同品牌轻钢龙骨、不锈钢及彩色涂层钢板的性能特点和使用方法	轻钢龙骨吊顶实训	★
能够根据不锈钢的性能特点正确选择有关不锈钢制品		

> **引例**
>
> 在现代建筑装饰工程中,使用的金属装饰材料品种繁多,尤其是钢、铁、铝、铜及其合金材料。它们经久耐用、轻盈、易加工、表现力强,这些特质是其他材料无法比拟的。随着建筑装饰业的发展,金属装饰材料赢得了越来越多人的青睐,得到了越来越广泛的应用,如高层建筑的金属幕墙、彩板及铝合金门窗、柱子外包不锈钢或铜板、墙面及顶棚镶贴铝合金板、楼梯扶手采用不锈钢管或铜管、门窗五金等。在众多建筑装饰工程中,金属装饰材料已成为多品种、多规格、系列化的材料之一,那么如何对它们进行合理选用呢?

9.1 金属装饰材料的种类与用途

9.1.1 金属装饰材料的种类

金属装饰材料是指由一种或一种以上的金属元素组成,或由金属元素与其他金属或非金属元素组成的合金的总称,通常分为黑色金属与有色金属两大类。黑色金属指以铁元素为基本成分的金属及其合金,如铁、钢、不锈钢;有色金属指铁以外的其他金属及其合金,如铝、铜、锌、锡、钛等。

金属装饰材料在建筑装饰工程中,从使用性质与要求上看又分为两种,即结构承重材料和饰面材料。结构承重材料较为厚重,起支撑和固定作用,多用作骨架、支柱、扶手、爬梯等;饰面材料通常较薄且易于加工处理,但表面精度要求较高,如各种饰面板。

9.1.2 金属装饰材料的用途

金属装饰材料与其他建筑装饰材料相比具有较高的强度,能承受较大的变形,且材质均匀、耐久性好,能经过加工制成各种制品和型材,所以广泛应用于建筑装饰工程中。目前应用较多的金属装饰材料有铝及铝合金材料、铜及铜合金材料、装饰钢材等。

1. 铝及铝合金材料

铝材具有良好的延展性,易加工成长板、管、线及箔等型材。铝主要用于制造铝箔、铝锭及冶炼铝合金,制作电线、电缆及配制合金。

由于纯铝强度低,故不能作为结构材料使用。铝中加入合金元素后,力学性能明显提高,可以大大提高使用价值,既可用于建筑装修,也可用于结构方面,如轻质复合隔墙中的龙骨、吊顶中的主龙骨、铝合金栏杆、扶手、格栅、窗、门、管、壳,以及绝热材料、防潮材料等。

2. 铜及铜合金

铜材强度较低、塑性较高，具有良好的延展性、塑性、易加工性，较高的导电性、导热性，主要用于制造导电器材或配制各种铜合金，不宜直接用作结构材料。铜材可用于制作宾馆、旅店、商厦等建筑中的楼梯扶手、栏杆、防滑条、铜包柱等，美观雅致、光亮耐久，可烘托出华丽高雅的氛围。

铜材中掺入合金元素制成铜合金，可提高自身的强度、硬度等力学性能，可用于制作门窗、铜合金骨架、铜合金压型板、各种灯具及家具等。

3. 装饰钢材

普通钢材金属感强、美观大方。在普通钢材基体中添加多种元素或在基体表面上进行艺术处理，这种做法在现代建筑装饰中越来越普遍。常用的装饰钢材有不锈钢制品、彩色涂层钢板、建筑压型钢板、轻钢龙骨等。

9.2 铝及铝合金材料

9.2.1 铝材的性质

铝是一种银白色的轻金属，熔点为 660℃，密度为 $2.7g/cm^3$，只有钢密度的 1/3 左右。铝材常作为建筑中各种轻结构的基本材料之一。

铝的化学性质比较活泼，和氧的亲和能力强，在自然状况下暴露，表面易生成一层致密、坚固的氧化铝薄膜。氧化铝薄膜可以阻止铝继续被空气氧化，从而起到保护作用，可以抵抗硝酸、乙酸的腐蚀。但由于纯铝的氧化膜厚度只有 $0.1\mu m$，因此其耐蚀能力是有限的，比如纯铝不能与浓硫酸、盐酸、氢氟酸及强碱接触，否则会发生腐蚀性化学反应。另外，铝的电极电位较低，与高电极电位的金属接触并且有电解质存在时，会形成微电池，产生电化学腐蚀。

铝材具有良好的导电性和导热性，被广泛用来制造导电材料（如电线）、导热材料（如蒸煮器皿）等；铝材具有良好的延展性和塑性，其伸长率可达 50%，易于加工成板、管、线及箔等。但铝材的强度和硬度较低，常用冷加工的方法加工成制品。铝材在低温环境中仍有较好的力学性能，因此铝材常作为低温材料用于冷冻食品的储运设备等。

知识链接

在我国首都机场 72m 大跨度波音 747 飞机库设计中，两端山墙采用彩色压型铝板建造，其外观壮观美丽，效果显著。另外，在山西太原 34m 悬臂钢结构飞机库设计中，屋面与吊顶均采用压型铝板建造，吊顶上铺岩棉做保温层，降低了屋盖和下部承重结构的耗钢量。铝屋面本身荷载轻，耐久性也好。

9.2.2 铝合金的特性和分类

为了提高铝的实用价值,改变铝的某些性能,常在铝中加入一定量的铜、镁、锰、硅、锌等元素制成铝合金。

铝加入合金元素后既保持了铝质量轻的特点,同时也提高了力学性能,如屈服强度可达 210~500MPa,抗拉强度可达 380~550MPa,有较高的比强度,耐腐蚀性能较好,且低温性能好。铝合金更易着色,有较好的装饰性,不仅可用于建筑装饰,还能用于建筑结构,但一般不能作为独立承重的大跨度结构材料使用。

铝合金也存在缺点,主要是其弹性模量小,约为钢材的 1/3,因此刚度较小,容易变形;线膨胀系数大,约为钢材的两倍;耐热性差,可焊性也较差。

根据成分和工艺特点,铝合金可分为变形铝合金和铸造铝合金。

1. 变形铝合金

变形铝合金是通过冲压、弯曲、辊轧等加工方式使其组织、形状发生变化的铝合金,常用的有防锈铝合金、硬铝合金、超硬铝合金和锻铝合金等。变形铝合金可以用来拉制管材、型材和各种断面的嵌条。

2. 铸造铝合金

铸造铝合金是供不同种类的模型和方法铸造零件用的铝合金,按其主要元素含量的不同,可分为铸造铝硅合金、铸造铝铜合金、铸造铝镁合金及铸造铝锌合金。铸造铝合金可用来浇铸各种形状的零件。

9.2.3 铝合金的表面处理

铝材表面的自然氧化膜薄而软,耐腐蚀性较差,在较强的腐蚀介质作用下,不能起到有效的保护作用。为了进一步提高铝材的耐磨、耐蚀、耐光和耐候等性能,常用人工方法来提高氧化膜的厚度,在此基础上再进行表面着色处理,以提高其装饰效果。这就是铝合金的表面处理技术,主要包括表面预处理、氧化处理、表面着色处理、封孔处理和表面的其他加工方法。

1. 表面预处理

成型后的铝材表面往往不同程度地存在污垢和缺陷,如灰尘、氧化膜、油污等,在表面处理之前必须对其进行必要的清除,使其裸露出纯净的基体,以形成与基体结合牢固、色泽和厚度均匀的人工氧化膜层,从而获得使用效果与装饰效果俱佳的表面。

表面预处理主要包括除油、碱腐蚀、中和及水洗等工序。

2. 氧化处理

为增加铝材表面氧化膜的厚度,要对其进行人工氧化处理。常用的氧化处理方法有阳极氧化和化学氧化两种。

3. 表面着色处理

经中和水洗或阳极氧化后的铝材,再进行表面着色处理,可在保证铝材使用性能完好的同时增加其装饰性。经表面着色处理后，铝材形成金、灰、暗红、银白、青铜、黑、茶褐、紫红色等色调。

着色方法有自然着色法、金属盐电解着色法、化学浸渍着色法、树脂粉末静电喷涂法、涂漆法等。其中最常用的是自然着色和金属盐电解着色法。

4. 封孔处理

铝材经阳极氧化和表面着色处理后的膜层为多孔状结构，具有极强的吸附能力，很容易吸附有害物质而被污染或早期腐蚀，因此在使用之前应采取一定方法将多孔膜层加以封闭，使膜层丧失吸附能力，从而提高膜层的防污性和耐腐蚀性。这一处理过程称为封孔处理。

常用的封孔处理方法，有水合封孔、无机盐溶液封孔和透明有机涂层封孔。

5. 表面的其他加工方法

（1）无光泽表面的加工方法。

无光泽表面的加工方法有喷砂法、刷光法、化学法和电化学法等。

（2）光泽表面的加工方法。

光泽表面的加工方法有机械抛光法、化学抛光法和电解抛光法等。

（3）图案表面的加工方法。

图案表面的加工多数在铝板、铝带上进行，有机械加工法和化学加工法。

① 机械加工法是用装有花纹图案的压辊轧压板、带表面，使一部分凸出，一部分凹下，获得类似浮雕的装饰效果。

② 化学加工法主要用于机械很难加工的制品。这种方法只能获得凹痕较浅的蚀面。

9.2.4 建筑装饰用铝合金制品

建筑装饰用铝合金制品，主要有铝合金门窗、装饰板、龙骨及各类装饰配件，这里只介绍铝合金门窗和铝合金装饰板。

1. 铝合金门窗

铝合金门窗是由经表面处理的铝合金型材，经下料、打孔、铣槽、攻螺纹和组装等工艺制成门窗框构件，再与玻璃、连接件、密封件和五金配件组装成门窗。

在现代建筑装饰中，尽管铝合金门窗比普通门窗的造价高3～4倍，但因其具有诸多优点，故得到广泛应用。

（1）铝合金门窗的优点。

① 质量轻、强度高。铝合金门窗每平方米耗用铝型材量平均为8～12kg，而钢门窗每平方米耗钢量平均为17～20kg，故铝合金门窗的质量比钢门窗的质量轻50%左右。

② 性能好。铝合金门窗的气密性、隔声性均比普通门窗好，故对安装空调设备的建筑和对防尘、隔声、保温隔热有特殊要求的建筑，更适宜用铝合金门窗。

③ 耐久性好，使用维修方便。铝合金门窗不需要涂漆，不褪色，不脱落，表面不需要维修。铝合金门窗强度高、刚性好、坚固耐用，零件经久不坏，开关灵活轻便，无噪声。

④ 装饰性好。铝合金门窗框料型材表面可氧化着色处理，着银白色、古铜色、暗红色、

黑色等柔和的颜色或带色的花纹，可涂装聚丙烯酸树脂装饰膜使表面光亮。铝合金门窗新颖大方、线条明快、色泽柔和，增加了建筑物立面和内部的美观。

⑤ 便于进行工业化生产。铝合金门窗的加工、制作、装配、试验都可在工厂进行大批量的工业化操作，有利于实现产品设计的标准化、系列化，零配件的通用化及产品的商业化。

（2）铝合金门窗的品种。

铝合金门窗按开启方式，分为推拉门（窗）、平开门（窗）、固定窗、悬挂窗、百叶窗、纱窗和回转门（窗）等。

（3）铝合金门窗的等级。

铝合金门窗按抗风压强度、空气渗透性能和雨水渗透性能，分为 A、B、C 3 类，分别表示高性能、中性能和低性能；每一类又按抗风压强度、空气渗透性能和雨水渗透性能，分为优等品、一等品和合格品 3 个等级。

2. 铝合金装饰板

铝合金装饰板属于现代较为流行的建筑装饰板材，具有质量轻、不燃烧、耐久性好、施工方便、装饰效果好等优点，适用于公共建筑室内外墙面和柱面的装饰。其当前的产品规格主要有开发式、封闭式、波浪式、重叠式条板和藻井式、内圆式、龟板式块状吊顶板，颜色有本色、金黄色、古铜色、茶色等，表面处理方法有烤漆和阳极氧化等形式。图 9-1 所示为氧化铝板。近年来在装饰工程中用得较多的铝合金装饰板有以下几种。

氧化铝板

图 9-1 氧化铝板

（1）铝合金花纹板。

铝合金花纹板是采用防锈铝合金胚料，用特殊的花纹轧辊轧制而成，如图 9-2 所示。其花纹精巧别致，色泽美观大方，凸筋高度适中、不易磨损，防滑性好，防腐蚀性能强，便于冲洗，通过表面处理可以得到各种不同的颜色；其板材平整，裁剪尺寸精确，便于安装，广泛应用于现代建筑的墙面装饰和楼梯、踏板等处。

铝合金花纹板
铝合金花纹板是优良的建筑装饰材料之一，同普通铝合金相比，其刚度高出 20%，抗污垢、抗划伤、抗擦伤能力均有所提高，是我国特有的建筑装饰产品。

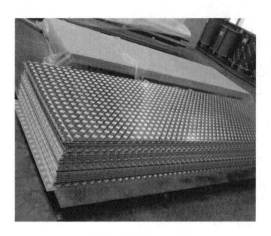

图 9-2　铝合金花纹板

（2）铝合金压型板。

铝合金压型板质量轻、外形美、耐腐蚀，经久耐用，且安装容易、施工快速，经表面处理可得到各种优美的色彩，是现代广泛应用的一种新型建筑装饰材料，主要用于墙面和屋面，如图 9-3 所示。

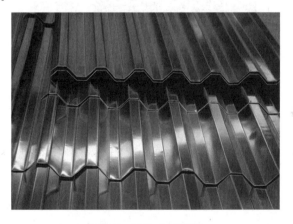

铝合金压型板

图 9-3　铝合金压型板

（3）铝合金穿孔板。

铝合金穿孔板是用各种铝合金平板经机械穿孔而成，其孔形形状根据需要有圆孔、方孔、长圆孔、长方孔、三角孔、大小组合孔等，是一种能降低噪声并兼有装饰效果的新产品，如图 9-4 所示。

铝合金穿孔板及应用实例

铝合金穿孔板材质轻、耐高温、耐高压、耐腐蚀、防火、防潮、防振，化学稳定性好，造型美观，色泽素雅，立体感强，可用于宾馆、饭店、剧场、影院、播音室等公共建筑中，用于高级民用建筑则可改善音质条件，也可以用于各类车间厂房、机房、人防地下室等作降噪材料。

铝合金微穿孔板的孔径一般在 2mm 以下，如图 9-5 所示，其常见的规格有 500mm×500mm、600mm×600mm、600mm×1200mm 等，厚度为 0.6～1.0mm。铝合金微穿孔板的显著特点是吸声效果好，一般用作吊顶面板。

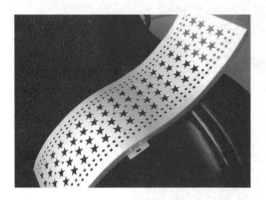

图 9-4　铝合金穿孔板

图 9-5　铝合金微穿孔板

（4）铝单板。

铝单板是以高等级铝合金为主要材料，经过裁剪、折边、弯弧、焊接、加筋、打磨、喷涂等多种加工工艺处理完成的装饰材料产品，如图 9-6 所示。铝单板表面平整光滑，有良好的耐刻划和耐腐蚀性能，并有多种涂层颜色可供选择。

铝单板

图 9-6　铝单板

① 铝单板的特点：质量轻、强度高、耐用、抗腐蚀、防火、防振，装修性能好；面板可加工成弧形，有多种规格、颜色和接缝形式可供选择；有独特的安装系统，施工快捷，可单块拆装。

② 铝单板的规格：面板长度≤3000mm，面板宽度≤1500mm，面板厚度为 1.5mm、2.0mm、2.5mm、3.0mm。

③ 铝单板的分类：按表面涂层分类，可分为聚酯涂层铝单板、氟碳涂层铝单板、烤瓷涂层铝单板等；按面板颜色分类，可分为单色（可按色卡颜色选择）铝单板、金属色铝单板、仿木纹色铝单板、仿石纹色铝单板等；按接缝方式分类，可分为闭合式铝单板、开放式铝单板；按用途分类，可分为幕墙用铝单板、室内用铝单板、圆弧形铝单板（包圆柱用）等。

铝单板安装

④ 铝单板的应用：常用作建筑物内外墙饰面、柱面装饰、吊顶、商业门头等处的高档装饰材料。

⑤ 铝单板的安装方法：采用干挂法，铝单板的规格和折边加工、挂耳安装都是事先根据设计要求在工厂进行的，现场只需根据设计要求用螺钉

或销钉固定在骨架上即可,如图 9-7 所示。

图 9-7 铝单板的安装方法

(5) 铝塑板。

铝塑板是铝塑复合板的简称,是指以塑料为芯层(普通聚乙烯芯或防火聚乙烯芯)、两面为铝材的三层复合板材,并在表面覆以装饰性和保护性的涂层作为产品的装饰面。

① 铝塑板的特点:铝塑板材质轻(比同厚度的普通铝板轻 60%)、刚性强,耐冲击、耐腐蚀、耐候、隔热、隔声、耐水、防火、防潮、抗震性好,具有平面度高、豪华美观、艳丽多彩的装饰性能,还有加工性好、可快速施工等优点。

② 铝塑板的应用:铝塑板常用于建筑物外墙饰面,以及制作挑棚、外墙挂板、商业门头、护板和广告牌等,也可应用于室内壁饰、包柱及吊顶天花装饰,如图 9-8 所示。

图 9-8 铝塑板吊顶实例

③ 铝塑板的分类:按表面装饰效果分类,可分为镜面铝塑板、拉丝铝塑板、冲孔铝塑板、仿石纹铝塑板、仿木纹铝塑板、浮雕花纹铝塑板等;按颜色分类,可分为纯白铝塑板、哑白铝塑板、杏色铝塑板、闪银铝塑板、白银灰铝塑板、金色铝塑板、香槟金铝塑板、香槟银铝塑板、香槟色铝塑板、广告黄铝塑板、柠檬黄铝塑板、绯红铝塑板、深玫红铝塑板、橙色铝塑板、橘红铝塑板、翡翠玉铝塑板、苹果绿铝塑板、邮政绿铝塑板、湖水蓝铝塑板、

电信蓝铝塑板、浅蓝铝塑板、灰蓝铝塑板、深灰铝塑板、深蓝铝塑板、咖啡色铝塑板、黑珍珠铝塑板、铝本色铝塑板、金拉丝铝塑板、银拉丝铝塑板等；按表面涂层类别分类，可分为聚酯铝塑板（主要用于室内）、氟碳铝塑板（主要用于室外）；根据用途分类，可分为普通装饰用铝塑板、幕墙用铝塑板、防火铝塑板、纳米抗污铝塑板等。

④ 铝塑板的规格：标准尺寸为 1220mm×2440mm，厚度为 2.5～5mm，最大尺寸规格为 1600mm×6000mm。

a. 外墙铝塑复合板系列。铝厚有 5 种规格，即 0.30mm、0.35mm、0.40mm、0.45mm、0.50mm。涂层有聚酯树脂和氟碳树脂两种类型。

b. 内墙铝塑复合板系列。铝厚有 5 种规格，即 0.30mm、0.21mm、0.18mm、0.15mm、0.12mm。涂层为聚酯树脂。

c. 防火铝塑复合板系列。铝厚有 6 种规格，即 0.25mm、0.30mm、0.35mm、0.40mm、0.45mm、0.50mm。涂层为氟碳树脂。板厚可达到 3～5mm。

一般来说，外墙用铝塑板的总厚度不应小于 4mm，铝塑板正面铝皮的厚度不应小于 0.3mm，表面涂层应采用氟碳漆，中间塑料层为挤出型聚乙烯树脂。

⑤ 铝塑板的安装方法。

普通做法是用万能胶或结构胶直接将其粘贴在平整的基层上。

高级做法是采用干挂法，干挂的铝塑板都要进行折边加工，铝塑板的四边向背面折 90°角，折起的高度一般为 20～30mm，修槽的深度应调试好，一般刀刃距板正面铝皮的距离在 0.2mm 左右为宜，如图 9-9 所示。在板背面四角处应采用角码加固，如果铝塑板干挂的规格较大，背面应用建筑结构胶粘铝方管加固；铝塑板做折边处理后，在四边处每边用铆钉固定两个或两个以上的铝角码（挂耳），如图 9-10 所示。

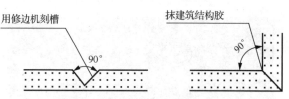

图 9-9 铝塑板修槽折边加工示意

铝塑板饰面安装

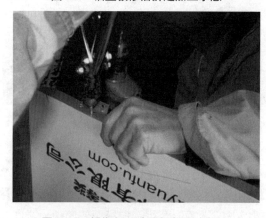

图 9-10 铝塑板四边用铆钉固定挂耳

第 9 章 建筑金属装饰材料

知识链接

铝合金门窗性能验收

铝合金门窗在出厂前须经过严格的性能试验,只有达到规定的指标后才可以安装使用。铝合金门窗通常要检测以下主要性能指标。

(1)强度。铝合金门窗的强度是在压力箱内进行压缩空气加压试验,用所加风压的等级来表示的。一般性能的铝合金窗的抗压强度可达 1961~2353Pa,高性能的铝合金窗的抗压强度可达 2353~2764Pa。在上述压力下测定窗扉中央的最大位移量,应小于窗框内沿高度的 1/70。

(2)气密性。铝合金窗在压力试验箱内,使窗的前后形成 2.94~4.9Pa 的压力差,可用每平方米面积每小时的通气量(m^3)来表示窗的气密性。一般性能的铝合金窗前后压力差为 10Pa 时,气密性可达 $8m^3/(h·m^2)$,高密封性能的铝合金窗可达 $2m^3/(h·m^2)$。

(3)水密性。铝合金窗在压力试验箱内,对窗的外侧加入周期为 2s 的正弦波脉冲压力,同时向窗内每分钟每平方米喷射 4L 的人工降雨,进行连续 10min 的风雨交加的试验,应保证在室内一侧无可见的漏渗水现象。可用水密性试验时施加的脉冲风压平均压力来表示水密性,一般性能铝合金窗为 343Pa,抗台风的高性能窗可达 490Pa。

(4)开闭力。装好玻璃后,窗扉打开或关闭所需外力应在 49Pa 以下。

(5)隔热性。通常用窗的热对流阻抗值来表示其隔热性能,单位为 $m^2·h·℃/kJ$。一般可据此分为 3 级:R_1=0.05,R_2=0.06,R_3=0.07。采用 6mm 双层玻璃高性能的隔热窗,热对流阻抗值可以达到 $0.05m^2·h·℃/kJ$。

(6)隔声性。在音响试验室内对铝合金窗的音响透过损失进行试验发现,当声频达到一定值后,铝合金窗的音响透过损失可达 25dB。高隔声性能的铝合金窗,音响透过损失可达 30~45dB。

(7)尼龙导向轮的耐久性。推拉窗、活动窗扉用电动机经偏心连杆机构做连续往复行走试验,用直径 12~16mm 的尼龙导向轮试验 1 万次,直径 20~24mm 的尼龙导向轮试验 5 万次,直径 30~60mm 的尼龙导向轮试验 10 万次,窗及尼龙导向轮等配件应无异常损坏。

9.3 铜及铜合金材料

9.3.1 铜及其应用

铜是广泛用作建筑装饰及各种零部件的一种有色金属。铜在自然界中很少以游离状态存在,多是以化合物状态存在的。炼铜的矿石有黄铜矿、辉铜矿、斑铜矿、赤铜矿和孔雀石等。铜是一种容易精炼的金属材料,可用于制作生活用品(如铜质盆、铜镜、装饰品等)、祭祀用品、货币、武器等。

纯铜表面氧化生成氧化铜膜后呈紫红色，故称紫铜，属于有色贵金属，具有良好的导电性、导热性、耐腐蚀性，以及良好的延展性、塑性和易加工性，能压延成薄片（纯铜片），拉成很细的丝（铜线材）。但纯铜强度较低，不宜直接作为结构材料，主要用于制造导电器材或配制铜合金。

在古代建筑中，铜作为一种高档的装饰材料，用于宫廷、寺庙、纪念性建筑及商店铜字招牌等；在现代建筑中，铜仍然是高级的装饰材料，星级酒店、高级宾馆和商厦常用铜作装饰，多见于大门入口、大堂、服务台、楼梯栏杆、扶手、指示牌等处，具有光彩耀目、富丽堂皇的装饰效果。图 9-11 所示为铜质楼梯栏杆。

图 9-11　铜质楼梯栏杆

9.3.2　铜合金及其应用

铜合金是在铜中掺入锌、锡等元素形成的合金材料，既保持了铜的良好塑性和高抗蚀性，又改善了纯铜的强度、硬度等力学性能。常用的铜合金有黄铜、白铜和青铜。

铜和锌的合金称为黄铜，且分为普通黄铜和特殊黄铜。铜中只加入锌元素时称为普通黄铜，普通黄铜呈金黄色或黄色，色泽随着含锌量的增加而逐渐变淡；为了进一步改善其力学性质和提高耐腐蚀性，在铜、锌之外可再加入 Pb、Mn、Sn、Al 等合金元素配制成特殊黄铜。

铜合金装饰制品的特点之一是其具有金色感，常替代稀有的、昂贵的金在建筑装饰中作为点缀。古希腊的宗教建筑和宫殿较多采用金、铜等材料进行装饰和雕塑，如具有传奇色彩的帕特农神庙大门即为铜质镀金大门；古罗马的雄狮凯旋门、图拉真骑马像都有青铜的雕塑；中国盛唐时期的宫廷建筑也多以金、铜材料来装饰，人们认为以金或铜来装饰的建筑是高贵和权势的象征。

现代建筑装饰中，显耀的门厅门配以铜质把手、门锁、执手，变幻莫测的螺旋式楼梯扶手栏杆选用铜质管材，踏步上附有铜质防滑条，水龙头、淋浴器配件、各种灯具等采用铜合金制作，无疑会在原有豪华、高贵的氛围中增添装饰的艺术性，使得装饰效果得以淋漓尽致地发挥。

铜合金的另一应用是铜粉,俗称"金粉",是一种由铜合金制成的金色颜料,主要成分为铜及少量的锌、铝、锡等金属,常用于调制成金粉漆,代替"贴金"。图9-12所示为金粉漆实例效果。

图9-12　金粉漆实例效果

铜合金经冷加工所形成的板材、板带,多用于室内柱面、门厅及挑檐包面等部位的装饰,也可以用来加工制作灯箱和各种灯饰物。

铜饰的装饰效果很强,既能塑造现代风格,也能塑造古典风格,是一种极佳的装饰材料。另外,铜饰能够与铁艺结合使用,可丰富铁艺的细部造型。

9.4　装饰钢材

铁矿石经过冶炼后得到铁(含碳量大于2%),再经过精炼成为钢(含碳量小于2%)。建筑用钢材,包括各种型钢、钢板、钢管,以及钢筋混凝土用的钢筋和钢丝,是建筑工程中应用最广、最重要的材料之一。

钢材具有许多重要的优点和特性,一是材质均匀、性能可靠;二是有较高的强度和较好的塑料、韧性,可承受各种性质的荷载;三是有优良的加工性,可焊、可铆、可锻轧制成各种形状的型材和零件。

从装饰角度来讲,普通钢材具有金属感强、美观大方的感觉,可在其基体表面上进行艺术处理,因此在现代建筑装饰艺术中越来越受到重视。目前,建筑装饰工程中常用的钢材制品主要有不锈钢钢板与管材、彩色不锈钢板、彩色涂层钢板、彩色压型钢板、镀锌钢卷帘门板及轻钢龙骨等。

普通钢材易锈蚀,每年有大量钢材遭锈蚀损坏。钢材的损坏有两种情况:一是化学腐蚀,即在常温下钢材表面受到氧化而生成氧化膜层;二是电化学腐蚀,即钢材在较潮湿的空气中,其表面发生"微电池"作用而产生腐蚀。钢材腐蚀大多属于电化学腐蚀。

> 知识链接

建筑工程中钢材主要用于以下四个方面。

（1）钢结构用钢材：有角钢、槽钢、工字钢和钢板等。

（2）钢筋混凝土结构用钢材：有光圆钢筋、带肋钢筋、钢丝和钢绞线。

（3）钢管：有焊缝钢管和无缝钢管等。

（4）建筑装饰用钢材：有不锈钢及制品、彩色涂层钢板、彩色压型钢板、轻钢龙骨等。

9.4.1 不锈钢及制品

1. 不锈钢的特性和钢号

不锈钢是指在钢中加入以铬元素为主加元素的合金钢。铬含量越高，钢的耐腐蚀性越好。除铬外，不锈钢中还含有镍、锰、钛、硅等元素，这些元素能影响不锈钢的强度、塑性、韧性和耐腐蚀性。

耐腐蚀性是不锈钢诸多性能中最显著的特性之一。由于铬的性质比较活泼，在不锈钢中，铬首先与环境中的氧生成一层与钢基体牢固结合的致密氧化膜层（称钝化膜），故能使合金钢得到保护，不致生锈。

不锈钢的另一显著特性是表面光泽度高。不锈钢的表面经加工特别是抛光后，可以获得镜面效果，光线的反射比可以达到90%以上，体现出优良的装饰性，是富有时代气息的装饰材料。

不锈钢膨胀系数大，为碳素钢的1.3～1.5倍，但导热系数只有碳素钢的1/3；不锈钢韧性及延展性均较好，常温下亦可加工。

2. 不锈钢的分类

（1）按照所加元素的不同，不锈钢分为铬不锈钢、镉镍不锈钢和高锰低铬不锈钢等。

（2）按照耐腐蚀性能，可分为普通不锈钢和不锈耐酸钢两种，其中能抵抗大气腐蚀作用的为普通不锈钢，能抵抗一些化学介质（如酸液等）侵蚀的为不锈耐酸钢。普通不锈钢不一定耐酸，而不锈耐酸钢一定具有良好的耐腐蚀性。

（3）根据钢的组织特点，不锈钢分为马氏体不锈钢、铁素体不锈钢、奥氏体不锈钢和沉淀硬化不锈钢。

马氏体不锈钢属铬不锈钢，有磁性，含碳量为0.1%～0.45%，含铬量为12%～14%；铁素体不锈钢也属铬不锈钢，有磁性，含碳量低于0.155%，含铬量为12%～30%，其高温抗氧化能力好，抗大气和耐酸腐蚀性差；奥氏体不锈钢属镉镍不锈钢，是应用最广泛的不锈钢，无磁性，含碳量很低，含铬量为17%～19%，含镍量为8%～11%，具有良好的耐腐蚀性和耐热性，抛光后能长久光亮；沉淀硬化不锈钢是前三种不锈钢经时效和特殊处理产生沉淀硬化而得到的，其中马氏体沉淀硬化不锈钢应用最多。

（4）按外表色彩，不锈钢分为普通不锈钢和彩色不锈钢。

3. 不锈钢制品及其应用

（1）不锈钢板材。

不锈钢制品应用最多的为板材，一般均为薄材，厚度多小于 2.0mm。

不锈钢板材通常按照板材的反光率分为镜面板、哑光板和浮雕板三种类型。

① 镜面板表面光滑光亮，反光率可达 90%以上，表面可形成独特的映像效果，如图 9-13 所示；常用于室内墙面或柱面，可形成高光部分，独具魅力；为保护镜面板表面在加工和施工过程中不受侵害，常在其上加一层塑料保护膜，待竣工后再揭去。

图 9-13　镜面板

② 哑光板的反光率在 50%以下，其光泽柔和、不晃眼，可用于室内外装饰，能产生一种柔和、稳重的艺术效果。

③ 浮雕板的表面是经辊压、研磨、腐蚀或雕刻而形成浮雕纹路的不锈钢板材，如图 9-14 和图 9-15 所示。一般化学蚀刻深度为 0.015～0.500mm，这使得浮雕板不仅具有金属光泽，而且还富有立体感。这种板材在加工浮雕前必须经过正常的研磨和抛光，所以比较费时，价格也较贵。

不锈钢板材可以用于公共建筑物的墙柱面装饰，如电梯门、门脸贴面等。

（2）彩色不锈钢板装饰制品。

彩色不锈钢板是用化学镀膜、化学浸渍等方法对普通不锈钢板进行表面处理后而制得的，其表面具有光彩夺目的装饰效果，具有蓝、灰、紫红、青、绿、金黄、橙及茶色等多种色彩和很高的光泽度，色泽会随光照角度的改变而产生变幻的色调效果。

彩色不锈钢板无毒，耐腐蚀、耐高温、耐摩擦和耐候性好，其色彩面层能在 200℃以下或弯曲 180°时无变化，色层不剥离，色彩经久不褪，耐烟雾腐蚀性能超过一般不锈钢，且加工性能好，可弯曲、拉伸、冲压等，其耐磨和耐刻划性能相当于箔层镀金的性能。

彩色不锈钢板适用于高档建筑物的电梯厢板、厅堂墙板、顶棚、门、柱等处，也可用作车厢板、建筑装潢和招牌等。

图 9-14 化学蚀刻浮雕板

图 9-15 电脑雕刻浮雕板

(3) 不锈钢型材。

不锈钢型材有等边不锈钢角材、等边不锈钢槽材、不等边不锈钢角材、不等边不锈钢槽材、方管、圆管等，一般用作压条、拉手和建筑五金等。

(4) 建筑装饰用不锈钢的选择。

建筑装饰用不锈钢在使用中应掌握以下原则。

① 考虑装饰效果。不锈钢的装饰效果由光泽、色调和质感所体现。如镜面板和哑光板的装饰效果截然不同，体现的风格也各异，所以应根据装饰部位及总体装饰设计的要求合理选择。

② 考虑使用条件。不锈钢所处的使用环境不同，能承受的污染和腐蚀介质及其作用程度也有差异。用于室外环境中的不锈钢，由于直接受到大气的影响，因此对其耐腐蚀性能要求会更高；处于人流密集、高度较低的部位，因在使用中受到人为撞击磕碰的可能性较大，故要求不锈钢有足够的强度、刚度和硬度。

③ 考虑构造要求。不锈钢板材越薄，其刚度越小，越容易产生变形，因此，一般情况下建筑装饰工程中应尽量选择厚度较大的不锈钢板材。若采用复合板材，不锈钢板材只作为装饰面，粘贴在一定厚度的基层上，则不锈钢板材可以薄一些，以节省不锈钢板材的用量。

④ 考虑工程造价。不锈钢的价格较贵，所以应合理选择不锈钢的类型、厚度及表面处理方式。

9.4.2 彩色涂层钢板和彩色压型钢板

1. 彩色涂层钢板

彩色涂层钢板是以冷轧板或镀锌板为基材，在其表面进行化学预处理后，涂以各种保护、装饰涂层而成，其结构如图 9-16 所示。

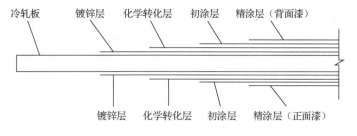

图 9-16 彩色涂层钢板的结构

彩色涂层钢板的涂层包括有机涂层、无机涂层和复合涂层三种，其中以有机涂层钢板发展最快，用量最多。有机涂层可以配制不同颜色和花纹，其色彩丰富，有红色、绿色、乳白色、棕色及蓝色等，装饰性强，而且涂层的附着力强，可以长期保持鲜艳的色泽。彩色涂层钢板的加工性能好，可以进行切断、弯曲、钻孔、铆接和卷边等加工。

(1) 彩色涂层钢板的主要技术性能要求。

① 耐污染性能：将番茄酱、口红、咖啡饮料、食用油等，涂抹在钢板的聚酯类涂层表面，放置24h后，用洗涤液清洗烘干，其表面光泽、色彩应无任何变化。

② 耐高温性能：彩色涂层钢板在120℃烘箱中连续加热90h，涂层的光泽和颜色应无明显变化。

③ 耐低温性能：彩色涂层钢板在-54℃低温下放置24h，涂层弯曲、抗冲击性能应无明显变化。

④ 耐沸水性能：彩色涂层钢板在沸水中浸泡60min后，表面的颜色和光泽应无任何变化，也不出现起泡软化和膨胀等现象。

(2) 彩色涂层钢板的分类。

彩色涂层钢板的原板通常为冷轧钢板或镀锌钢板，最常用的有机涂层为聚氯乙烯、聚丙烯酸酯、环氧树脂、醇酸树脂等。涂层与钢板的结合方法有薄膜层压法和涂料涂敷法两种。根据结构不同，彩色涂层钢板大致可分为以下几种。

① 涂装钢板。用镀锌钢板作为基底，在其正面和背面都进行涂装，以保证其耐腐蚀性能。正面一层为底漆，通常为环氧底漆，因为它与金属的附着力强，背面也涂有环氧树脂或丙烯酸树脂；第二层以前用醇酸树脂，现在一般用聚酯类涂料或丙烯酸树脂涂料。

② PVC钢板。其有两种类型，一种是用涂布糊状PVC的方法生产的，称为涂布PVC钢板；另一种是将已成型的印花或压花的PVC膜贴在钢板上，称为贴膜PVC钢板。

无论是涂布还是贴膜，其表面PVC层均较厚，可达到100~300μm，而一般涂装钢板的涂层厚度仅20μm左右。PVC层是热塑性的，表面可以进行热加工。但表面PVC层的缺点是易老化，为了改善这一缺点，现已生产出一种在PVC表面再复合丙烯酸树脂的新型复合性PVC钢板。

③ 隔热涂装钢板。在彩色涂层钢板的背面贴上15~17mm的聚苯乙烯泡沫塑料或硬质聚氨酯泡沫塑料，可提高彩色涂层钢板的隔热、隔声性能。目前我国已能生产此类钢板。

④ 高耐久性涂层钢板。根据氟塑料和丙烯酸树脂耐老化性能好的特点，将它们用在钢板表面的涂层上，能使钢板的耐久性、耐腐蚀性能提高。

彩色涂层钢板可以用作各类建筑物的内外墙板、吊顶、屋面板和壁板等。彩色涂层钢板在用作围护结构和屋面板时，往往与岩棉板、聚苯乙烯泡沫板等绝热材料制成复合板材，从而达到绝热和装饰的双重要求；此外，还可用作瓦楞板、防水防渗透板、耐腐蚀设备或构件，以及家具、汽车外壳、挡水板等。

彩色涂层钢板还可以制作成压型钢板，由于它具有耐久性好、美观大方、施工方便等优点，故可以用于工业厂房及公共建筑的墙面和屋面。

2. 彩色压型钢板

彩色压型钢板是以镀锌钢板为基材，经过成型机轧制成各种异型断面，表面涂敷各种耐腐蚀涂层或烤漆而成的轻型复合板材，也可以采用彩色涂层钢板直接压制成型，如图9-17所示。这种板材的基材厚度只有0.5~1.2mm，属于薄型钢板，但是经轧制等加工成彩色压型钢板后（断面为 V 形、U 形、梯形或波形等），受力合理，使钢板的抗弯强度大大提高。工程中墙面彩色压型钢板基板的公称厚度不宜小于 0.5mm，屋面彩色压型钢板基板的公称厚度不宜小于 0.6mm，楼盖彩色压型钢板基板的公称厚度不宜小于 0.8mm。基板厚度（包括镀层厚度在内）的允许偏差应符合规定，负偏差大于规定的板段不得用于加工彩色压型钢板。

图 9-17　彩色压型钢板

彩色压型钢板质量轻、抗震性好、耐久性强，而且易于加工、施工方便，其表面色彩鲜艳、美观大方、装饰性好，广泛用于各类建筑物的内外墙面、屋面和吊顶等处的装饰，也用作轻型夹心板材的面板等。

3．其他装饰板材

（1）搪瓷装饰板。

搪瓷装饰板是以钢材、铸铁板为基材，在其表面涂刷一层无机物，经过高温烧结后，无机物与基材牢固附着在一起而形成的一种金属装饰板材。图 9-18 所示为搪瓷钢板。

搪瓷装饰板不仅具有金属基材的刚度和强度，而且还具有搪瓷釉层的化学稳定性和装饰性。金属基材附着了搪瓷釉层后，耐磨、不生锈、耐酸碱、防火、绝缘，且受热不易氧化，提高了金属基材的耐久性。搪瓷装饰板的表面可以采用贴花、丝网印花或喷花等工艺制成各种艺术图案，装饰效果好。

搪瓷装饰板广泛应用于各类建筑物的内外墙面、柱面装饰，如图 9-19 所示，也可以制成小幅画来作为内墙面的点缀性装饰。

（2）塑料复合板。

塑料复合板是在钢板表面上覆盖一层 0.2～0.4mm 的半硬质聚氯乙烯塑料膜而成，具有绝缘性好、耐磨损、耐冲击和耐潮湿等特性，还具有良好的延展性及加工性，板材弯曲 180°时塑料层也不会脱离钢板。上覆塑料膜后不仅改变了钢板的乌黑面貌，而且可在其上绘制图案和艺术条纹，如木纹、布纹、皮革纹和大理石纹等，具有良好的装饰性。

塑料复合板可用作顶棚、内外墙面、柱面装饰等。图 9-20 所示为塑料复合板装饰实例。

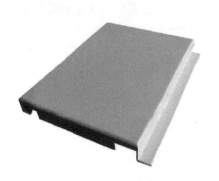
图 9-18 搪瓷钢板

图 9-19 搪瓷钢板装饰

图 9-20 塑料复合板装饰实例

9.4.3 轻钢龙骨

轻钢龙骨纸面石膏板隔墙构造与施工

所谓龙骨，是指罩在面板装饰中的骨架材料。罩面板装饰材料用于内隔墙、隔墙和吊顶等。与抹灰类和贴面类装饰相比，罩面板装饰可以大大减少装饰施工中的湿作业工程量。

龙骨按用途分为隔墙龙骨和吊顶龙骨两类。隔墙龙骨一般作为室内隔墙或隔断的龙骨，两面覆以石膏板、塑料板、石棉水泥板、纤维板或金属板构成墙体；吊顶龙骨用作室内吊顶骨架，面层采用石膏等各种吸声板材。建筑装饰中常用的龙骨材料有轻钢龙骨、铝合金龙骨、塑料龙骨和木龙骨等。

轻钢龙骨是以冷轧钢板（钢带）、镀锌钢板（钢带）或彩色喷塑钢板（钢带）为原料，采用冷弯工艺加工而成的薄壁型钢，经组合装配而成的一种金属骨架，如图 9-21 所示。它具有自重轻、防火性能好、结构安全可靠、抗震性能好、可提高绝热效果及室内空间利用率、施工方便、便于拆改等特点，适用于工业和民用建筑等室内隔墙和吊顶所用的骨架，是一种代木产品。

图 9-21 轻钢龙骨

1. 轻钢龙骨的特点

（1）自重轻。

制作轻钢龙骨的板材厚度为 0.5～1.5mm。吊顶轻钢龙骨（图 9-22）每平方米质量为 3～4kg，与 9mm 厚纸面石膏板组成吊顶，每平方米质量为 11～12kg，相当于 20mm 厚抹灰顶棚质量的 1/4 左右；隔墙轻钢龙骨（图 9-23）每平方米质量为 5kg，两侧各覆以厚度为 12mm 的纸面石膏板构成隔墙，每平方米质量也仅为 25～27kg，相当于普通 120mm 厚砖墙质量的 1/10。所以采用轻钢龙骨可以大大减轻建筑物的自重。

图 9-22 吊顶轻钢龙骨

图 9-23 隔墙轻钢龙骨

（2）防火性能好。

轻钢龙骨具有良好的防火性能，是优于木龙骨的主要特点。轻钢龙骨与耐火石膏板组成的隔断，其耐火极限可达 1h，完全可以满足建筑设计防火规范的要求。

(3) 结构安全可靠。

轻钢龙骨虽然薄、轻，但由于采用了异型断面，所以强度高、弯曲刚度大、挠曲变形小，因此由其制作的结构安全可靠。

(4) 抗震性能好。

轻钢龙骨各构件之间采用吊、挂、卡等连接方式，与面层板之间采用射钉、抽芯铆钉或自攻螺钉等方式连接，在受震动时，可吸收较多变形能量，所以轻钢龙骨隔墙或吊顶有良好的抗震性能。

(5) 可提高绝热效果及室内空间利用率。

轻钢龙骨占室内空间少，如 C75 轻钢龙骨和两层 12mm 厚石膏板组成的隔断，其厚度仅为 99mm，但绝热性能远远超过一砖墙；若在龙骨内再填充岩棉等保温材料，其绝热效果相当于三七墙。在相同绝热效果下，轻钢龙骨隔断可以减少占地面积而提高室内空间利用率。

(6) 施工方便、便于拆改。

轻钢龙骨的施工是组装式的，完全取消湿作业，因此施工效率高，且装配、调整方便。这一施工特点，便于住户根据不同的使用要求进行室内空间的布置和分隔，并为室内空间的重新布置提供了较大的灵活性和可能性。

2. 轻钢龙骨的分类与标记

(1) 轻钢龙骨的分类。

轻钢龙骨按荷载类型分，有上人龙骨和不上人龙骨；按用途分，有吊顶龙骨（代号 D）和墙体龙骨（代号 Q）；按其断面形式分，有 C 形龙骨（代号 C）、T 形龙骨（代号 T）、L 形龙骨（代号 L）和 U 形龙骨（代号 U）等多种，如图 9-24 所示。其中 C 形龙骨主要用于隔墙，U 形龙骨、L 形龙骨和 T 形龙骨主要用于吊顶。

(2) 轻钢龙骨的标记。

轻钢龙骨的标记顺序依次为产品名称、代号、断面形状、宽度、高度、厚度和标准号。如断面形状为 C 形、宽度为 50mm、高度为 15mm、钢板厚度为 1.5mm 的吊顶承载龙骨可标记为：建筑用轻钢龙骨 DC50×15×1.5。

3. 轻钢龙骨配件的种类

根据《建筑用轻钢龙骨配件》（JC/T 558—2007）的规定，建筑用轻钢龙骨配件是以冷轧薄钢板（钢带）为原料，经冲压成型，用作组合轻钢龙骨墙体和吊顶骨架。

吊顶龙骨配件有吊杆、吊件、挂件、挂插件、接插件和连接件，如图 9-24 所示。其中吊件（有普通吊件和弹簧吊件）用于承载龙骨与吊杆的连接，挂件（有压筋式挂件和平板式挂件）用于承载龙骨和覆面龙骨的连接，挂插件用于正交两方向的覆面龙骨的连接，接插件用于覆面龙骨的接长，连接件用于承载龙骨的接长。

墙体龙骨的配件有支撑卡、接插件和角托等，如图 9-25 所示。其中支撑卡用于覆面板材与龙骨固定时辅助支撑竖龙骨，接插件用于竖龙骨的接长，角托用于竖龙骨背面与横龙骨之间的连接。

第 9 章 建筑金属装饰材料

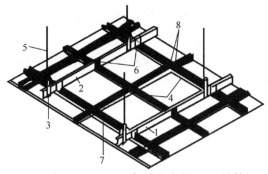

1—承载龙骨连接件；2—承载龙骨；3—吊件；
4—覆面龙骨连接件；5—吊杆；6—挂件；
7—覆面龙骨；8—挂插件

图 9-24　吊顶龙骨配件

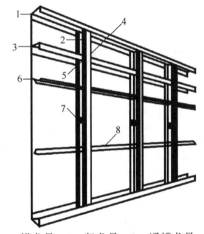

1—横龙骨；2—竖龙骨；3—通撑龙骨；
4—角托；5—卡托；6—通贯龙骨；
7—支撑卡；8—通贯龙骨连接件

图 9-25　墙体龙骨配件

案例分析

1. 某住宅铝合金窗使用两年后发现表面颜色变暗、结构变形，开关不顺畅，隔声效果及气密性差。试分析原因。

【分析】

（1）铝合金材料遇腐蚀后，易导致表面氧化，使颜色变暗，使用寿命缩短。

（2）有可能是材质不好，门窗型材选择不当，规格偏小，型材厚度偏薄。

（3）拼装时构造不合理，连接不牢固，受力后容易产生变形。

（4）门窗框同墙体连接处不牢固，可能有微小裂缝，安装时未用密封胶填嵌密封或密封材料添置不连续，黏结不牢靠。

（5）滑轮、毛条、防脱落密封器、下密封块的安装可能不正确。这些因素会大大影响铝合金门窗的启闭状态、隔声效果和气密性。

2. 居住建筑和公共建筑对装饰材料的选用有何差异？在选用金属装饰材料方面应注意什么？

【分析】

（1）两者的使用功能不同，其注重的装饰效果也不同。应注意按不同金属材料的使用质量和给人的质地感官差别来选择，营造或高贵典雅或庄重华贵或淡雅宁静的效果，具体按各个建筑对象的装饰目的来确定。

（2）建筑体量不同，则同样的事物给人的感知也会有差别。应注意同种材料在应用于不同地方时给人带来的差异感。

（3）对金属装饰材料的属性要掌握准确，根据使用环境来正确选择，达到功能和质量同时保证的目的。

本章小结

本章对建筑金属装饰材料进行了较为详细的阐述，包括各种金属材料的特点及其应用。

通过本章学习，应了解铝、铜、钢及其合金的特点、分类、牌号，掌握铝合金的种类及表面处理方法，了解铜的性能特点和应用，掌握不锈钢及彩色涂层钢板的特点及应用，熟悉轻钢龙骨吊顶的产品规格、技术要求及应用。

实训指导书

了解铝、铜、钢及其合金的特点、分类，熟悉其性能和技术要求，重点掌握各类金属材料的应用情况。根据装修要求，能够正确合理地选择金属装饰材料，并判断出质量的好坏。

一、实训目的

让学生自主地到建筑装饰材料市场和建筑装饰施工现场进行考察和实训，了解常用金属装饰材料的价格，熟悉其应用情况，能够准确识别各种常用金属装饰材料的名称、规格、种类、价格、使用要求及适用范围等。

二、实训方式

1. 建筑装饰材料市场的调查分析

学生分组：以3～5人为一组，自主地到建筑装饰材料市场进行调查分析。

调查方法：以咨询为主，认识各种金属装饰材料，调查材料价格、收集材料样本图片、掌握材料的选用要求。

重点调查：不同金属装饰材料的常用规格。

2. 建筑装饰施工现场装饰材料使用的调研

学生分组：以10～15人为一组，由教师或现场负责人指导。

调查方法：结合施工现场和工程实际情况，在教师或现场负责人指导下，熟知金属装饰材料在工程中的使用情况和注意事项。

重点调查：金属装饰材料的性能检验。

三、实训内容及要求

（1）认真完成调研日记。

（2）填写材料调研报告。

（3）写出实训小结。

第10章 其他建筑装饰材料

教学目标

熟悉装饰织物的特性、分类及选用方法；熟悉灯具的分类及选用方法；了解绝热材料、吸声与隔声材料的基本性质及选用方法。

教学要求

能力目标	相关试验或实训	重点
能够根据装饰织物的技术性质正确选择装饰织物的品种和规格	调研地毯、窗帘市场价格及应用	★
能够识别各类灯具的功能与用途	调研灯具的种类及应用	★
能够理解绝热、吸声与隔声材料的原理		
能够根据绝热材料的性能正确选择绝热材料及其制品		
能够根据吸声与隔声材料的性能正确选择吸声与隔声材料及其制品		★

第 10 章 其他建筑装饰材料

> **引例**
>
> 某办公建筑的会议室装修工程,根据建筑空间功能要求,应如何选配窗帘?若采用纱质窗帘,是否能够满足其需求呢?如何根据《办公建筑设计标准》(JGJ/T 67—2019)中关于会议室的照度、色温指标,选用建筑照明方案,结合空间装饰风格和气氛来配置合适的灯具?如何根据办公建筑空间性质,合理地进行会议室空间界面局部吸声材料的配置呢?

装饰织物是最常见的建筑装饰材料之一,而灯饰与灯具是建筑空间环境不可缺少的装饰陈设品。与此同时,应注意装饰织物及灯饰与灯具也具有不可或缺的实用功能性质,合理利用这些材料和装饰陈设,不仅能够满足人们工作生活的需要,同时也能增添空间的美感。随着装饰装修的发展,人们对这些方面的需求也日益增长。

此外,在建筑空间中通常利用绝热材料及吸声与隔声材料来满足空间的特殊功能需求。

10.1 装 饰 织 物

装饰织物是指以纺织物和编织物为面料制成的装饰陈设品,如织物壁纸、壁挂、地毯、桌布、床罩、窗帘等,其原料可以是丝、羊毛、棉、麻和化纤等,也可以是草、树叶等天然材料。装饰织物对塑造室内的空间氛围和空间特性起着很大的作用。装饰织物按照使用功能可以分为硬装饰和软装饰,硬装饰是利用装饰织物与建筑构件相结合的方法对空间进行装饰设计,形成风格后不易改变,比如利用织物壁纸进行墙面装饰;软装饰是指在装饰空间中利用织物的灵活多样性进行装饰组合,设计风格可以随时更换、变更,比如使用地毯、窗帘、织物工艺品、布艺陈设、床上用品等进行室内装饰。

10.1.1 墙面装饰织物

墙面装饰织物属于硬装饰范畴,是为了满足房屋的结构、布局、功能、美观等需要,添加在空间界面表面的装饰织物,一般情况下不可移动。墙面装饰织物除具有柔和、美观的装饰效果之外,对吸声也有一定的帮助。墙面装饰织物主要有织物壁纸、墙布和高级墙面装饰织物,在选配墙面装饰织物时需要对建筑空间的装饰风格有总体的定位和把握。

1. 织物壁纸

织物壁纸主要有纸基织物壁纸和麻草壁纸两种。

(1)纸基织物壁纸。

纸基织物壁纸是以棉、麻、毛等天然纤维制成各种色泽、花色和粗细不一的纺线,经特殊工艺处理和巧妙的艺术编排,黏结于纸基上而制成,如图 10-1 所示。

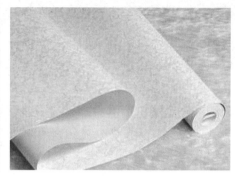

图 10-1　纸基织物壁纸

纸基织物壁纸具有色彩柔和、自然、墙面立体感强、吸声效果好、不褪色，且调湿性和透气性好等特点，适用于宾馆、饭店、会议室、计算机房、播音室等空间的墙面装饰。

（2）麻草壁纸。

麻草壁纸是以纸为基底，以编织的麻草为面层，经复合加工而制成的墙面装饰材料，如图 10-2 所示。麻草壁纸具有吸声、阻燃、散潮气、不吸尘、不变形等特点，适用于会议室、接待室、影剧院、酒吧、舞厅，以及饭店、宾馆的客房等场所的墙壁贴面装饰，也可用于商店的橱窗设计。

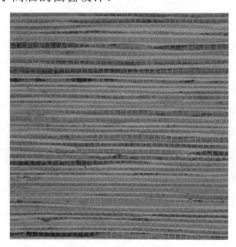

图 10-2　麻草壁纸

2. 墙布

墙布通过运用工艺处理手法，使色彩及纹样组合广泛，表现力十分丰富，可以满足多样性的审美要求，是常用的室内墙面装饰材料之一。其具有视觉舒适、触感柔和、吸声、透气、亲和性强、典雅、高贵等特点，在很多场所都适用，比如家居空间的客厅、卧室、餐厅、儿童房、书房，公共空间的娱乐室、餐厅、商场、展示厅、办公楼、学校、医院、歌舞厅、酒吧、KTV、夜总会、咖啡馆等。

（1）玻璃纤维印花贴墙布。

玻璃纤维印花贴墙布是以中碱玻璃纤维布为基料，表面涂以耐磨树脂，印上彩色图案而成，如图 10-3 所示。其特点是装饰效果好，色彩鲜艳、花色多样，室内使用不褪色、不老化、防水、耐湿性强，便于清洗，且价格低廉、施工简单、粘贴方便，适用于宾馆、饭店、民用住宅等室内墙面装饰，尤其适用于室内卫生间、浴室等墙面的装修。

图 10-3　玻璃纤维印花贴墙布

（2）无纺贴墙布。

无纺贴墙布是采用棉、麻等天然纤维或涤纶、腈纶等合成纤维，经过无纺成型、上树脂、印制彩色花纹等工序制作而成，如图 10-4 所示。无纺贴墙布的特点是挺括、富有弹性、不易折断，纤维不老化、不散失，对皮肤无刺激作用，墙布色彩鲜艳、图案雅致，适用于各种建筑物的室内墙面装饰，尤其是涤纶无纺贴墙布应用范围很广。

图 10-4　无纺贴墙布

（3）化纤装饰贴墙布。

化纤装饰贴墙布是以化学纤维织成的布（单纶或多纶）为基材，经一定处理后印花而成。常用的化学纤维有粘胶纤维、乙酸纤维、丙纶、腈纶、锦纶、涤纶等。化纤装饰贴墙布具有无毒、无味、透气、防潮、耐磨、不分层等特点,适用于宾馆、饭店、办公室、会议室及民用住宅的内墙面装饰。

(4) 棉纺装饰贴墙布。

棉纺装饰贴墙布是以纯棉平布为基材,经过处理、印花、涂布耐磨树脂等工序制作而成,如图10-5所示。这种墙布的特点是强度大、静电小、蠕变性小、无光、吸声、无毒、无味(对施工人员和用户均无害)、花型、色泽美观大方,适用于宾馆、饭店等公共建筑和较高级的民用住宅建筑中的内墙面装饰。

图 10-5 棉纺装饰贴墙布

(5) 多功能墙布。

多功能墙布由针刺棉与经纳米功能助剂处理的墙布面料复合构成。针刺棉是由优质棉经纳米功能助剂充分浸泡、搅拌后,再经过甩干、烘干、开松、梳理等多道工序,最后由针刺机加工成有牢度、平整,棉纤维相互缠结成布状的多功能墙布专用背基材料。多功能墙布具有阻燃、隔热、保温、吸声、隔声、抗菌、防霉、防水、防油、防污、防尘、防静电等功能。

3. 高级墙面装饰织物

高级墙面装饰织物是指锦缎、丝绒、呢料等织物,这些织物由于纤维材料、制造方法及处理工艺不同,所产生的质感和装饰效果也不同。其常被用于高档室内墙面的悬挂装饰,也可用于室内高级墙面的裱糊。如可用作高级建筑室内空间的窗帘、柔隔断或壁挂,以及高级宾馆等公共空间墙柱面的裱糊装饰。

10.1.2 其他装饰织物

易于更换、可以移动的陈设品多属于软装饰类,如装饰工艺品、居室植物、灯具、窗帘、地毯和家纺用品等。其中窗帘、地毯和家纺用品等织物类装饰品面积较大,因此家纺用品使用是否得当,关系到整个室内空间的氛围,要想营造和谐舒适且有个性的室内空间,一定要注重织物的恰当配置。

10.1.3 装饰织物的特征

装饰织物绝大部分都是由一些棉、麻、丝、毛等材料构成的，它们作为室内空间中的主要材料，具有以下特征。

（1）材质柔软。装饰织物的柔软性，是塑造室内环境氛围最为重要的材料特性，可以弥补现代建筑中大量使用硬质材料的亲和力缺陷，使室内环境获得温暖、亲切、舒适、和谐的感受。

（2）易于加工。装饰织物加工方便、易于成型，从原始的坯布到印花的成品，从不同的纱线到多彩的绒线，通过缝、织、挂、卷、吊、垂、拉毛等加工工艺，即可塑造为具有审美特性和装饰特色的织物装饰品，以适应当代室内空间的需求。

（3）性能优越。装饰织物的材料一般具有良好的吸声、调光、控温、防尘、挡风、避潮、遮挡视线等物理性能，又能改善建筑空间的人文环境质量，打造温情的、富有文化气息的室内环境。

（4）方便打理。装饰织物比其他用于室内空间环境的装饰材料更为轻便，容易清洗，同时还易于置换，可满足人们追求流行趋势的心理。即便是一些边角织物、陈旧织物，经过重新设计与制作后，还可以取得令人耳目一新的效果。

10.1.4 装饰织物的类别

室内装饰织物的应用可以追溯到石器时代，那时为了防潮取暖，人们发明了兽皮纺线织物以供坐卧，古称"地衣"。但由于当时生产生活水平低下，人们对其实用功能的需求远远大于对装饰功能的需求。装饰织物发展到今天，内容已极大丰富，如窗帘、地毯、床品、坐垫、靠垫、桌布及工艺品等。装饰织物按照用途，可分为以下几类。

1. 遮饰类装饰织物

遮饰类装饰织物主要应用于门、窗及空间隔断，如窗帘、门帘、隔帘、织物屏风等，具有隔声、遮蔽、装饰及分割空间的作用，其中以窗帘最为常用。

窗帘有单层、双层和多层等形式，外层窗帘多采用透明或半透明的大提花经编织物、经编衬纬网眼织物、花式线点缀纱罗织物等，既便于采光、通风，又能防止阳光直射入室内；中层窗帘起调节温湿度或改变内外层窗帘格调的作用，一般用半透明的提花织物或提花印花织物；内层窗帘以各种粗犷的中厚型织物为主，起遮光、隔热和装饰作用，其中提花织物、双层织物和绒类织物较为适合，其色彩和图案往往与空间风格有关。

现在，窗帘已与人们的行为空间并存，其格调和样式千变万化，功能用途也非常细化。窗帘有欧式、韩式、中式等风格，从功能及材料上看有遮阳帘、隔声帘、天棚帘、百叶帘、木制帘、竹制帘、金属帘、风琴帘、电动窗帘、手动窗帘等。

窗帘虽种类繁多，但大体可归为成品窗帘和布艺加工窗帘两大类。成品窗帘根据其外形及功能不同，可分为卷帘、折帘、垂直帘和百叶帘；布艺加工窗帘是指用装饰布经设计缝纫而做成的窗帘。

窗帘按材质划分，有纯棉、真丝、仿真丝、天鹅绒、麻纱、乔其纱、尼龙等。

窗帘按悬挂方式分为单层和双层；窗帘按开闭方式分为单幅平拉、双幅平拉、整幅竖拉和上下两段竖拉等。

2. 铺饰类装饰织物

铺饰类装饰织物主要包括床上用品和地毯。

床上用品是室内装饰织物中面积较大的一类，包括床垫（套）、床单、床罩、被套、毛毯等，具有舒适、保暖、协调并美化空间等作用。其中床罩影响室内色彩的作用最明显，床罩有印花、提花、绣花、簇绒、缝编等类型，可选用表现宁静、凉爽的冷色调，也可使用令人感到亲切、温暖而宁静的暖色调。床上用品不同的质感与色彩相结合，可以共同创造出一种舒适的休息环境。

地毯则是一种软质铺地材料，具有吸声、保温、装饰及行走舒适的作用。作为常用的装饰织物，地毯多以棉、麻、毛、丝、草等天然纤维或化学合成纤维类原料，经手工或机械工艺进行编结、栽绒或纺织而成。随着室内陈设品的丰富，软装饰逐渐成为一种时尚，其中地面配饰中的地毯在家居空间、酒店空间、办公空间和娱乐空间中都得到了广泛应用。按其使用场所不同，地毯的选配一般分为6级，见表10-1。

表10-1 地毯的等级

序号	等级	使用范围
1	轻度家用级	适宜铺设不常使用的房间
2	中度家用或轻度专业使用级	可用于卧室或餐室等
3	一般家用或中度专业使用级	用于起居室或公共空间
4	重度家用或一般专业使用级	供家居重度磨损场所及人流较大的空间使用
5	重度专业使用级	用于特殊要求的场合
6	豪华级	品质好、绒毛长，用于高级装饰空间

🌐 特别提示

- 选购地毯时，一看图案，整体构图的比例要协调完整，图案的线条应清晰圆滑，不同颜色之间的轮廓要鲜明；二看颜色，把地毯平整地放在日光灯下，观看全毯颜色应协调、均匀，色彩间要有一定的过渡；三看毯面，检查毯型是否规整，优质地毯表面不但平整，而且线条密实，无瑕疵；四看做工，看做工时首先看"道线"（经纬线的密度），一般越高越好，再看打结工艺，一般"土耳其扣"（前后两根经线上绕720°）比"八字扣"（前后两根经线上绕360°）要好。

3. 蒙饰类装饰织物

蒙饰类装饰织物主要用于覆盖家具如座椅、餐桌、茶几、沙发等，包括沙发布、沙发套、椅垫、椅套、坐垫、靠垫、台布、桌布等，具有保护家具、增加舒适度和装饰的作用。蒙饰类装饰织物的色彩可作为点缀而具有较大的灵活性。

4. 装饰类织物和卫浴厨具类织物

装饰类织物为纯欣赏性的织物，主要有艺术壁毯、布贴画、织物制工艺品等，可用于装饰墙面、桌面、床头等，多灵活地运用色彩的各种特性来表现古典、抽象、华丽、朴素、静止、运动等不同的风格，与室内色调协调并加以点缀。

卫浴厨具类织物主要用于浴室与厨房，包括浴帘、浴巾、毛巾、餐巾、餐垫等，主要起到清洁、保护、隔热等作用，其颜色图案还具有装饰作用。

10.1.5 装饰织物的功能

1. 划分空间

在建筑空间中通过装饰织物进行软隔断，可创造出新的空间秩序，或者用装饰织物将特定的空间划分成不同使用功能的空间。运用装饰织物进行空间划分，具有易于变换、移动性强、外观丰富等优点，更能够体现空间的性格特征。

利用装饰织物划分，空间在使用时会更加灵活，如家居空间中，利用可伸缩的挂帘、屏风等将就餐区与会客区隔开，既能满足使用者对空间功能的需求，也能起到美化装饰的作用。且在需要大空间时，软装饰也可灵活地转换。

利用地毯进行地面分割，既能起到心理上的空间暗示，也能起到有效划分的作用。不同的地毯由于材质、颜色、图案不同，可用于各种室内空间的装饰，而且使用不同的铺设方法，也可增强室内空间的视线导向。一般来讲，在室内空间运用大面积的地毯，能够在很大程度上影响空间的装饰风格；若小面积铺设地毯，则需要颜色和图案相对鲜艳和跳跃，方能调动装饰气氛。

2. 柔化空间

装饰织物因材料的质地特性，对于营造柔和、温馨的室内气氛有着重要的意义。装饰织物不仅能够柔化空间、有效消除噪声、保暖防潮，还能够有效增强装饰效果。所以在私密性较强的空间中，充分利用装饰织物可增强室内空间的柔和感。

3. 强化设计风格

装饰织物的颜色、图案、质地等的不同风格表现能加强室内空间的风格特征，调整和改变居住空间对人的心理影响。

10.1.6 装饰织物的应用

1. 装饰织物的风格

（1）简约风格。

简约风格注重发挥陈设本身的特征，造型简洁，反对累赘装饰，推崇合理的构成形式，重视材料的性能。简约风格中装饰织物的应用要遵循下面的原则。

① 色彩简约。黑色和白色是简约风格的代表色，灰色、浅蓝色和米黄色等清淡的颜色是简约风格设计的常用色。这些颜色对人们的视觉干扰力较弱，有简约、低调的宁静感，沉稳而内敛。

② 形式简约。运用统一、单纯的设计语言，在装饰织物的表现上主要运用点、线、面三个空间元素，从高低、长短中来表现层次感。其线条简单、造型简洁，陈设的布置统一、完整。

(2) 自然风格。

通过在装饰织物上制作花、鸟、鱼、虫等动植物图案，或令色调偏向自然元素的色彩如草绿、天蓝、橘红等，在视觉上可给人一种回归自然的心理感受，让使用者体验舒展、开阔的生活环境。

(3) 新古典主义风格。

利用装饰织物营造新古典主义风格时，在制作材料的选用上，多是以棉、麻、丝绸等古典风格中常用的材料为主，融入提花、刺绣等工艺；在局部进行精致的设计，如重视蕾丝花边的使用，全面营造织物的立体美感；在颜色方面以白色为主，以彰显装饰织物的优雅洁净，另外，淡黄色等浅色棉麻材质装饰织物可以营造出一种清新、舒适的氛围。

(4) 中式风格。

中式风格在颜色方面以中国红、水墨黑、玉脂白、琉璃黄、长城灰为主，也可以搭配现代多元化的色彩，来增加时代气息；图案方面可选用中国传统图示纹样，如龙凤、蝙蝠、喜鹊、牡丹、祥云、福寿字纹、象形文字等，这些纹样图案大多含有吉祥寓意，可以对不同的空间赋予不同的内涵；也可以运用新材料和现代工艺，采用抽象或简化的手法来体现中式风格的神韵，如将青铜器上由雷纹的线条简化而来的回纹用在靠垫、窗帘等布艺饰品上做边饰和底纹，可创造出一种赏心悦目且有文化底蕴的感觉。

2. 装饰织物的应用场所

(1) 办公空间。

装饰织物在办公空间特别是会议室的应用，是为了创造商讨和议事的良好环境氛围，因此要使用平和、稳重的织物，以获得安静、专注感，多采用图案简洁且颜色柔和的地毯、窗帘、椅面、桌面等装饰织物，使空间整体庄重。如大面积采用绿色，有缓解视力、舒缓压力的作用；小面积、主体部分可以采用暖色，以起到活跃气氛、突出主题的功效。

(2) 交通、宾馆等空间。

在交通（汽车站、火车站）、宾馆等空间的室内装饰中，装饰织物可以选择图案丰富、花样繁多的图案，特别是能够表现地方特色、反映民族风情和乡土气息的装饰织物图案，以充分营造适宜的室内环境。通过装饰织物的配饰，能够充分展现特定场所的氛围，给人们以新奇、愉快的情感体验。

(3) 商业空间。

在商业空间中，为了构建特定的商业氛围，通过悬挂各种装饰织物，可使空间的氛围呈现紧密、充实、热闹、时尚等多重效果，充分吸引人们的注意力。

10.2 灯 具

10.2.1 灯具的发展

灯具可分为装饰性灯具和功能性灯具。装饰性灯具一般采用装饰部件围绕光源组合而成，其主要作用是美化环境、烘托气氛，还适当兼顾光能效率和限制眩光等要求；功能性灯具则主要以提高光效、降低眩光、保护光源不受损伤为目的,并考虑其装饰效果和节能等因素。

中国最早的灯具始见于战国,这一时期有造型优美的十五连盏灯,如图10-6所示。后来出现了陶瓷、黏土和青铜制成的油灯,也有用金银、玻璃、石头做的油灯。汉代是我国灯具史上第一个繁荣时期,其灯具主要为高灯和行灯,最具代表性的是长信宫灯,如图10-7所示。三国两晋南北朝以后,我国灯具进入全面发展时期,隋唐时代大量生产以实用性为主的陶瓷灯具,在造型和装饰方面都十分精美。由于佛教的影响,唐代的寺庙建筑中石灯笼大量应用,后来传入日本,在日本庭园中得到了继承与发展。到了宋代出现了走马灯、省油灯,元代出现了八角宫灯、提灯,明代出现了红纸风灯、桌灯。清代更有发展,如透明羊角灯、纱灯,各种豪华的宫灯、陶瓷灯、金属灯、玻璃灯等,造型丰富、装饰华丽。

图10-6 十五连盏灯

图10-7 长信宫灯

西方早在旧石器时代就出现了石灯。公元前7世纪古希腊开始用灯具代替火炬和火盆,最初沿用古埃及的碟形灯,以后碟子逐渐加深加大成为壶形。中世纪时,欧洲的基督教寺院中出现了一种新的灯具,即浮灯。浮灯做得极为讲究,用红玻璃制成,放在黄铜的灯柱上。19世纪80年代,奥地利化学家卡尔·威尔斯巴契制造了一种浸过金属盐溶液的纱罩,将其套在煤气火焰上,金属盐在高温下白炽化,发出极为明亮的白光。人们将煤气白炽灯做成装饰华丽的枝形吊灯或壁灯,用于宴会大厅和舞台。

我国现代灯具在很大程度上直接受西方现代灯具的影响。20世纪20年代以后,理性主义设计风格的灯具在全球逐渐占领主导地位,灯具外形采用几何形体而绝少装饰。60年代意大利工业设计师卡斯蒂里奥尼说:"一切灯具设备的构造只能附属于它产生的光照效果。"此后灯具设计便逐渐成为光环境设计的一部分。当代灯具的造型开始注重结合地域、人文、风情、文化背景,立意主题化,外形样式也日趋多元化。

10.2.2 灯具的分类

1. 光源的种类

当今各种照明光源种类繁多,主要有以下类型。

(1)半导体发光二极管(LED)。其最大的优点是功率小、可靠耐用,可调光、光效高且寿命长。

（2）高强度气体放电灯。其光源光通量高、亮度高、寿命长，适合室外大面积照明。特别是金属卤化物灯，其发光效率高，显色性好，得到了广泛的应用。

（3）荧光灯，又称日光灯。其具有光效高、寿命长、色温多样的特点，是最主要的室内照明光源，也是室外照明的节能光源。荧光灯的类型丰富、种类繁多，且有很好的节能环保作用，广泛应用于室内外照明，户外常用T5管灯制作荧光灯。目前主要集中于减少和防止汞污染，以及对T2、T3超细管径荧光灯的研发。

（4）太阳能照明。作为一种环保节能途径，太阳能的应用越来越受到青睐。太阳能照明由照明灯具、光源、蓄电池和控制系统组成，灯具类型有太阳能草坪灯、庭院灯、景观灯和高杆灯等。其以太阳光为能源，管线铺设简单，灯杆灵活可动。其光源一般采用LED或者直流节能灯，使用寿命长，且为冷光源，对植物生长无害，是一种环保型绿色照明。

2. 灯具的种类

灯具按安装方式，可分为嵌顶灯、吸顶灯、吊灯、壁灯、活动灯具、建筑照明等；按光源类别，可分为白炽灯、荧光灯、高压气体放电灯；按使用场所，可分为民用灯、建筑灯、舞台灯等；按配光特性，可分为直接照明型灯具、半直接照明型灯具、全漫射式照明型灯具和间接照明型灯具等。

灯具的常用代号及表示方法见表10-2。

表10-2　灯具的常用代号及表示方法

名称	灯种	代号	名称	灯种	代号
民用灯具	壁灯	B	按光源种类	白炽灯	不注
	床头灯	C		汞灯	G
	吊灯	D		混光光源	H
	落地灯	L		金属卤化物灯	J
	门灯	M		卤钨灯	L
	嵌入式顶灯	Q		钠灯	N
	台灯	T		氙灯	X
	吸顶灯	X		荧光灯	Y
	未列入类	W			

灯具可分为现代、欧式、美式、中式四种不同的风格，这四种灯饰各有特点。

（1）现代灯。简约、个性、时尚是现代灯最大的特点。其材质一般采用金属质感的铝材和玻璃等，在外观和造型上以独特个性为主；色调上以白色、金属色居多，适合与简约、现代的装饰风格配饰。

（2）欧式灯。欧式灯注重曲线造型和色泽上的富丽堂皇，有时还会以铁锈、黑漆等造出斑驳的效果，以期获得怀旧感。欧式灯材质上以树脂和铁艺为主。树脂灯造型繁多，可饰多种花纹，也可贴金箔、银箔以显得颜色亮丽、色泽鲜艳；铁艺灯造型相对简单，但更具质感。

（3）美式灯。美式灯注重古典情怀。相对于欧式灯，其风格和造型上相对简约，外观简洁大方，更注重休闲和舒适感。美式灯用材也以树脂和铁艺为主。

（4）中式灯。中式灯讲究色彩的对比，图案多为如意、龙凤、京剧脸谱等元素，强调中国古典和传统文化神韵的凝练，通常以镂空或雕刻的木材为主，显得宁静古朴。仿羊皮中式灯光线柔和，色调温馨，给人以宁静的感觉，并以圆形和方形的造型为主。圆形的大多是装饰灯；方形的多为吸顶灯，外围配以各种栏栅及图形，显得古朴端庄、简洁大方。

10.2.3 灯具的应用

1. 人工照明在空间中的应用

随着科技的发展，人工照明被赋予了丰富的意义，照明装置也发生了翻天覆地的变化，从传统到现代，灯具的发展十分迅速，其从大小、造型、色彩及创意方面都更好地迎合了人们的心理，并且装饰了生活空间。所以，人工照明已成为空间装饰中不可分割的一部分。

（1）普通照明。

普通照明是人工照明中最为普遍的一种形式，一般分为主光源照明、点光源照明及主光源和点光源混合照明三种方式。如办公空间一般就采用普通照明，给人一种宽敞、明亮的感觉。

（2）特殊照明。

特殊照明是为了迎合特殊的气氛而实施的一种照明方式，如展示空间及舞台照明。

对于展示空间而言，为了让人们更好地欣赏陈设品，所采用的人工照明必须能够真实地反映出陈设品的颜色、花纹及造型，且人工照明所释放出来的热量还要避免损坏藏品。因此，必须采用显色指数高的光源，同时应保证陈设品照度均匀。

舞台的人工照明相对复杂，除了需要安放相应的照明灯具外，还需要调节装置、滑轨等设施，以适应不同的气氛创造。

2. 灯具的选用

在照明设计中，应选择既满足使用功能和照明质量的要求，又便于安装维护，且长期运行费用低的灯具，具体应考虑以下方面。

（1）光学特性，如配光、眩光控制等。

（2）经济性，如灯具效率、初始投资及长期运行费用等。

（3）安全性，在特殊的环境条件下需要考虑有特殊性能的灯具，如有火灾危险、爆炸危险的环境，有灰尘、潮湿、振动和化学腐蚀的环境等。

（4）外形的美观性，应与建筑空间环境相协调。

（5）照明效率，具体取决于反射器的形状和材料、出光口大小、漫射罩或格栅形状、材料等。

（6）符合环境条件的照度需求，如教室、阅览室等空间的照度要求相对较高，而咖啡馆、餐厅等需要有不同的灯具衬托氛围。

特别提示

- 节能灯泡大都采用标准螺口。但吊灯有两种口径：一种是标准的，可以使用节能灯泡；另一种是非标准的，不能使用节能灯泡。选择时还要注意：射灯大都为非节能产品。

10.3 绝热材料

建筑中，保温材料通常用于控制室内热量外流，隔热材料通常用于防止室外热量进入室内。保温、隔热材料统称绝热材料，即用于建筑围护或热工设备、阻抗热流传递的材料或材料复合体。绝热材料的使用，一方面是为了营建建筑空间的热环境，另一方面是为了节约能源。随着能源日趋紧张，绝热材料在节能方面的意义日益突出，仅就居住空间采暖的设备而言，通过使用绝热围护材料，可节能 50%～80%。

10.3.1 绝热材料的基本性能

绝热材料的基本性能有以下几个方面。

1. 导热性

物体大都具有导热性，不同材料其导热能力不同。导热性即指材料传导热量的能力，用热导率 λ 表示。在相同的温差条件下，热导率 λ 越小，材料的保温隔热性能越好。

2. 温度稳定性

绝热材料的温度稳定性是指材料在受热作用下保持其原有性能不变的能力，通常用其不致丧失绝热性能的极限温度来表示。

3. 吸湿性

绝热材料的吸湿性是指绝热材料从潮湿环境中吸收水分的能力。一般情况下，材料的吸湿性越大，绝热能力越不稳定，绝热效果越差。

4. 强度

绝热材料的强度一般用极限强度来表示，通常采用抗压强度和抗折强度指标。由于绝热材料含有大量的孔隙，因此材料的强度不大，不适合用于承重部位。

10.3.2 影响热导性能的主要因素

影响热导性能的主要因素如下。

1. 材料的性质

不同材料的热导率差异很大，相比之下，固体的热导率远大于液体和气体，而金属材料的热导率又大于非金属材料。对于多孔的绝热材料而言，由于材料孔隙较多，气体（空气）对热导率会产生影响。

2. 化学成分和微观结构

不同的化学成分和微观结构有着不同的导热性能，如金属材料的热导率比非金属材料大得多。对同种材料而言，结晶结构的热导率最大，微晶结构次之，玻璃体结构最小，因此，通过改变微观结构，可使建筑装饰材料的热导率变小。

3. 孔结构

孔结构也是影响建筑装饰材料热导率的一大因素。材料的孔结构包括两方面的含义，一方面是孔隙率，另一方面是孔隙特征。孔隙率指的是孔隙密度，孔隙特征指的是孔隙的物理特征，如孔的形状、大小，孔径分布，孔隙的连通或封闭情况等。

在工程中，孔隙率可用体积密度代替，从而表示出孔结构对材料导热性能的影响。材料的体积密度越小，则其孔隙率越大，热导率越小。在孔隙率相近的情况下可对比孔隙特征，如孔径越大、孔隙相互连通得越多，则材料的热导率越大。

对于表观密度很小的材料，特别是纤维状材料（如超细玻璃纤维），当其表观密度低于某一极限值时，其热导率反而会增大，这是由于孔隙增大则相互连通的孔隙也大大增多，会令对流作用加强。因此这类材料存在一个最佳表观密度，即在这个最佳表观密度时热导率最小。

4. 温度

材料本身的导热性能会随温度的变化而变化。一般情况下，热导率会随温度的升高而增大，且材料孔隙中空气的导热作用和孔壁间的辐射作用也随之增加。但这种影响在温度处于0~50℃范围内时并不明显，只有处于高温或负温下的材料，才需要考虑温度的影响。

5. 湿度

材料受潮后，热导率会增大，这是因为当材料的孔隙中有了水分后，孔隙中蒸汽的扩散能起到传热的作用，水的热导率比空气的大20倍左右，所以水分子的运动将对导热起主要影响，如果孔隙中的水结成冰，其热导率会变得更大。这种情况在多孔材料中最为明显。

6. 热流方向

有些材料的组成在不同方向上结构布局不同，如木材等的纤维具有方向性，当热流平行于纤维方向时，受阻力较小，此时其热导率较大；而垂直于纤维方向时，受到的阻力较大，此时其热导率较小，因此在材料使用过程中，还要根据其特性，依照热流方向走势进行合理利用。

特别提示

- 在以上各影响因素中，孔结构和湿度对热导率的影响最大，在工程中体积密度是决定材料导热性能的重要因素，也是选用绝热材料的重要依据之一。

10.3.3 绝热材料的分类

1. 无机绝热材料

无机绝热材料主要由矿物质原料制成，多为纤维状、散粒状或形成板、块、片、卷材等制品，不仅防蛀且不易燃，有的还能耐高温。无机绝热材料按其构造，可分为纤维状材料、颗粒状材料和多孔材料。

无机绝热材料主要用于工业领域，以围材、隔材及衬材的形式对工业设备、管道等部位进行绝热以阻止热扩散，提高热能利用率。其代表性产品有岩（矿）棉制品、玻璃棉制品、硅酸铝（镁）纤维制品，以及近年来兴起的复合材制品。

无机绝热材料的优劣性如下：由于该材料耐热性较好，因此在石油、化工、热电、热网、冶金等行业的高温作业领域中发挥着不可取代的作用。但由于无机绝热材料结构较为单一、松散无序，导致空气在其中自由流通，热量随空气大量流失；且其吸水、吸湿，使材料的绝热性能降低甚至丧失。

2. 有机绝热材料

有机绝热材料基本上都属于石油、化工行业的副产品，主要用在建筑墙体的隔热保温及制冷设备上，代表性产品有聚苯乙烯泡沫类（EPS）、挤塑聚苯乙烯泡沫塑料（XPS）类、聚氨酯泡沫（PU）类等。其优势是质轻，隔热保温效果好，制作工艺成熟，施工方便，已在国内外应用多年；但其防火功能低下，虽然进行了自熄、阻燃等处理，但防火性能仍然较差，使用寿命较短。

通过多年的应用，一部分有机绝热材料已逐步被淘汰，一部分通过改变和折中，与无机质绝热材料结合利用，以优势互补的办法使其性能得到改善。

10.3.4　绝热材料的应用

绝热材料有很多种类，应用范围很广，比较常用的有玻璃棉制品、维耐隔热毯、绝热泡沫玻璃、聚氨酯等。

（1）玻璃棉制品多用于空调保温、风管保温、钢结构保温、锅炉保温、除尘器保温、蒸汽管道保温等。

（2）维耐隔热毯多用于石油、化工、热电、钢铁、有色金属、工业炉等行业热工设备的隔热保温与保护，船舶、火车、汽车、飞机等交通设备的高温隔热；也用于家电产品的保温隔热，如烧烤炉、烤箱、微波炉等。若浸入树脂加工成板状，则是建筑及冷气机优良的隔热及消声材料。

（3）绝热泡沫玻璃多用于建筑墙体保温、楼宇屋顶的节能防水等；各种烟道内衬和工业窑炉的保温应用；各种民用冷库、库房和地铁、隧道等基础绝热应用；高速公路、机场和建筑等基础隔离层应用；游泳池、渠坝等防漏防蛀应用；中低温制药绝热系统应用；船舶业舱板的保温应用；等等。

（4）聚氨酯多用于冷库、冷藏车或保鲜箱，彩钢夹芯板隔热层，石化罐体，石化、冶金等各种管道的保温保冷等。

10.3.5　保温材料的发展

近年来，许多大型公共建筑相继发生建筑外保温材料火灾，造成严重的人员伤亡和财产损失。建筑易燃可燃外保温材料已成为一类新的火灾隐患，由此引发的火灾呈多发势头。目前传统的 EPS、XPS、PU 等有机保温材料一统建筑外保温市场的局面因防火等级的提高而受到严峻挑战，有机保温材料易燃，特别是高层建筑一旦发生火灾，具有火势蔓延快、疏散困难、扑救难度大的特点。尤其是幕墙和干挂石材的外墙，由于保温板与墙面间有缝隙，形成烟囱效应，火势会迅速蔓延，这种情况下，在有机保温材料中加入阻燃剂或利用无机保温隔离带的方式并不能阻挡火势的持续蔓延，因此保温材料的防火性能就显得极为重要了。气凝胶、无机真空绝热袋、玻化微珠、玻璃棉、岩棉、矿棉、硅酸铝棉、泡沫玻璃、泡沫水泥等无机保温材料由此占据了更多市场空间，但克服无机保温材料的性能缺陷和粉尘污染的缺点还需要业内加大研发力度。

市场上逐渐出现了一些新型的复合保温材料，即将无机与有机保温材料结合起来，提高保温材料的阻燃性和保温性能。比如无机复合夹芯保温板，用不燃的无机保温材料将可燃的聚苯板、挤塑板或聚氨酯板用科学的方法包覆起来，其抗拉强度和抗压强度大大提高，且易于固定、易于与外装饰结合，阻燃防火，其保温性能相当于内部的有机保温材料的保温性能。

10.4 吸声与隔声材料

"吸声"和"隔声"作为两个完全不同的概念，常常被混淆。吸声是为了减弱声音在室内的反复反射，减弱室内的混响声，从而达到听音清晰、丰满等不同主观感觉需求，通常说的声学材料，往往就是指的吸声材料；而隔声是为了控制室外噪声对室内的影响，目的是为了降噪。

比如玻璃棉、岩矿棉等一类具有良好吸声性能但隔声性能却很差的材料，常常被误称为"隔音材料"，一些以植物纤维为原料制成的吸声板曾经被错误地命名为"隔音板"，并用以解决建筑物的隔声问题。要合理使用材料、提高建筑物噪声控制的效果，就需要明确吸声材料和隔声材料各自的性质及两者之间的区别。

材料吸声的目标是反射声能小，吸声材料对入射声能进行衰减式吸收，一般只能吸收入射声能的十分之几，因此吸声系数常用小数表示；材料隔声的目标是透射声能小，隔声材料可以使透射声能衰减到入射声能的 3/10 或更小，隔声量常用分贝的计量方法表示。

吸声材料和隔声材料有着本质上的区别，但在实际运用中，两者结合起来更能发挥综合的降噪效果。从理论上讲，加大室内的吸声量，相当于提高了隔墙的隔声量。常见的设施有隔声房间、隔声罩、由板材组成的复合墙板、交通干道的隔声屏障、车间内的隔声屏等。

10.4.1 吸声材料

声波能量是由空气传递的，吸声材料能在一定程度上吸收声波能量，主要用于对声音效果需求较高的建筑空间，如音乐厅、影剧院、大会堂、播音室等的内部墙面、地面、天棚等部位，可改善声波在室内传播的质量，保持良好的声音传播效果。

1. 吸声材料的吸声原理

多孔吸声材料根据材料的外观形状，可划分为颗粒型、纤维型、泡沫型三类。其中颗粒型吸声材料主要有膨胀珍珠岩和微孔吸声砖等；纤维型吸声材料是由无数细小纤维状材料堆叠或压制而成，如玻璃纤维、矿渣棉、木丝板等；泡沫型吸声材料是由表面和内部都有无数微孔的高分子材料制成，如聚氨基甲酸酯泡沫塑料等。

在多孔材料中，组成材料的纤维之间的细微孔隙占有材料极大部分体积，从材料表面到材料内部，这些孔隙组成了许多微小的通路。当声波传播到材料表面时，大多数声波沿着对外敞开的微孔入射，并衍射到内部的微孔内，引起孔隙中空气分子和材料细小纤维的振动；由于空气分子之间的黏滞阻力，以及空气与材料中纤维间的摩擦作用，使其中相当一部分能量转化为热能，从而导致声能衰减。此外，空气与材料纤维间以及孔壁的热交换也会消耗部分声能，使再次反射出去的声能大大减少。多孔吸声材料对高频声能的吸收高于低频，孔径越细或声音频率越高，这种声能吸收的效果越显著。

评价材料吸声性能好坏的主要指数之一是吸声系数，一般材料或结构的吸声系数为 0～1，该值越大，表示吸声性能越好。吸声系数与声波的入射条件、声波的频率有关，工程上通常采用频率为 125Hz、250Hz、500Hz、1000Hz、2000Hz、4000Hz 下的吸声系数及这 6 个频率下的吸声系数算术平均值来表示材料或结构的吸声性能，一般把这 6 个频率下平均吸声系数大于 0.2 的材料称为吸声材料，平均吸声系数大于 0.56 的材料称为高效吸声材料。

2. 影响材料吸声性能的因素

（1）材料的密度和厚度。

同一种材料，密度越大，孔隙率越小，则流阻越大；当材料厚度一定而增加材料密度时，可以提高中低频吸声系数，但比增加材料厚度所引起的吸声系数变化要小。在同样用料的情况下，当不限制厚度时，多孔材料以松散为宜。在厚度一定的情况下，密度增加，材料会更密实，会引起流阻增大，空气透过量减少，造成吸声系数下降；但同样的密度，增加厚度并不会改变流阻，所以增大厚度时，吸声系数一般会增大，但增至一定厚度时，吸声性能的改变就不明显了。

（2）孔隙的特征。

孔隙率指材料中的空气体积与材料总体积之比，是描述材料孔隙的主要指标。其中空气体积是指处于连通状态的气泡，并且是能被入射到材料中的声波所能引起运动的部分。材料的孔隙越多越细小，吸声效果越好。若孔隙太大，则吸声效果相对较差。若材料的孔隙为封闭独立的气泡，声波不能进入，根据吸声原理，就不能达到吸声的效果。一般来说，孔隙率越大，吸声性能越好。

（3）空气流阻的影响。

多孔材料的吸声性能受空气流阻的影响最大。空气流阻是指空气流稳定地透过材料时，材料两面的静压差和流速之比。当材料厚度不大时，流阻越大，空气穿透量越小，吸声性能会因之下降；当材料厚度充分大时，流阻越小，吸声越大；但若流阻太小，声能因摩擦力、黏滞力而损耗的功率也将降低，吸声性能也会下降。所以，多孔材料存在一个最佳流阻值，过高和过低的流阻值都无法使材料具有良好的吸声性能。

（4）声波的频率和入射条件。

多孔材料的吸声系数随频率的提高而增大，常用的厚度大致为5cm的成型多孔材料，对中、高频声有较大的吸声系数。但吸声系数也会因声波的入射条件不同（如垂直入射和斜入射）而表现出差异。实际上声波入射多为无规则入射，在测定材料的吸声系数时，应采用符合实际情况的测量方式。

（5）材料周围的条件。

厚度、密度等条件一定的多孔材料安装在壁面上，当其与壁面之间留有空气层时，吸声系数会有所改变（在很宽的频率范围内，同一种多孔材料的吸声系数会有所增加）。为此可以用在材料背后设置空气层的办法，来代替增加多孔材料的厚度。

（6）吸湿、吸水的影响。

多孔材料吸水后，材料的间隙和小孔中的空气被水分所代替，使孔隙率降低，从而导致吸声性能的改变。一般趋势是随含水率增加，先降低对高频声的吸声系数，随后逐步扩大对其他频率的影响范围。

（7）饰面的影响。

很多多孔材料在工程使用过程中，需要根据保持清洁和建筑艺术处理等方面的要求进行表面处理，如使用油漆涂刷表面或以其他材料罩面。经过饰面处理的多孔吸声材料因为改变了表面的孔隙特征，吸声特性会发生一定的变化，因此必须根据使用要求选择适当的饰面处理，不能顾此失彼，丧失了使用多孔吸声材料的功能意义。

3. 吸声材料的类型及其结构形式

吸声材料的类型，按其吸声原理和使用的形式，原则上可以分为多孔结构吸声材料，薄膜、薄板共振吸声结构吸声材料，共振吸声结构吸声材料，穿孔板组合共振吸声结构吸声材料和空间吸声体吸声材料等。

（1）多孔结构吸声材料。

多孔结构吸声材料常见类型见表10-3。

表10-3 多孔结构吸声材料常见类型

主要种类		常用材料举例	使用情况
纤维材料	有机纤维材料	动物纤维：毛毡	价格昂贵，使用较少
		植物纤维：麻绒、海草	防火、防潮性能差，原料来源丰富
	无机纤维材料	玻璃纤维：中粗棉、超细棉、玻璃棉毡	吸声性能好，保温、隔热，不自燃，防腐、防潮，应用广泛
		矿渣棉：散棉、矿棉毡	吸声性能好，松散材料易因自重下沉，施工扎手
	纤维材料制品	软质木纤维板、矿棉吸声板、岩棉吸声板、玻璃棉吸声板	装配式施工，多用于室内吸声装饰工程
颗粒材料	砌块	矿渣吸声砖、膨胀珍珠岩吸声砖、陶土吸声砖	多用于砌筑截面较大的消声器
	板材	膨胀珍珠岩吸声装饰板	质轻、不燃、保温、隔热，强度偏低
	泡沫塑料	聚氨酯及脲醛泡沫塑料	吸声性能不稳定，吸声系数使用前需实测

续表

主要种类		常用材料举例	使用情况
泡沫材料	其他	泡沫玻璃	强度高、防水、不燃、耐腐蚀，价格昂贵，使用较少
		加气混凝土	微孔不贯通，使用较少
		吸声剂	多用于不易施工的墙面等处

（2）薄膜、薄板共振吸声结构吸声材料。

薄膜、薄板共振吸声结构吸声材料的吸声原理是将皮革、人造革、塑料薄膜等材料固定在框架上，背后留有一定的空气层，构成薄膜、薄板共振吸声的效果。这些材料具有不透气、柔软、受张拉时有弹性等特性。

（3）共振吸声结构吸声材料。

共振吸声结构吸声材料中间封闭有一定体积的空腔，并通过有一定深度的小孔与声场相联系。

（4）穿孔板组合共振吸声结构吸声材料。

穿孔板组合共振吸声结构吸声材料的吸声原理是在各种穿孔板、夹缝板背后设置空气层，从而形成吸声结构，属于空腔共振吸声类结构。穿孔板的吸声特性比较适合于中频声。

（5）空间吸声体吸声材料。

空间吸声体吸声材料与一般吸声结构吸声材料区别较大，空间吸声体不是与顶棚、墙体等界面相结合组成的吸声结构，而是悬挂于室内的吸声结构，其自成体系。

常用吸声材料的吸声系数见表 10-4。

表 10-4　常用吸声材料的吸声系数

材料分类及名称		厚度/cm	各种频率（Hz）下的吸声系数						装置情况
			125	250	500	1000	2000	4000	
无机材料	膏板（花纹）	6.5	0.05	0.07	0.10	0.12	0.16	—	
	水泥蛭石板	—	0.03	0.05	0.06	0.09	0.04	0.06	贴实
	石膏砂浆	4.0	—	0.14	0.46	0.78	0.50	0.60	贴实
	声砖	2.2	0.24	0.12	0.09	0.30	0.32	0.83	墙面粉刷
	水泥珍珠岩板	5	0.16	0.46	0.64	0.48	0.56	0.56	贴实
	水泥砂浆	1.7	0.21	0.16	0.25	0.40	0.42	0.48	墙面粉刷
	砖（清水墙面）		0.02	0.03	0.03	0.04	0.05	0.05	
有机材料	软木板	2.5	0.05	0.11	0.25	0.63	0.70	0.70	贴实
	木丝板	3.0	0.10	0.36	0.62	0.53	0.71	0.90	固定在龙骨上后留 10cm 空气层
	三夹板	0.3	0.21	0.73	0.21	0.19	0.08	0.12	后留 5cm 空气层
	穿孔五夹板	0.5	0.01	0.25	0.55	0.30	0.16	0.19	后留 5~15cm 空气层
	木质纤维板	1.1	0.06	0.15	0.28	0.30	0.33	0.31	后留 5cm 空气层

续表

材料分类及名称		厚度/cm	各种频率（Hz）下的吸声系数						装置情况
			125	250	500	1000	2000	4000	
多孔材料	泡沫玻璃	4.4	0.11	0.32	0.52	0.44	0.52	0.33	贴实
	脲醛泡沫塑料	5.0	0.22	0.29	0.40	0.68	0.95	0.94	贴实
	泡沫水泥	2.0	0.18	0.05	0.22	0.48	0.22	0.32	紧靠基层粉刷
	吸声蜂窝板	—	0.27	0.12	0.42	0.86	0.48	0.30	紧贴墙
	泡沫塑料	1.0	0.03	0.06	0.12	0.41	0.85	0.67	
纤维材料	矿棉板	3.13	0.10	0.21	0.60	0.95	0.85	0.72	贴实
	玻璃棉	5.0	0.06	0.08	0.18	0.44	0.72	0.82	贴实
	酚醛玻璃纤维板	8.0	0.25	0.55	0.80	0.92	0.98	0.95	贴实
	工业毛毡	3.0	0.10	0.28	0.55	0.60	0.60	0.56	紧靠墙面粉刷

10.4.2 隔声材料

将噪声源和接收者分开或隔离，阻断空气声的传播，从而达到降噪目的的措施称为隔声。能够减弱或隔断声波传递的材料，称为隔声材料。人们要隔绝的声音按其传播途径，可分为空气声和固体声两种。

对空气声的隔绝主要是依据声学的"质量定律"，即材料的密度越大，越不易受声波作用而产生振动。所以应选择密实、表观密度大的材料作为隔声材料，如烧结普通砖、钢筋混凝土等。

对固体声隔绝最有效的措施是断绝其声波继续传递的途径，即在产生和传递固体声波的结构层中加入具有一定弹性的衬垫材料，如毛毡、橡胶和地毯等。

1. 隔声原理

隔声包括对声的反射和吸收两部分。不同材料具有不同的透声与吸声特性，这主要取决于材料的密实程度与表面声阻抗。一般来讲，坚硬光滑、结构紧密和厚重的材料吸声能力较差，反射声音的性能较强，隔声性能较好；而比较松软且有互相贯穿微孔的多孔材料，虽然其吸声性能好，但其反射能力很差，隔声性能并不一定好。

工程中常用隔声量来表示材料的隔声性能。对于同一种材料，隔声量与声波频率密切相关，一般在低频时的隔声量较低，高频时的隔声量较高。

2. 影响隔声性能的因素

隔声性能主要取决于材料的质量、结构的完整性、结构的均匀性、材料的弹性、结构的独立性等。

隔声材料在不同的声音下可能有不同的效果，但在大部分情况中，影响隔声的几个因素是相互关联、相互影响的。

（1）材料的质量。

一个单片材料对于声音的减弱效果，是和这个材料单位面积上的质量成正比的。理论上质量每增大一倍，隔声效果将增加 6dB，但在实际经验中，质量增加一倍，声音的隔绝量大约增加 5dB。

(2) 结构的完整性。

结构的完整性和它的空气密闭性有关，孔隙对空气传播的声音阻隔的影响十分明显。比如一面砖墙有一个洞或一个裂缝，而这个洞或裂缝的面积只占整个墙面面积的 0.1%，那么这面墙的平均隔声量就会从 50dB 降到 30dB。

(3) 结构的均匀性。

一个结构面的整体隔声效果，会因为小面积隔声的薄弱而大大降低，因此结构的均匀性对隔声性能也有一定的影响。比如一扇占据一面半砖墙面积 25%的门如果没关上的话，那么它将把那面墙的平均隔声量从 45dB 降到 23dB。声降的最终效果总是和相对薄弱部分的隔声性能比较接近。因此要提高一个组成结构的隔声效果，首先就要提高在这个结构中隔声效果最差的部分的隔声性能。

(4) 材料的弹性。

材料的弹性会影响材料的隔声性能。材料的弹性越差，硬度就越高，高硬度的材料可以使其对一定频率声音的隔声效果减弱，这是因为容易产生共振和重合效果。共振是当外来声音的声波频率和材料本身的固有频率相同时产生的增强性振动，共振会在一定程度上产生出声音，因而会削弱隔声效果。

弹性的、高质量的材料有较好的隔声性能，但是弹性并不是一面墙或一层楼板必须有的结构属性，因此隔声材料需要与结构材料适当结合，以创造适宜的隔声环境。

(5) 结构的独立性。

不连续的结构对于隔声是较为有效的。当声音在不同材料的交接部分转换成不同的振动时，声能会大大损失，从而达到有效的隔声效果。这个原理运用很广泛，比如玻璃窗的空气夹层、架空楼板、地毯及在振动的机器上铺设的弹性垫层。

3. 建筑隔声材料和隔声构件

隔声材料需要减弱透射声能并阻挡声音的传播，因此它的材质应该重而密实并具有一定的弹性，如钢板、铅板、砖墙等。隔声材料要求密实无孔隙、缝隙，有较大的质量。由于这类隔声材料难以吸收和透过声能，反射能力强，因此它的吸声性能差。

建筑空间中隔声构件最主要的是隔墙，20 世纪 80 年代前的隔墙大多采用黏土砖，240mm 黏土砖墙的隔声量在 50dB 以上，隔声效果比较好。但现在黏土砖已被禁止生产使用，并且随着建筑高度的不断提升，要求墙体自重轻，故隔声性能相对弱于以往的黏土砖墙。常用的隔墙材料和隔声构件，有混凝土墙、砌块墙、条板墙、薄板复合墙等。

(1) 混凝土墙。

200mm 以上厚度的现浇实心钢筋混凝土墙的隔声量，与 240mm 黏土砖墙的隔声量接近。但面密度达 200kg/m^2 的钢筋混凝土多孔板，隔声量在 45dB 以下。

(2) 砌块墙。

砌块按功能划分，有承重和非承重两类，常用的主要有陶粒、粉煤灰、炉渣、砂石等混凝土空心和实心砌块。砌块墙的隔声量随着墙体的自重、厚度不同而不同，面密度与黏土砖墙相近的承重砌块墙，其隔声性能与黏土砖墙也大体接近。水泥砂浆抹灰轻质砌块填充隔墙的隔声性能，在很大程度上取决于墙体表面抹灰层的厚度，两面各抹 15～20mm 厚水泥砂浆后的隔声量为43~48dB，面密度小于80kg/m²的轻质砌块墙的隔声量通常在40dB以下。

（3）条板墙。

砌筑隔墙的条板通常厚度为60~120mm，面密度一般小于80kg/m²，具备自重轻、施工方便等优点。

单层轻质条板墙如轻集料混凝土条板墙、蒸压加气混凝土条板墙、钢丝网陶粒混凝土条板墙、石膏条板墙等，隔声量通常为32~40dB；密实面层材料与轻质芯材在生产厂复合成的预制夹芯条板墙，如混凝土岩棉或聚苯夹芯条板墙、纤维水泥轻质夹芯板墙等，隔声量通常为35~44dB。

（4）薄板复合墙。

薄板复合墙是在施工现场将薄板固定在龙骨的两侧而构成的轻质墙体。薄板的厚度一般为6~12mm，用作墙体面层板，墙龙骨之间填充岩棉或玻璃棉。薄板品种有纸面石膏板、纤维石膏板、纤维水泥板、硅钙板、钙镁板等。薄板本身隔声量并不高，单层板的隔声量为26~30dB，但它们和轻钢龙骨、岩棉或玻璃棉组成的双层中空填棉复合墙体，却能获得较好的隔声效果，隔声量通常为40~49dB。增加薄板层数，墙的隔声量可大于50dB。

综上所述，目前国内外有相当一部分的轻质隔墙隔声性能较差，单层墙的隔声量满足不了住宅分户墙的最低隔声要求，仅能用于套内隔墙。为提高轻质隔墙的隔声效能，可采用双层或多层复合构造，还可在两层墙之间增加空气层间隙，由于空气层的弹性层作用，可使墙体总的隔声量大大增加。

 案例分析

某住宅楼在二次装修进行外墙打孔后，其绝热性能逐渐下降。请分析原因。

【分析】

建筑的预留孔洞处的建筑外保温都经过处理，二次装修进行室外打孔后，破坏了外墙保温的整体性，产生了缝隙，经过风雨侵袭后，绝热材料逐渐受潮，使材料的孔中有水分。除孔隙中的空气分子传热、对流及部分孔壁的辐射作用外，孔隙中的蒸汽扩散和分子的热传导影响更大，因水的导热能力远大于孔隙中空气的导热能力，故使材料的绝热性能下降。

本章小结

本章对装饰织物、灯具与灯饰、绝热材料和吸声材料做了较详细的阐述。其中介绍了室内装饰地毯的分类方法，纯毛地毯、化纤地毯的性能特点、技术要求、质量评价标准及选用标准，墙面装饰织物壁纸和墙布的特点、规格、技术性能等内容，此外介绍了绝热、吸声材料的基本原理、影响因素、应用范围、使用效果及常用品种，以便合理选用。

实训指导书

在给定的家装方案图中,试根据建筑空间功能、空间风格选配装饰织物,如床罩、桌布、靠垫及窗帘等;在合适的部位选配地毯等配饰;根据空间界面需求,在室内界面选配合适的壁纸;根据室内光环境气氛创意,选配适宜的灯具。

参 考 文 献

陈雪杰，业之峰装饰．室内装饰材料与装修施工实例教程[M]．2版．北京：人民邮电出版社，2016．
郭洪武，刘毅．室内装饰材料与构造[M]．北京：中国水利水电出版社，2016．
李继业，夏丽君，李海豹．建筑装饰材料速查手册[M]．北京：中国建筑工业出版社，2016．
李军，陈雪杰，业之峰装饰，等．室内装饰装修施工完全图解教程[M]．北京：人民邮电出版社，2015．
林祖宏．建筑材料[M]．2版．北京：北京大学出版社，2014．
邱裕，汤留泉．装饰材料与施工[M]．北京：中国电力出版社，2017．
石珍．建筑装饰材料图鉴大全[M]．上海：上海科学技术出版社，2012．
宋志春．装饰材料与施工[M]．2版．北京：北京大学出版社，2015．
孙晓红，等．建筑装饰材料与施工工艺[M]．北京：机械工业出版社，2013．
孙晓红，等．室内设计与装饰材料应用[M]．北京：机械工业出版社，2016．
王勇．室内装饰材料与应用[M]．3版．北京：中国电力出版社，2018．
尹颜丽，安素琴．建筑装饰材料识别与选购[M]．北京：高等教育出版社，2014．